"十三五"江苏省高等学校重点教材(编号:2019-1-062)

生物工程专业类实践教学系列教材

应用微生物学实验

(第2版)

赵玉萍　方　芳　干建松　**主　编**

李文谦　朱　春　**副主编**

东南大学出版社

·南京·

内容提要

微生物学实验是一门实践性课程。作为"十三五"江苏省高等学校重点教材(修订),本教材在第一版内容的基础上删旧添新,着重训练学生微生物学实验的基本操作和技能,适当增加了与当前生产实践、生物工程应用有关的新技术,与分子生物学接轨,与其他学科交叉。

本教材简明扼要、实用性强,突出对学生独立工作能力的训练和培养。教材的内容主要包括微生物学实验须知,微生物显微及染色技术,微生物的分离纯化、培养和保藏技术及设计型、综合型和探究型实验等4个部分,共43个实验。

本教材可作为高等院校微生物学基础实验课教材,同时也可作为从事微生物教学、科研、生产等相关人员的实验参考书。

图书在版编目(CIP)数据

应用微生物学实验/ 赵玉萍等主编. —2版. —南京:东南大学出版社,2022.1(2024.12重印)

"十三五"江苏省高等学校重点教材

ISBN 978 - 7 - 5766 - 0012 - 4

Ⅰ.①应⋯ Ⅱ.①赵⋯ Ⅲ.①微生物学-应用-实验-高等学校-教材 Ⅳ.①Q939.9-33

中国版本图书馆 CIP 数据核字(2021)第 278509 号

责任编辑:陈 跃 封面设计:顾晓阳 责任印制:周荣虎

应用微生物学实验(第 2 版)

Yingyong Weishengwuxue Shiyan(Di-er Ban)

主　　编:	赵玉萍　方　芳　干建松
副 主 编:	李文谦　朱　春
出版发行:	东南大学出版社
社　　址:	南京四牌楼 2 号　邮　　编:210096　电　　话:025 - 83793330
网　　址:	http://www.seupress.com
电子邮件:	press@seupress.com
经　　销:	全国各地新华书店
印　　刷:	江苏凤凰数码印务有限公司
开　　本:	787mm×1092mm　1/16
印　　张:	12.5
字　　数:	320 千字
版　　次:	2022 年 1 月第 2 版
印　　次:	2024 年 12 月第 3 次印刷
书　　号:	ISBN 978 - 7 - 5766 - 0012 - 4
定　　价:	48.00 元

本社图书若有印装质量问题,请直接与营销部调换。电话(传真):025 - 83791830

前　　言

　　《应用微生物学实验》第1版是"十二五"国家重点专业和课程规划教材,由东南大学出版社于2013年11月出版发行,使用效果良好,深受广大师生喜爱。第2版教材内容新颖,结构清晰,实用性极强,已获批"十三五"江苏省高等学校重点教材。

　　近年来,各学科的交叉融合极大地丰富了微生物学实验技术的内容,新工科、新农科建设对人才培养也提出了更高的要求。2020年新冠疫情让人们更加认识到微生物学的重要性。随着微生物学的迅速发展,本教材的修订和再版势在必行。

　　《应用微生物学实验》第2版仍然遵循以应用型生物工程专业类、食品科学与工程专业类、植物生产类等普通本科专业及高等职业教育本科和专科专业的学生为使用对象。教材在改编中还进一步融入编者的实际教学经验、科研成果及企业实际案例,并适当融入课程思政,突出微生物学基础理论应用特性,强调启发性、开拓性和应用性;突出训练和培养学生的独立能力和责任心,着重训练学生微生物学实验的基本操作和技能,培养严谨的科学态度和工作作风;同时增加设计型、综合型和探究型实验,凸显前沿性、应用性和产教融合性。

　　第2版修订内容主要体现在以下两个方面:

　　1. 补充、更新与拆分了部分实验内容。

　　(1) 对微生物学实验的须知内容进行了修订与更新。"安全重于一切",实验室安全管理要求不断提高,必须进一步加强学生实验室安全责任意识,提升学生对实验室意外事故的处理能力;教材的改编中还重点补充了实验室安全注意事项、安全等级及相关管理规定内容。

　　(2) 对第1版"实验十　培养基及器皿的消毒和灭菌"实验进行了更新,补充了消毒和灭菌的方式,教材中主要加入食品和农业中常用的一些特殊消毒和灭菌方式等内容。

　　(3) 第1版"实验十二　土壤中细菌、放线菌和霉菌计数、分离纯化及保藏"中内容较多,拆分为"土壤中细菌、放线菌和霉菌计数及分离纯化"和"微生物菌种保藏方法"2个实验。

　　(4) 针对国家出台了新的食品安全国家标准,将第1版"实验十五 水和食品中细菌总数及大肠菌群的检测"拆分为"水中细菌总数和大肠菌群的检测"和"食品中菌落总数和大肠菌群的检测"2 个实验。

2. 新增多个实验,内容更为丰富,适用专业更为广泛。

(1) 新增厌氧微生物、食用真菌的培养以及植物病原细菌和病原真菌、噬菌体的分离纯化和培养实验。

(2) 新增微生物分子生物学实验内容,便于学生熟悉微生物分子生物学实验基本操作。

(3) 新增多个设计型、综合型和探究型实验。诸如微生物在工业、农业、食品等领域应用的发酵食品、微生态制剂以及生物有机肥制作与检测等技术。对于提升学生的创新意识和科研水平,培养学生发现问题、分析问题以及解决问题的能力大有裨益。

第 2 版的教材内容共分为微生物学实验须知,微生物显微及染色技术,微生物的分离纯化、培养和保藏技术及设计型、综合型和探究型实验 4 个部分,共计 43 个实验。重修的教材内容由浅入深、由易到难、由简单到综合,可作为高等院校应用型人才培养微生物学基础实验课教材。本教材也可作为从事微生物教学、科研、生产等相关人员的实验参考书。

本教材由多年从事微生物实验教学的教师与产学研基地行业精英以及业务骨干联袂编写,主编是赵玉萍、方芳、干建松,副主编是李文谦、朱春,其他参编人员是杨荣玲、朱小燕、任世英、刘帅、王云鹏、吴建峰、吕军仁等。在教材编写过程中,我们参考了许多国内外出版的书籍与相关网站内容,并得到淮阴工学院和其他院校、相关企事业单位领导、教师和业务骨干的大力支持,使编写工作得以顺利完成,在此一并表示感谢。

限于编者水平,书中难免存在不当之处,敬请批评指正。

联系邮箱:zhaoyuping@hyit.edu.cn。

编　者

2021 年 9 月

目　　录

第一章　微生物学实验须知

一、实验室安全注意事项及相关管理规定

（一）微生物学实验注意事项

微生物学实验是以微生物为研究对象，微生物一般肉眼无法看见。由于微生物是否具有致病性不是绝对的，这与其数量、条件、感染途径等有关，所以在实验操作中，必须将所有的微生物培养物都看成具有潜在致病性。若在实验中操作不当，将会带来严重安全隐患，因此要求进入微生物实验室必须严格遵守如下规定：

（1）进入实验室必须全程穿着实验工作服，离开时应脱下。严禁穿拖鞋、背心进入实验室。留有长发者，应戴帽套或以皮圈束于脑后，以防头发被火点着或污染实验材料。不必要的物品不得带入实验室，以免实验室受到污染。

（2）实验室内严禁吸烟和饮食，不得高声谈笑或随便走动。

（3）每次做实验前必须对实验内容进行充分预习，了解实验目的、原理和方法，做到心中有数，思路清楚。上课时认真听指导教师讲解，严格按操作规程进行实验，及时记录实验现象及结果，切勿私自变更实验程序。

（4）爱护实验室内仪器设备，严格按照操作规程使用；遇到仪器故障，应立即切断电源，主动报告指导教师进行处理，严禁私自拆卸仪器设备；若不按要求操作造成仪器损坏，由学生本人按规定进行赔偿。

（5）实验完成后应将超净工作台台面上的物品全部拿出带走。

（6）实验过程中出现任何意外或事故，应立即向实验指导教师或实验室技术人员报告，及时处理，切勿隐瞒。

（7）实验中不可以用手直接接触微生物培养物及已经灭菌的器材（器皿）内部。

（8）凡是在实验中自配的试剂，必须贴上标签，注明名称、成分、浓度、配制日期及配制人。

（9）实验中任何放入培养箱或冰箱等公共设备的物品，都必须做好标记，如名称、时间、班级和组名等。

（10）实验完毕，应将各种实验物品按指定位置存放，用过的器材、用具等严格按任课教师的要求进行处理。对桌面及实验室进行整理清洁，如有菌液污染桌面或其他地方时，可用3%来苏尔液或5%石炭酸液覆盖半小时后擦去，如果是芽孢杆菌，应适当延长消毒时间。凡带菌的工具（如刻度吸管、玻璃刮棒等）在洗涤前须浸泡在3%来苏尔液中消毒2 min。

（11）离开实验室时，洗净双手，最后关闭实验室门窗、灯、水、电、气等。

（12）未经指导教师许可，不得将实验室内任何物品（特别是菌种）带出室外。

(二) 化学品的管理

1. 化学品的分类

化学品是指各种元素组成的纯净物和混合物,无论是天然的还是人造的。据美国《化学文摘》收录,全世界已有的化学品多达 700 万种,其中已作为商品上市的有 10 万余种,经常使用的有 7 万多种,每年全世界新出现化学品有 1 000 多种。

化学品按照其性质可分为危险化学品和普通化学品。危险化学品是指具有毒害、腐蚀、爆炸、燃烧、助燃等性质,对人体、设施、环境具有危害的剧毒化学品和其他化学品,根据《化学品分类和危险性公示 通则》(GB 13690—2009)分为理化危险、健康危险和环境危险 3 大类。

危险化学品按管理方式可分为管制类危险化学品和非管制类危险化学品。管制类危险化学品主要包括剧毒化学品,易制毒化学品,易制爆化学品,民用爆炸品,麻醉、精神类药品。

2. 化学品的储存原则

(1) 普通化学品与危险化学品分开存放。

(2) 固体化学品与液体化学品分开存放。

(3) 酸性化学品与碱性化学品分开存放。

(4) 氧化性化学品与还原性化学品分开存放。

(5) 有机物与无机物分开存放。

(6) 易燃易爆的化学品应放在化学品安全柜(防爆柜)中,没有化学品安全柜的应放在通风阴凉的地方。

(7) 易燃易挥发有机试剂存放处不得有电源开关,有机试剂挥发遇到电火花很可能发生爆炸。

(8) 氢气等易燃易爆气体与氧气、空气等具有助燃性的气体钢瓶不可放在同一房间内。

(9) 特别要注意的是强氧化剂(高锰酸钾、过氧化氢、浓硫酸、硝酸、次氯酸钠、高氯酸等)不得与易燃有机试剂(丙酮、乙腈、乙醚、无水乙醇等)混放。

(10) 玻璃瓶装化学品、具有强腐蚀性化学品、大瓶化学品应存放在试剂柜下层(留有便于取放的高度),塑料瓶装、小瓶装和质量轻的试剂可放在试剂柜上层。具有腐蚀性的化学品应有防泄漏托盘,以防发生意外破裂,造成安全事故。

(11) 其他注意事项可查询化学品安全技术说明书(material safety data sheet,MSDS),查阅"不相容的物质""储存注意事项"等内容获知。

(12) 按照实验室废弃物处置规程,及时处理过期化学品。

3. 化学品储存柜的分类与使用

化学品储存柜按照其材质可分为全木结构、全钢结构和聚丙烯(PP)材质。根据化学品的性质可选用不同的储存柜,普通化学品可存放于全木结构储存柜,易燃化学品可存放于全钢结构储存柜,具有腐蚀性的化学品可存放于 PP 材质储存柜。

危险化学品应当存放于化学品安全柜(防爆柜)中,这种柜子的柜体具有不同颜色,用来识别、整理、分开不同类型的化学品。这样做同时又能在发生火灾时方便消防人员识别危险。化学品安全柜主要分为黄、红、蓝、灰白色 4 种颜色,见图 1-1。

(1) 黄色:用于存放汽油、酒精、煤油、甲醇、乙醇、丙酮、二甲苯等易燃液体(低、中闪点的液体)。

（2）红色：用于存放柴油、机油、润滑油、桐油等可燃液体(高闪点液体)。

（3）蓝色：用于存放弱腐蚀性液体。

（4）灰白色：用于存放毒麻性质的化学品。

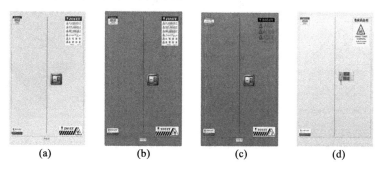

图 1 - 1　化学品安全柜

(a) 黄色:易燃液体储存柜　　(b) 红色:可燃液体储存柜

(c) 蓝色:弱腐蚀性液体储存柜　　(d) 灰白色:毒麻化学品储存柜

4. 危险化学品的购买与使用

（1）学校须有专门机构负责危险化学品的采购管理。严格规范采购程序,逐级审批。不得向不具有危险化学品生产许可证和经营许可证的单位购买危险化学品,不得购买没有安全技术说明书和安全标签的危险化学品。

（2）管制类危险化学品的采购按照国家有关规定执行。

（3）危险化学品应存放在专用储存柜中,并设置明显的警示标识。

（4）领用危险化学品必须指定专人负责,填写危险化学品领取单,经实验室负责人和实验室主管部门审批签字后才能领取。

（5）管制类危险化学品应单独存放,并实行"双人保管,双人领取,双人使用,双把锁,双本账"的"五双"制度。

（6）实验室应当建立危险化学品账册及危险化学品使用动态台账。

（7）危险化学品废弃物不得任意丢弃,严禁将实验产生的危险化学品残渣、废液倒入垃圾箱或下水管道。应按照废弃物处置规程,将其分类收集和集中暂存,并配合学校负责部门开展回收处置工作。

5. 危险化学品标识

危险化学品的标识如图 1 - 2 所示。

图1-2 危险化学品标识

（三）实验室废弃物的管理

实验室废弃物是指实验过程中产生的有毒有害的各类化学废液、残渣、废旧化学试剂、废旧空瓶等。

（1）实验室废弃物分成以下几类：

① 有机废液：有机溶剂、有机酸、醚类、苯类、醇类、酯类、酚类、油脂类等。

② 无机废酸：实验中产生的各类废弃的无机酸性液体。

③ 无机废碱：实验中产生的各类废弃的无机碱性液体。

④ 含重金属废液：实验中产生的含铬、铜、锌、镍等重金属的废液。

⑤ 固体废弃物：实验中产生的固体废渣、过期失效的固体药品、废旧固体试剂等。

⑥ 试剂用完后弃置的包装瓶。

⑦ 生物类废弃物。

（2）各类废液必须进行分类收集，按要求分别装入专用废液桶中，并贴上相应的分类标签。

（3）不同废液在倒进废液桶前要了解其相容性，再分别倒入相应的废液桶中，禁止将不相容的废液混装在同一废液桶内，以防因发生各种反应而造成事故。

（4）固体废弃物经分类后，用专门的纸箱装好，贴上相应标签。

（5）生物类非可燃的废弃物，必须先进行灭菌、灭活和消毒操作，然后装入专用的塑料包装袋或利器盒中密封，再用纸箱装好，并贴上相应的标签。

（6）所有的含菌液体废物或培养平板，必须经过消毒、灭菌处理后才能放入专用收集桶。

（7）每次实验结束后必须将实验产生的废弃物清理完，做到日产日清。

（8）个人不得私自处理实验室废弃物，收集好的废弃物将交由具有资质的处置公司进行定期处理。

（四）实验室常见意外事故处理办法

1. 发生火灾或爆炸

发生火灾或爆炸时，应通过扑灭火源、隔绝氧气和处理易燃物等方法扑灭火灾。

（1）如果是小范围的纸或木质纤维着火，可立即用水扑灭；如果为少量的易燃液体或气体、碱金属、电路和电器着火，可用干粉灭火器扑灭。

（2）如果火势较大，在不会被火危及的地方尽早脱下实验服，以减少污染。首先应拨打119及报告主管部门，然后报告实验室负责人，以争取实验室外的救助。其次，要考虑实验人员安全撤离。最后，在判断火势不会迅速蔓延时，可力所能及地扑灭或控制火情。

（3）火灾扑灭后，组织人员对可能造成的生物因子污染进行评估，考虑是否采取进一步的消毒措施。

2. 发生水灾

应寻找出水口，堵源促排。实验人员应停止工作，转移菌（毒）种、检验标本和相关材料，对实验室进行彻底消毒，对仪器设备消毒转移和做有关防水处理。水灾过后应对实验室进行消毒、清理、维修和试运转，安全参数检测验证合格后方可重新启用。

3. 发生地震

地震时应停止实验操作，立即撤离实验现场，并向上级报告存在的生物危险。

4. 发生停电

停电时应缓慢撤出双手，离开操作位置，迅速关闭生物安全柜（超净工作台）的门，启动备用电源，电源转换期间应保护好呼吸道。若无备用电源，应迅速离开实验室。

5. 发生触电

触电时应马上关闭电源开关，切断电流。若患者无呼吸但心脏仍在跳动，应将其移至通风处，松衣，进行吹气人工呼吸。若心跳已停，要进行胸外心脏按压，拨打 120 救援。

6. 发生人员伤害

人受伤时应立即拨打 120，对受伤害人员进行医疗救治，根据人员受暴露程度，采取必要的隔离措施。

7. 样品、培养物的泄漏和污染

当具有传染性的样品或培养物外溢、溅泼或器皿打破、洒落于表面时，应立即用消毒液消毒，一般用有效氯含量为 1 000～2 000 mg/L 的消毒液或 0.2%～0.5%过氧乙酸溶液喷洒污染表面，并使消毒液浸过污染物表面，保持 30～60 min，再擦拭。使用后的抹布或拖把应浸于上述消毒液内 1 h 或进行高压灭菌处理。

8. 化学品泄漏

（1）少量化学品泄漏：实验过程中，当少量化学品泄漏到仪器设备表面、工作台面、地面和其他表面时，应立即用中和剂覆盖化学品泄漏、污染的破碎物品、台面、地面和其他表面，并在适当时间再行清理；对于碱性化学品应以沙子覆盖后再行清理。

（2）当化学品溅到皮肤黏膜或眼部时应立即停止工作，立即用水（或洗眼器）冲洗 15～20 min。临时处理后急送医院就诊。

（3）当发生大量化学品泄漏时（如盛化学品的容器发生破裂），应采取下列措施：通知实验室负责人，疏散泄漏区域的工作人员，密切关注可能受到污染的人员；如果化学品是易燃性的，则应熄灭所有明火，关闭该房间中以及相邻区域的可燃气体，同时还应关闭那些可能产生电火花的电器；避免吸入化学品所产生的蒸气；非易燃化学品可启动排风设备。

9. 烫伤、灼伤

（1）小面积烫伤或化学品灼伤时，应取干净的纱布，涂上烫伤膏，覆盖于烫伤处进行包扎；若有水泡，不要刺破；如表皮未破，可立刻将伤处浸于冷水中，降低伤处温度。

（2）大面积烫伤时，应取干净的纱布或敷料，将整个烫伤面覆盖，隔绝空气，避免污染，让伤者躺下，保持呼吸道畅通；快速将其转运出实验室，立即通知医院，并脱掉其实验服，等待抢救。

（3）强酸类化学品灼伤时，应立即用大量清水冲洗，再用 5%碳酸氢钠溶液涂擦伤处；若为硫酸、盐酸、硝酸引起的灼伤,应及时用大量清水冲洗,再按一般烫伤来医治处理。

(4) 强碱类化学品灼伤时,如氢氧化钠(钾)引起灼伤,应立即用大量清水进行冲洗,然后再用2‰~3‰的醋酸溶液进行清洗。在用清水冲洗后,再按一般烫伤处理和医治。

10. 尖锐器具的刺伤、切割伤或擦伤

各种尖锐器具包括剪刀、注射用针头、刀片、金属和玻璃制品。若为被病原微生物污染的尖锐器具所刺伤、切割伤或擦伤,应视病原微生物的级别做相应的处理,应立即将伤口处的血尽量挤出,用消毒药水对伤口进行消毒、包扎,然后送医院就诊,进行预防性治疗(如预防性药物或疫苗)。

(五) 实验室个人防护

在生物安全实验室中,个人防护是指通过穿戴和配备各种器材和用品,用来防止意外接触危害性生物因子,从而保护实验人员免受生物性危害的伤害。

《实验室生物安全通用要求》(GB 19489—2008)中指出,根据具体实验室条件开展风险评估,在此基础上,按不同级别的防护要求选择适当的个人防护装备。

生物安全实验室个人防护主要包括身体防护、头面部防护、呼吸防护、手部防护、足部防护和听力防护。防护装备应符合国家规定的有关技术标准要求,具体使用时,应按照国家有关标准、要求以及产品说明进行使用。

1. 身体防护

生物安全实验室应备有足够的、具有适当防护水平的清洁防护服供使用。在实验室中的工作人员应该一直穿着合适的防护服,离开实验室区域之前应脱去防护服。常用防护服包括实验服、隔离衣、围裙等。

(1) 实验服

在进行一般性实验操作时,如维护保养实验室的仪器设备、处理常规化学品、配制试剂、洗涤、触摸或在污染/潜在污染的环境工作,可穿着普通实验服,应当注意将所有纽扣都扣上,定期清洗实验服,保持清洁。

(2) 隔离衣

隔离衣为长袖背开式,穿着时应该保证颈部和腕部都要扎紧。当实验中接触大量血液或其他潜在感染性材料时,应当穿着隔离衣,并注意定期更换。

(3) 围裙

实验中,当处理极有可能溅到实验人员身上的潜在危险材料,或者需要处理大量腐蚀性液体时,必须在实验服或者隔离衣外面再穿上围裙加以保护。

2. 头面部防护

实验中,头面部的防护主要涉及对口鼻、眼睛、面部和头发的防护,避免因碰撞和喷溅造成的伤害。常见的防护装备有口罩、护目镜、面罩和防护帽等。

(1) 口罩

实验室常用的口罩为医用一次性外科口罩和生物安全专业防护口罩。医用一次性外科口罩可以保护部分面部因生物危害物质喷溅造成的污染。生物安全专业防护口罩可过滤空气中的微粒,预防某些呼吸道传染性微生物的传播。

(2) 护目镜

在操作高危化学实验时,应当防止眼睛的损伤,避免黏膜吸附感染,故在实验中必须佩戴护目镜。在做更高危的实验时,应在佩戴护目镜的基础上同时佩戴面罩加以防护。

（3）面罩

防护面罩能够有效地保护实验人员的面部,避免碰撞或切割的伤害,防感染性材料飞溅或接触脸部、眼睛和口鼻的危害。在使用防护面罩时,常常同时佩戴护目镜和口罩。

（4）防护帽

防护帽一般是由无纺布制成,为一次性用品。为了避免化学和生物危害物质飞溅至头部（头发）所造成的污染,在实验操作中工作人员必须佩戴防护帽,并罩住全部头发。

3. 呼吸防护

呼吸防护装备主要包括面具、个人呼吸器、正压服等。若实验过程中气体、蒸汽、颗粒、微生物以及气溶胶存在对呼吸道的潜在危害时,应根据危险类型选择适当的防护装备。在进行容易产生高危害病原微生物气溶胶的实验操作时,必须同时使用个人防护装备、生物安全柜和其他物理防护设备。

4. 手部防护

手部的防护装备主要是手套。常见的手套有耐酸碱 PVC 手套、乳胶手套、一次性 PE 手套、耐低温手套和耐高温手套等。在实验室工作中应佩戴好手套以防感染性生物材料、化学品、冷和热损伤、样品污染、刺伤、擦伤和动物抓咬伤等。

按所从事操作实验的性质,手套应符合舒服、合适、灵活、握牢、耐磨、耐扎和耐撕的要求,更便于手有足够的防护。

使用防护手套时应当注意:① 手套无破损;② 戴好手套后可完全遮住手及腕部,如有必要,可覆盖实验服衣袖;③ 在撕破、损坏或怀疑内部受污染时应及时更换手套;④ 按正确的方式脱下手套,如图 1-3 所示。

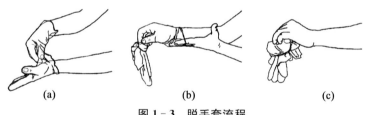

(a) 　　　　　　　**(b)** 　　　　　　　**(c)**

图 1-3　脱手套流程

（a）用戴着手套的手捏起另一只手套污染面的边缘（手腕部）将手套脱下并将手套外表面翻转入内；

（b）用戴着手套的手拿住脱下的手套,用脱下手套的手指插入另一只手套手腕处内面;（c）脱下该手套使其内面向外并形成一个由 2 个手套组成的袋状,用手捏住手套的里面将其丢至废弃物容器中。

5. 足部防护

实验室工作用鞋应舒适防滑,推荐使用皮制或合成材料制的不易渗液体的鞋。禁止在实验室中穿凉鞋、拖鞋、露脚趾鞋和机织物鞋面的鞋。当实验室中存在物理、化学和生物危险因子的情况下,应穿上适当的鞋和鞋套或靴套。

6. 听力防护

暴露于高强度的噪声可以导致听力下降甚至丧失。当在实验室中的噪声达 75 dB 时或在 8 h 内噪声大于平均值水平时,实验人员就应佩带听力保护器以保护听力。常用的听力保护器为防噪声耳罩和一次性泡沫材料防噪声耳塞。

（六）实验室消毒灭菌

实验室消毒灭菌是实验室生物安全的重要工作，应对可能引起病原微生物扩散和感染性疾病传播的各种物品和操作环节采取消毒措施。为保证实验室的洁净和实验人员的安全，需根据实验室各种不同情况进行消毒灭菌操作。

1. 实验室空气的消毒

实验室每天应通过开窗或机械通风进行换气，也可采用紫外线或空气消毒机进行空气消毒处理，必要时采用0.05％二氧化氯、6％过氧化氢、0.5％过氧乙酸等化学消毒剂进行消毒处理。

2. 实验室台面、地面的消毒

实验台面每天开始工作前用湿抹布擦1次，地面用湿拖把拖擦1次。实验结束后用0.1％的含氯消毒剂对实验台面、地面进行消毒。

3. 器材的消毒灭菌

实验操作所用的金属器材和玻璃器材可通过干热灭菌处理，条件为160 ℃、2 h。也可以用高压蒸汽灭菌处理，条件为121 ℃、20 min。无法使用这2种处理方式的器材，可使用适当的化学消毒剂浸泡消毒。

4. 洗手及手部消毒

在日常实验操作中需加强手部卫生措施，特别是在接触可能污染物品前后及在穿脱个人防护用品（包括手套）前后，均应洗手或手部消毒。手部有肉眼可见污染时，须用肥皂和流动水洗手后再消毒。手部消毒一般可用75％乙醇或0.5％氯己定醇溶液等消毒剂涂擦。

洗手的具体步骤如下：

（1）在流动水下，使双手充分淋湿。

（2）取适量皂液均匀涂抹至整个手掌、手背、手指、指缝和手腕。

（3）按照"七步洗手法"（如图1-4所示）认真揉搓双手至少15 s，应注意清洗双手所有皮肤，包括指背、指尖、指缝和手腕。

（4）在流动水下彻底冲净双手，用一次性纸巾擦干。

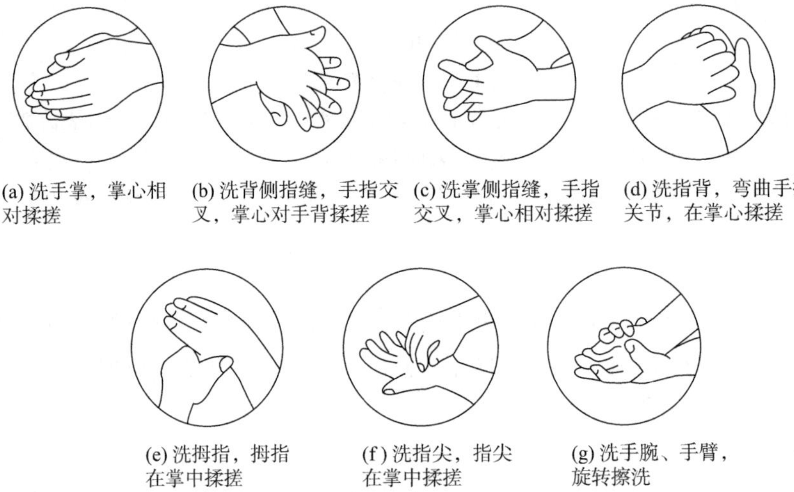

(a) 洗手掌，掌心相 对揉搓　　(b) 洗背侧指缝，手指交 叉，掌心对手背揉搓　　(c) 洗掌侧指缝，手指 交叉，掌心相对揉搓　　(d) 洗指背，弯曲手指 关节，在掌心揉搓

(e) 洗拇指，拇指 在掌中揉搓　　(f) 洗指尖，指尖 在掌中揉搓　　(g) 洗手腕、手臂， 旋转擦洗

图1-4　七步洗手法

二、实验室安全等级及应用范围

（一）病原微生物的分类

我国的《病原微生物实验室生物安全管理条例》中，根据病原微生物的传染性、感染后对个体或者群体的危害程度，将病原微生物分为4类：

第一类是指能够引起人类或者动物非常严重疾病的微生物，以及我国尚未发现或者已经宣布消灭的微生物。

第二类是指能够引起人类或者动物严重疾病，比较容易直接或者间接在人与人、动物与人、动物与动物间传播的微生物。

第三类是指能够引起人类或者动物疾病，但一般情况下对人、动物或者环境不构成严重危害，传播风险有限，实验室感染后很少引起严重疾病，并且具备有效治疗和预防措施的微生物。

第四类是指在通常情况下不会引起人类或者动物疾病的微生物。

第一类、第二类病原微生物统称为高致病性病原微生物。

国际上以世界卫生组织（WHO）为代表，根据感染性微生物（我国称作"病原微生物"）的相对危害程度制定了危险度等级的划分标准，将感染性微生物分为危险度一级、二级、三级和四级。

在病原微生物的危险度分类和分级上，我国的分类标准刚好与国际标准相反，我国的第四类病原微生物的危害最小，而国际标准的一级病原微生物的危害最小，但国际标准分级与实验室的生物安全分级相一致（见表1-1）。

表1-1　感染性微生物的危险度等级与分类

分类 （中国）	危险度等级 （WHO）	特点
第四类	一级	个体和群体危险性：无或极低 不太可能引起人或动物致病的微生物
第三类	二级	个体和群体危险性：个体危险中等，群体危险低 病原体能够对人或动物致病，但对实验室工作人员、社区、牲畜或环境不易导致严重危害。实验室暴露也许会引起严重感染，但对感染有有效的预防和治疗措施，并且疾病传播的危险有限
第二类	三级	个体和群体危险性：个体危险高，群体危险低 病原体通常能引起人或动物的严重疾病，但一般不会发生感染个体向其他个体的传播，并且对感染有有效的预防和治疗措施
第一类	四级	个体和群体危险性：两者均是高危险 病原体通常能引起人或动物的严重疾病，并且很容易发生个体之间的直接或间接传播，对感染一般没有有效的预防和治疗措施

（二）生物安全实验室的分级

根据操作不同危险度等级的微生物（生物因子）所需的实验室设计特点、建筑构造、防护设施、仪器、操作以及操作程序来决定实验室的生物安全水平（biosafety level）。

生物安全实验室分为4个等级：一级生物安全实验室（BSL-1）、二级生物安全实验室

(BSL－2)、三级生物安全实验室(BSL－3)和四级生物安全实验室(BSL－4),俗称分别为 P1、P2、P3 和 P4 实验室(P 是"物理防护"的英文"physical protection"的首字母)。一级生物安全实验室防护水平最低,四级生物安全实验室防护水平最高。

(三) 生物安全实验室的应用范围及设施设备要求

1. 一级生物安全实验室(BSL－1)

生物安全防护水平为一级的实验室适用于操作在通常情况下不会引起人类或者动物疾病的微生物的实验。一级生物安全实验室属于基础实验室,仅适用于进行基础的教学和研究,处理危险度等级为一级的微生物。BSL－1 是生物安全防护的基本水平,依靠良好的微生物学技术来保证安全。

一级生物安全实验室的设施和设备需满足如下的要求:① 实验室的门应有可视窗并可锁闭,门锁及门的开启方向应不妨碍室内人员逃生。② 设置洗手池,宜靠近实验室的出口处。③ 实验室门口处放置存衣或挂衣装置,可将个人服装与实验室工作服分开放置。④ 实验室可以利用自然通风。如果采用机械通风,应避免交叉污染。如果有可开启的窗户,应安装可防蚊虫的纱窗。⑤ 若实验操作过程中涉及刺激或腐蚀性物质,应在 30 m 内安装洗眼装置,必要时应安装紧急喷淋装置。⑥ 应配备适用的应急器材,如消防器材、意外事故处理器材、急救器材等。⑦ 必要时,应配备适当的消毒灭菌设备。⑧ 可配备一级生物安全柜。

2. 二级生物安全实验室(BSL－2)

生物安全防护水平为二级的实验室适用于操作能够引起人类或者动物疾病,但一般情况下对人、动物或者环境不会构成严重危害,传播风险有限,实验室感染后很少引起严重疾病,并且具备有效治疗和预防措施的微生物的实验。二级生物安全实验室属于基础实验室,适用于初级卫生服务、诊断、教学、研究,处理危险度等级为二级的微生物的实验。BSL－2 的生物安全防护除了依靠良好的微生物学技术,还有比较齐全的个人防护设备。

二级生物安全实验室的设施和设备要求除了要达到一级生物安全实验室的安全要求外,还要满足:① 实验室主入口的门、放置生物安全柜实验间的门应可自动关闭;实验室主入口的门应有进入控制措施。② 实验室工作区域外应有存放备用物品的条件。③ 实验室工作区配备洗眼装置。④ 实验室或其所在的建筑内配备高压蒸汽灭菌器或其他适当的消毒灭菌设备,所配备的消毒灭菌设备应以风险评估为依据。⑤ 应在操作病原微生物样本的实验间内配备二级生物安全柜。⑥ 生物安全柜应安装在实验室内气流流动小、人员走动少、离门和送风口较远的地方,周围应有一定的空间,与墙壁至少保持 30 cm 的距离,便于清洁环境卫生。⑦ 生物安全柜的排风在室内循环,室内应具备通风换气的条件;如果使用需要管道排风的生物安全柜,应通过独立于建筑物其他公共通风系统的管道排出。⑧ 应有可靠的电力供应,对于重要设备(如培养箱、生物安全柜、冰箱等),必要时应配备备用电源。

3. 三级生物安全实验室(BSL－3)

生物安全防护水平为三级的实验室适用于操作能够引起人类或者动物严重疾病,比较容易直接或者间接在人与人、动物与人、动物与动物间传播的微生物实验。三级生物安全实验室属于防护实验室,适用于特殊的诊断和研究,处理危险度等级为三级的微生物。BSL－3 实验室的危险主要是经皮肤破损处、经口摄入以及吸入感染性气溶胶。BSL－3 实验室在二级生物安全防护水平上,还需增加特殊防护服、受控的进入机制、定向气流等防护操作,保障实验操作人员和实验室周围环境免受污染。

三级生物安全实验室的设施和设备要求很严格,具体如下所述:① 实验室应明确区分辅助工作区和防护区,应在建筑物中自成隔离区或为独立建筑物,应有出入控制;防护区中直接从事高风险操作的工作间为核心工作间,人员应通过缓冲间进入核心工作间;所有房间能够密闭消毒。② 具有独立的实验室送排风系统,应确保在实验室运行时气流由低风险区向高风险区流动,同时确保实验室空气只能通过高效空气过滤器(high efficiency particulate air-filter, HEPA)过滤后经专用的排风管道排出;实验室防护区房间内送风口和排风口的布置应符合定向气流的原则,减少房间内的涡流和气流死角。③ 配备生物安全柜,按照其设计要求安装排风管道,可以将生物安全柜排出的空气排入实验室的排风管道系统。④ 配备生物安全型高压蒸汽灭菌器,其安装位置不应影响生物安全柜等安全隔离装置的气流;对实验室防护区内不能高压灭菌的物品应有其他消毒灭菌措施。⑤ 防护区内如果有下水系统,应与建筑物的下水系统完全隔离;下水应直接通向本实验室专用的消毒灭菌系统。⑥ 电力供应满足实验室的所有用电要求,并应有冗余;重要设备和控制系统配备不间断备用电源。⑦ 配备门禁、自控、监视、通信和报警系统。

4. 四级生物安全实验室(BSL-4)

生物安全防护水平为四级的实验室适用于操作能够引起人类或者动物非常严重疾病的微生物,以及我国尚未发现或者已经宣布消灭的微生物。四级生物安全实验室属于最高防护实验室,适用于处理危险度等级为四级或未知的且与危险度等级为四级具有相似特点的微生物。BSL-4 实验室的危险主要是通过黏膜或破损皮肤,或通过呼吸道吸入感染性气溶胶。实验室工作人员通过在三级生物安全柜中操作,或穿正压防护服在二级生物安全柜中操作,与感染性气溶胶完全隔离。BSL-4 实验室本身就是一个复杂的、满足专门的通风要求和废弃物处理系统的独立建筑,或者说是一个完全隔离的"密闭"盒子,以避免生物因子释放到环境中。

四级生物安全实验室的设施和设备要求除要达到三级生物安全实验室的要求外,还要满足:① 实验室应建造在独立的建筑物内或建筑物中独立的隔离区域内。② 实验室及实验室运行相关的关键区域有严格限制进入的门禁系统,可以记录进入人员的个人资料、进出时间、授权活动区域等信息。③ 实验室的防护区应包括防护走廊、内防护服更换间、淋浴间、外防护服更换间、化学淋浴间和核心工作间。化学淋浴间应为气锁,具备对专用防护服或传递物品的表面进行清洁和消毒灭菌的条件,具备使用生命支持供气系统的条件;辅助工作区应至少包括监控室和清洁衣物更换间。④ 实验室的核心工作间应尽可能设置在防护区的中部,配备生物安全型高压灭菌器。⑤ 实验室的排风应经过两级 HEPA 过滤处理后排放;实验室防护区内所有需要运出实验室的物品或其包装的表面应经过消毒灭菌。⑥ 生命支持系统应具备必要的报警装置,配备不间断备用电源。⑦ 实验室应配备正压防护服检漏器具和维修工具。

三、微生物实验室常用安全标识

实验室安全标识是向实验室工作人员警示实验场所或周围环境的危险状况,指导相关人员采取合理行为的标识。安全标识能够提醒相关人员预防危险,从而避免事故发生;当危险发生时,能够指示相关人员尽快逃离,或者指示相关人员采取正确、有效、得力的措施,对危害加以遏制和处理。

实验室安全标识分为禁止标识、警告标识、指令标识、提示标识和专用标识等多种类型。

其中禁止标识用于禁止人们不安全行为;警告标识用于提醒人们对周围环境引起注意,以避免可能发生的危险;指令标识用于强调人们必须做出某种动作或采用某种防范措施;提示标识用于向人们提供某种信息(如标明安全设施或场所等);专用标识是针对某种特定的事物、产品或者设备所制定的符号或标志物,用以标示,便于识别。

1. 禁止标识

常用禁止标识见图1-5。

禁止入内　禁止通行　禁止吸烟　禁止烟火　禁止明火　禁止堆放

禁止用水灭火　禁止触摸　禁止戴手套触摸　禁止用嘴吸液　禁止饮食　禁止开启

图1-5　常用禁止标识

2. 警告标识

常用警告标识见图1-6。

生物危害　注意安全　当心火灾　当心爆炸　当心腐蚀　当心中毒

当心触电　当心高温表面　当心低温　当心高压容器　当心紫外线　当心飞溅

当心自动启动　当心碰头　当心伤手　当心锐器　当心电离辐射　危险废物

图1-6　常用警告标识

3. 指令标识

常用指令标识见图1-7。

必须穿防护服　必须穿工作服　必须戴防护帽　必须戴防护镜　必须戴面罩　必须戴呼吸装置

必须戴一次性口罩　必须戴口罩　必须戴护耳器　必须戴防护手套　必须穿鞋套　必须穿防护鞋

必须洗手　必须手消毒　必须加锁　必须固定　必须通风

图 1-7　常用指令标识

4. 提示标识

常用提示标识见图 1-8。

紧急出口　　紧急出口　　急救点　　应急电话　　洗眼装置　　紧急喷淋

图 1-8　常用提示标识

5. 专用标识

常用专用标识见图 1-9。

（a）生物危害　　　（b）设备状态　　　（c）医疗废物

（a）放置生物安全实验室入口处，不同等级生物安全实验室有相应的标注，如生物安全三级实验室标记"BSL-3"；（b）放置处于正常使用、暂停使用、停止使用状态的仪器和设施设备上或其附近；（c）放置在医疗（生物类）废物产生、转移、贮存和处置过程中可能造成危害的物品表面

图 1-9　常用专用标识

四、微生物检验员工作职责

（1）按标准对成品、原料、辅料进行取样，做好取样记录，进行微生物限度实验。

（2）按《中国药典》及公司质量标准对厂房、设备等硬件设施定期进行微生物监测。

（3）按照检验标准及岗位标准作业程序（standard operation procedure，SOP）对微生物进行检验。

（4）对仪器、试剂的使用做到规范操作和登记，对实验过程进行记录，保证检测结果的准确性。

（5）定期对微生物实验的检测数据进行统计分析。

（6）负责微生物实验室的卫生维护、仪器和试剂的购买申请，定期维护和保养仪器设备。负责微生物检验用培养基和稀释液等的配制、消毒和贮存。

（7）严格遵守安全操作规程，认真做好安全防护工作，确保安全检测。严格执行国家菌种和有毒菌种管理规定，认真登记，按期传代、鉴定。做好有关检验记录，制定严格的有毒菌种管理细则，防止意外事故发生。

（8）做好相关验证工作，包括检查相关仪器、设备验证方案、微生物检查分析方法验证方案的执行，验证项目数据汇总，配合品质保证（quality assurance，QA）进行相关验证项目的实施等。

（9）做好生产质量管理规范（good manufacturing practice，GMP）文件管理工作，包括微生物检验标准操作规程的起草，所用仪器、设备标准操作规程的起草，相关记录格式的起草等。

五、微生物实验室常用器皿

微生物实验室常用器皿有培养皿、锥形瓶、试管和吸管等，使用前一般需经洗涤、包装、灭菌（干热或湿热）后才能使用，因此对其质量、洗涤和包装方法均有一定的要求。一般玻璃器皿选用硬质玻璃方可耐受高温（121 ℃）、高压（0.1 MPa）和短时火焰灼烧，下面我们分别对实验常用器皿的类别、规格和使用进行介绍。

1. 试管（test tube）

微生物学实验所用的试管为直口（勿使用翻口，以防止外界空气进入造成污染），盛装培养基时需加盖棉塞或塑料帽、铝帽、硅胶泡沫塑料塞。

根据用途和大小（一般是用管外径与管长的乘积来表示）分为 3 种：

（1）大试管（18 mm×180 mm）：可用于盛装制平板的固体培养基，制备琼脂斜面，盛装液体培养基。

（2）中试管（15 mm×150 mm）：可用于制备琼脂斜面、盛液体培养基，也可用于菌液、病毒悬液的稀释及血清学实验。

（3）小试管[(10～12) mm×100 mm]：一般用于细菌或酵母菌的糖发酵试验或血清学实验。

2. 烧杯（beaker）与锥形瓶（conical flask）

常用的烧杯容积为 50 mL、100 mL、250 mL、500 mL 和 1 000 mL 等，主要用于配制培养基和各种溶液。锥形瓶的容积有 100 mL、250 mL、500 mL 和 1 000 mL 等，主要用于盛装无菌水、琼脂固体培养基和液体培养基。

3. 培养皿（petri dish）

在微生物学实验中，培养皿是进行微生物培养、分离纯化、菌落形态观察、菌落计数、遗传突变株筛选、噬菌斑形成、基因工程菌株筛选等最常用的器皿。培养皿材质基本上分为两类，主要为塑料材质和玻璃材质。塑料一般是聚乙烯材料，有一次性的和多次使用的。培养皿由 1 个底和 1 个盖组成（见图 1 - 10）。

图 1 - 10　培养皿

一般常用的培养皿,皿底直径 90 mm,高 15 mm,皿盖和皿底均为玻璃材质。在用于抗生素生物效价测定时,培养皿不能倒置培养。为防止培养时皿盖冷凝水滴下,需选用陶瓦盖。

4. 德汉氏小管(Durham tube,又称杜氏小管)

杜氏小管是一种用于观察细菌在糖发酵培养基内产气情况的小套管(6 mm×36 mm),倒置于盛有液体培养基的试管或锥形瓶内,见图 1-11。

图 1-11　杜氏小管

图 1-12　离心管

5. 离心管(centrifuge tube)

该器皿有多种型号,如 0.2 mL、0.5 mL、1.5 mL、2 mL、5 mL、10 mL、15 mL、50mL 等,见图 1-12。主要用于实验中菌体的离心、DNA 和 RNA 的提取等。

6. 吸管(pipette)

(1) 玻璃吸管(glass pipette)

微生物学实验室常用的刻度玻璃吸管规格为 0.1 mL、1 mL、2 mL、5 mL、10 mL 和 25 mL,是一种精密计量液体的仪器,用于吸取菌悬液或其他溶液,见图 1-13。

① 刻度玻璃吸管的使用方法

a. 使用前检查:观察吸管有无破损、污渍。观察吸管的规格,所用吸管的规格应等于或近似等于所要吸取溶液的体积。观察有无"吹"字,若有,说明刻度到尖端,放液后需将尖端的溶液吹出,否则不吹。

b. 握法:拇指和中指夹住吸管,食指游离。

c. 取液:垂直入液,入液深度适中,洗耳球吸取,取液高度高于刻度 2~3 cm,食指按紧吸管上端,刻度吸管提离液面,观察液内无气泡,则擦净管壁。

d. 放液至刻度:刻度吸管垂直,眼睛与刻度线平行,轻轻松开食指(转动刻度吸管),使液面缓慢降低,直至最低点与刻度线相切。

e. 放液至容器:刻度吸管垂直,容器倾斜 45 度,使溶液自然流入容器,注意吹与不吹。

f. 1 根吸管只吸取 1 种试剂,用后立即浸入水中。

② 刻度玻璃吸管的读数方法

a. 在吸液与读数时保持吸管垂直。

b. 读数时保持液面与双眼成一水平线。

c. 液体在吸管中因表面张力作用会形成一个凹面,读数时要取凹面底部的数值。

注意:在吸取不计量的液体,如染色液、离心上清液、无菌水、少量抗原、抗体、酸、碱溶液等可用具乳胶头的毛细吸管,即滴管,见图 1-14。

图 1-13　玻璃吸管　　　　图 1-14　滴管　　　　图 1-15　微量加样器

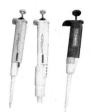

(2) 微量加样器(micropipette)

微量加样器又称微量吸管见(图 1-15),用于吸取微量液体,规格型号较多,每种在一定范围内可调节不同体积,并标有使用范围,如 $1\sim10\ \mu L$、$2\sim20\ \mu L$、$20\sim100\ \mu L$ 等。加样器只能在特定量程范围内准确移取液体,不可超过量程使用,如超出最低或最大量程,会损坏加样器并导致计量不准。使用时:① 将合适的塑料吸嘴(tip)牢固地套在微量加样器的下端;② 旋动调节键,使数字显示器显示出所需吸取的体积;③ 手握移液器,大拇指按下按钮,直到遇到一个阻力即第一止点位置,将加样器垂直浸入液面 $2\sim3\ mm$,然后缓慢平稳地松开拇指,慢慢吸入液体,注意不要有气泡,尽量避免使用加样器吸取腐蚀性液体,防止由于过快吸入造成腐蚀性液体溅到加样器杆上,造成加样器被腐蚀;④ 释放液体:将枪头头部靠在容器壁上,并保持 $10°\sim40°$ 倾斜,平稳地把按钮压到第一停点,即第一阻力点,停 $1\sim2\ s$,继续按压到第二停点,排除残余液体;⑤ 提起加样器,同时松开按钮,使之回到起始位置;⑥ 按压卸枪头按钮去除吸头,将吸头弃在废液缸内;⑦ 使用完毕,将加样器调到最大量程,这样有利于加样器的保养。

注意:改用不同样本时必须更换吸头。移液器必须卸下枪头后才能放到桌面上,防止吸头内未释放完的液体回流至移液器内。微量移液器应每年做定期校准,以保证其精确性。

7. 载玻片(slide)与盖玻片(cover slip)(见图 1-16)

普通载玻片为长方形,大小为 $75\ mm\times25\ mm$,常用于微生物涂片、染色进行形态观察及免疫学中的凝集反应等。盖玻片是盖在载玻片上的材料,可以避免液体和物镜相接触,以免污染物镜,并且可以使被观察的细胞最上方处于同一平面。

凹玻片是在中央有一圆形凹窝的厚载玻片,见图 1-17,用于制作悬滴片进行细菌运动的观察或微室培养等。

图 1-16　载玻片与盖玻片　　　　图 1-17　凹玻片　　　　图 1-18　双层瓶

8. 双层瓶(double bottle)

双层瓶由内外 2 个玻璃瓶组成,见图 1-18,内层小锥形瓶内盛香柏油,滴加在细菌经染色后的涂片上,进行油镜观察。外层瓶盛有二甲苯,用于擦拭油镜头。

9. 滴瓶(dropper bottle)

滴瓶用来盛装各种染液、无菌水等。

六、微生物实验室主要器皿和用具的洗涤方法

微生物实验室主要器皿、用具按材质主要分为 4 种:玻璃器皿、塑料橡胶器皿、金属用品、瓷制品。材质、用途不同,洗涤方法也不相同。实验室人员必须按照正确的方法洗涤,才能使实验用品保持完好无损坏以及保证实验结果准确。微生物实验室玻璃器皿与用具主要有培养皿、刻度吸管、玻璃棒、载玻片、盖玻片、烧杯、量筒、锥形瓶、胶头滴管、试管、表面皿等。实验室塑料橡胶器皿与用具主要有移液器、吸头、橡胶塞等。实验室金属用品主要有药匙、接种环、镊子、剪刀、试管架、平皿筒、不锈钢滚珠、刀片、消毒盒、铝箔纸。实验室常用瓷制品是蒸发皿。

（一）常用清洁剂和洗液

1. 清洁剂及适用范围

常用清洁剂主要有肥皂、洗衣粉、洗洁精,可用于用刷子直接刷洗的器皿,如培养皿、烧杯、锥形瓶、玻璃棒、试管、表面皿等。如污物较难清洗,可用温水加上清洁剂浸泡一段时间再进行刷洗。

2. 洗液特性及配制方法

对于不便用毛刷清洗或清洗不干净的器皿或较精密的量器,可配制下述清洗液进行化学清洗。

（1）强酸氧化剂洗液

① 配制方法:用重铬酸钾($K_2Cr_2O_7$)和浓硫酸(H_2SO_4)配成。配制浓度各有不同,从 $5\%\sim12\%$ 的各种浓度都有。配制方法大致相同:取一定量的 $K_2Cr_2O_7$(工业品即可),先用约 $1\sim2$ 倍的水加热溶解;稍冷后,将工业品浓 H_2SO_4 按所需体积数徐徐加入 $K_2Cr_2O_7$ 溶液中(千万不能将水或溶液加入 H_2SO_4 中),边倒边用玻璃棒搅拌,并注意不要溅出,混合均匀,等冷却后,装入洗液瓶备用。新配制的洗液为红褐色,氧化能力很强。当洗液用久后变为黑绿色,此时则说明洗液无氧化洗涤力,可在废液中加入固体高锰酸钾使其再生。

② 洗液特点:$K_2Cr_2O_7$ 在酸性溶液中有很强的氧化能力,对玻璃仪器又极少有侵蚀作用,所以这种洗液在实验室内使用最广泛。

③ 注意事项:这种洗液在使用时一定要注意不能溅到身上,以防烧破衣服和损伤皮肤。将洗液倒入要洗的器皿中,应使器皿周壁全浸洗后稍停一会再倒回洗液瓶。因此洗液极易腐蚀水池和下水道,所以第一次用少量水冲洗刚浸洗过的器皿,废水切勿倒入水池或下水道里,而应倒入废液缸中。

（2）碱性高锰酸钾洗液

① 配制方法:将 20 g 高锰酸钾溶于 50 mL 水中,再加入 300 mL 0.5 mol/L 氢氧化钠溶液,然后倒入瓶中,用蒸馏水清洗烧杯里残留的高锰酸钾,用蒸馏水稀释至 500 mL,盖上瓶盖,贴上标签。

② 洗液特点:适于洗涤带油污的玻璃器皿,但余留的二氧化锰沉淀物需用盐酸或盐酸加过氧化氢洗去。由于它对有机污迹的去除能力强、速度快,并且与铬酸洗液相比,它腐蚀性小,

毒性小,因此其配制简单、安全。

③ 注意事项

a. 碱性高锰酸钾洗液虽然比铬酸洗液安全,但是沾到皮肤上的洗液易形成二氧化锰,不易洗去。

b. 由于高锰酸钾的碱性溶液在光照时易分解,所以配制好的洗液需装在棕色瓶中避光保存。

c. 同大多数碱一样,碱性高锰酸钾洗液对玻璃也是有腐蚀性的,尤其是器皿的磨口部分,在清洗时,它的磨口应尽量不要长时间浸泡。

d. 使用一段时间后,$KMnO_4$ 洗液会变成浅红或无色,底部有时出现 MnO_2 沉淀,这时洗液已不具有强氧化性,不能再继续使用。

(3) 硝酸—过氧化氢洗液

① 配制方法:用 15%~20% 的硝酸加等体积的 5% 过氧化氢来配制洗液。

② 洗液特点:它适用于特别油污的玻璃器皿的清洗。

③ 注意事项:它久存易分解,现用现配,如需储存,应存放于棕色瓶中。

(4) 盐酸—乙醇洗液

① 配制方法:用 1 份盐酸和 2 份乙醇的混合液来配制洗液。

② 洗液特点:它用以洗涤有机试剂染色的器皿。

(二) 玻璃器皿的洗涤

1. 新购玻璃器皿的洗涤

新购置的玻璃器皿中含有游离碱,长期使用后内壁会析出乳白色的碱膜,器皿变得不透明,影响观察,同时也会影响培养基的酸碱度。因此,使用前先用自来水简单刷洗,然后在 2% 稀盐酸溶液中浸泡数小时,取出后用纯化水冲洗干净,晾干备用。新的载玻片和盖玻片先用肥皂水洗净,随后用 2% 稀盐酸溶液浸泡 1 h,再用蒸馏水冲洗干净,浸入酸化的 95% 的酒精中,使用时取出晾干或在火焰上烧去酒精即可。

2. 使用过的玻璃器皿的洗涤方法

洗刷玻璃器皿时,应首先将手用肥皂洗净,以防手上的油污附在器皿上,增加洗刷的难度。如器皿沾有微生物应先在 2% 来苏尔(煤酚皂)溶液或 0.25% 新洁尔灭消毒液中浸泡 24 h 后,或用高压蒸汽灭菌,或放入沸水中煮沸以杀死微生物再进行洗涤。根据器皿上污染物性质选择常用清洁剂和洗液来洗涤。如用洗衣粉,将刷子蘸上少量洗衣粉,将仪器内外全刷一遍,再边用水冲边刷洗至肉眼看不见有泡沫时,用自来水洗 3~6 次,再用蒸馏水洗 3 次。如用碱性高锰酸钾洗液,一般油污可直接用它浸泡 10~15 min 后,再用草酸—盐酸洗液洗净即可,但遇到沉淀的硫或者其他难洗的污迹,可在温水水浴中用碱性高锰酸钾洗液浸泡半小时,再用草酸—盐酸洗液洗净。如用硝酸—过氧化氢洗液处理油污、肮脏的玻璃器皿可浸泡 20 min 或更长时间,因为其对玻璃器皿无腐蚀作用。洗液不能加热,防止洗液失效。浸泡后,器皿再用自来水充分冲洗。冲洗干净后,器皿再用蒸馏水冲洗 3 次。一个洗干净的玻璃器皿,应该以挂不住水珠为度。如仍能挂住水珠,需要重新洗涤。用蒸馏水冲洗器皿时,要用顺壁冲洗方法并充分振荡,经蒸馏水冲洗后的器皿,再用指示剂检查为中性即可。

注意:① 吸过糖溶液、染液、血液、血清、菌液(非致病菌)的玻璃吸管和毛细吸管,使用后应立即投入底部垫有脱脂棉或玻璃棉、盛有自来水的量筒或标本瓶内,以免干燥后难以冲洗干净。若吸管顶部塞有棉花,应先用牙签或尖嘴自来水龙头将棉花取出或冲出,再进行洗涤,风干或烘干备用。② 用过的载玻片与盖玻片,如涂有活菌和致病菌,应经消毒液处理 24 h 后,方可进行洗涤。如滴有香柏油,应先用卫生纸擦去油面,再用浸有二甲苯的脱脂棉擦拭,溶解油垢。在含洗洁精的水中用纱布或脱脂棉擦拭洗涤,再用自来水冲洗,沥干水分,于洗液中浸泡 1～2 h,继续用自来水冲洗,蒸馏水冲洗后,经目测,玻片或盖玻片上无残留水珠,可视为洗涤干净,风干后于 95％酒精中保存备用,使用时用镊子取出,烧去残留酒精即可。

（三）塑料橡胶用品的洗涤

1. 塑料器皿的清洗

培养使用的塑料器皿是一种无毒并已经消毒灭菌的密封包装的商品。用时,只要打开包装即可,是一次性使用物品。必要时,用后经无菌处理尚可反复使用 2～3 次,但不宜过多。再用时仍然需要清洗和灭菌处理。塑料器皿因质地软,不宜用毛刷刷洗而造成清洗困难。为此在使用中,一是防止划痕,二是用后要立即浸入水中,严防附着物干结。如残留有附着物,可用脱脂棉清洁掉,用流水冲洗干净、晾干;再用 2％ NaOH 溶液浸泡过夜,用自来水充分冲洗;然后用 5％盐酸溶液浸泡 30 min;最后用自来水冲洗和蒸馏水漂洗干净,晾干后备用。

2. 胶塞的清洗

新购置的胶塞先用自来水冲洗干净后再做常规处理。

常规洗涤方法:将胶塞浸泡→2％ NaOH 煮沸(10～20 min)→自来水冲洗→1％稀盐酸浸泡(30 min)→蒸馏水清洗(2～3 次)→晾干备用。

（四）金属用品的洗涤

1. 洗涤方法

不用洗液浸泡洗涤。一般用水冲洗即可,对于油污、锈迹,可用洗洁精、钢丝球刷洗掉。

2. 注意事项

不用时放在干燥的环境中,不同材质分开存放,防止生锈。

（五）瓷制品的洗涤

不能用碱液洗涤,可用 0.1 mol/L 盐酸浸泡。一般用毛刷和洗衣粉刷洗即可。使用时,蒸发皿加热后不能骤冷。

七、微生物实验室常见仪器设备介绍

1. 显微镜(microscope)

显微镜是由一组透镜或几组透镜的组合构成的一种光学仪器,主要用于放大微小物体使其能被观察到。

显微镜根据显微原理可分为光学显微镜(optical microscope)与电子显微镜(electron microscope)。光学显微镜通常由光学部分、照明部分和机械部分组成。其中光学部分是最为关键的,它由目镜和物镜组成。现在的光学显微镜可把物体放大 1 600 倍,分辨的最小极限达 0.1 μm。目前光学显微镜的种类很多,主要有明视野显微镜(普通光学显微镜,详见实验一)、暗视野显微镜(详见实验五)、荧光显微镜、相差显微镜、激光扫描共聚焦显微镜、偏光显微镜、微分干涉差显微镜、倒置显微镜等。电子显微镜(详见实验四)是以电子流作为光源使物体成像的,有与光学显微镜相似的基本结构特征,但它的放大倍数及分辨本领却比光学显微镜高得多。本节中重点介绍荧光显微镜、相差显微镜和倒置显微镜。

(1) 荧光显微镜(fluorescence microscope)

荧光显微镜是光学显微镜的一种,与普通光学显微镜相比,主要的区别是二者的激发波长不同。细胞中有些化合物(荧光素)可以吸收紫外线并放出一部分光波较长的可见光,这种现象称为荧光。因此,在紫外线的照射下,发荧光的物体会在黑暗的背景下表现为光亮的有色物体;另有一些物质本身虽不能发荧光,但如果用荧光染料或荧光抗体染色后,经紫外线照射亦可发荧光。这就是荧光显微技术的原理。由于不同荧光素的激发波长范围不同,因此同一样品可以同时用两种以上的荧光素标记,它们在荧光显微镜下经过一定波长的光激发,发射出不同颜色的光。荧光显微技术在免疫学、环境微生物学、分子生物学中应用十分普遍。

荧光显微镜主要由光源、滤色系统、双色分光镜、物镜、目镜等组成。根据其光路不同,可分为透射式荧光显微镜和落射式荧光显微镜,见图 1-19。近代荧光显微镜多采用落射式,即激发光是从物镜照射到样品,样品受激发后发出的荧光再经物镜投射到观测光路,见图 1-20。

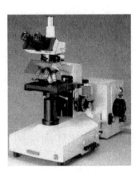 

(a) 透射式　　　　(b) 落射式

图 1-19　荧光显微镜

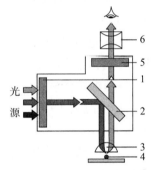

1. 激发滤色镜;2. 双色分光镜;3. 物镜;4. 样品;5. 阻断滤色镜;6. 目镜

图 1-20　落射式光路图

① 光源

多采用超高压汞灯作为光源,它能够产生强光照,含有大量的紫外和蓝紫光,足以激发各类荧光物质。灯泡在使用过程中,其光效是逐渐降低的,使用时尽量减少启动次数。灯熄灭后要等冷却后才能重新启动。灯泡点亮后不可立即关闭,以免水银蒸发不完全而损坏电极,一般需要等 15 min 再关灯。

② 滤色系统

滤色系统是荧光显微镜的重要部位,由激发滤色镜和阻断滤色镜组成。其中激发滤色镜可提供一定波长范围的激发光。阻断滤色镜可完全阻挡或吸收光路中的激发光,允许相应波长范围的荧光通过。

③ 双色分光镜

在光路中与光轴呈 45°角,其作用是将激发光反射至物镜中,并聚集于样品上。同时能够让样品发出的荧光通过。

④ 物镜

各种物镜均可应用,但最好用消色差的物镜,因其自体荧光极微且透光性能(波长范围)适合于荧光。

⑤ 目镜

在荧光显微镜中多用低倍双筒目镜,便于观察。

荧光显微镜的使用方法:① 打开汞灯灯源,超高压汞灯要预热 15 min 才能达到最亮点。② 关闭荧光光路,打开荧光显微镜下方光源,将荧光染色后的样品置于载物台上,在低倍镜下寻找最佳观测影像。③ 打开荧光光路,根据样品选择合适的滤色镜。④ 调节激发光强度。⑤ 从低倍镜开始观察、调焦,找到预观察视野,再更换高倍镜观察样品。⑥ 记录观测结果。⑦ 关闭汞灯电源,将透射光调到最小,关闭明场电源开关。将载物台降至最低,取出样品。若使用过油镜,用适当的清洗剂和干净的擦镜纸清洁镜头。

荧光显微镜的使用注意事项:① 严格按照荧光显微镜操作规程进行操作,不要随意改变程序。② 标本经荧光染色后应立即观察,因时间久了荧光会逐渐减弱,影响观察。③ 样品若长时间被激发光照射,会使得荧光衰减或消失,因此应尽可能缩短照射时间。暂时不观察时应关闭荧光光路。④ 保证汞灯工作 30 min 以上才可以熄灭,且不能连续工作 2 h 以上。关闭汞灯后若再使用,需要待灯泡充分冷却后才能再打开。一天中应避免数次点亮汞灯。⑤ 汞灯寿命有限,标本应集中检查,以节省时间,保护光源。

(2) 相差显微镜(phase contrast microscope)

光波有振幅(亮度)、波长(颜色)及相位(指在某一时间上,光的波动所能达到的位置)的不同。如果光的波长和振幅发生变化,人们的眼睛就能观察到。而活细胞和未经染色的生物标本,因细胞各部分微细结构的折射率和厚度略有不同,光波通过时,波长和振幅并不发生明显的变化,仅有相位的变化(相差),这种微小的变化,人的肉眼是无法感知的。因此,用普通光学显微镜观察未经染色的标本(如活的细胞)时,其形态和内部结构往往难以分辨。

而相差显微镜配备有特殊的光学装置——环状光阑和相板,利用光的干涉现象,能将光的相位差转变为人眼可以察觉的振幅差(明暗差),从而使原来透明的物体表现出明显的明暗差异,对比度增强。因此,相差显微镜使人们能在不染色的情况下比较清楚地观察到在普通光学显微镜下都看不到或看不清的活细胞及细胞内的某些细微结构。

相差显微镜与普通光学显微镜在构造上主要有 3 点不同:① 用带相板的相差物镜代替普通物镜,镜头上一般标有 PC 或 PH 字样。② 环状光阑[见图 1-21(a)]是由大小不同的环状孔形成的光阑,它们的直径和孔宽是与不同的物镜相匹配的。大小不同的环状光阑与聚光镜一起形成转盘聚光器,见图 1-21(b)。转盘聚光器前端有标示孔,表示位于聚光镜下面的光阑种类,不同的光阑应与各自不同放大率的物镜配套使用。③ 每次使用前,应使用合轴调节望远镜(见图 1-22)进行合轴调节。相差显微镜在使用时,聚光镜下面环状光阑的中心与物镜光轴要完全在一直线上,必须调节光阑的亮环和相板的环状圈重合对齐,才能发挥相差显微镜的效能。

在用相差显微镜观察时一般都使用绿色滤光片。这是因为相差物镜多属消色差物镜,这种物镜只纠正黄、绿光的球差而未纠正红、蓝光的球差,在使用时采用绿色滤光片效果最好。另外,绿色滤光片有吸热作用(吸收红色光和蓝色光),进行活体观察时比较有利。

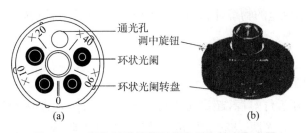
(a)

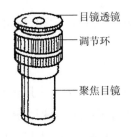
(b)

图 1-21　相差显微镜的环状光阑和转盘聚光器

图 1-22　合轴调节望远镜

相差显微镜的使用方法：① 将显微镜的聚光器和接物镜换成相差聚光器和相差物镜，在光路上加绿色滤光片。② 聚光器转盘刻度置"0"，调节光源使视野亮度均匀。③ 将需要观察的制片置于载物台上，用低倍物镜(10×)在明视野下调节亮度并聚焦样品。④ 将聚光器转盘刻度置"10"(与所用 10×物镜相匹配)。注意由明视野转为环状光阑时，因进光量减少，要把聚光器的光圈开足，以增加视野亮度。⑤ 取下目镜，换上合轴调节望远镜。用左手固定望远镜外筒，一边观察，一边用右手转动其内筒，使其升降，对焦后，可看到环状光阑的亮环和相板的暗环，通过升降聚光器可改变亮环的大小，使之与暗环大小一致，完全吻合；当双环分离时，说明不合轴，可用聚光器的调中旋钮移动亮环，直至双环完全重合，见图 1-23。⑥ 取下望远镜，换回目镜，按普通光学显微镜的操作进行观察。⑦ 在更换不同倍率的相差物镜时，每一次都要使用相匹配的环状光阑，并按照上述方法重新进行合轴调节。

使用注意事项：① 相差显微镜镜检对载玻片、盖玻片的要求很高。载玻片厚度应在1.0 mm左右，若过厚，环状光阑的亮环变大，过薄则亮环变小；载玻片厚薄不均，凸凹不平，或有划痕、尘埃等也都会影响图像质量。而盖玻片的标准厚度通常为 0.16～0.17 mm，过薄或过厚都会使像差、色差增加，影响观察效果。② 精确的合轴调节是取得良好观察效果的关键。若环状光阑的光环和相差物镜中的相位环不能精确吻合，会造成光路紊乱，应被吸收的光不能吸收，该推迟相位的光波不能推迟，失去相差显微镜的效果。

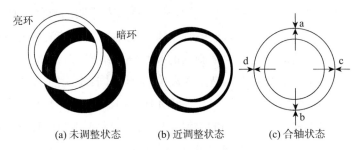

亮环　暗环

(a) 未调整状态　　　(b) 近调整状态　　　(c) 合轴状态

图 1-23　合轴调节过程

（3）倒置显微镜(inverted microscope)

倒置显微镜是光学显微镜的一种，是为了适应生物学、医学等领域中的组织培养、细胞离体培养、浮游生物、环境保护、食品检验等显微观察，以及近些年发展起来的适合于电生理学及显微注射与细胞切割等遗传工程方面显微操作的需要而制造的。

倒置显微镜和普通光学显微镜一样，主要包括机械系统和光学系统(详见"实验一　普通光学显微镜的使用与细菌形态观察")。但倒置显微镜在结构上与普通光学显微镜有明显区别,若以载物台为水平面,倒置显微镜的物镜与照明聚光系统颠倒了位置,并由此得名,即物镜在载物台之下,照明聚光系统在载物台之上。这样扩大了照明聚光系统与载物台之间的有效距离,可以将培养皿、细胞培养瓶等较厚器具置于载物台上。倒置显微镜可加上相差系统、荧光系统等部件,拓展其应用范围。

倒置显微镜一般用于观察培养的细胞,其透明性大,结构对比不明显,故倒置显微镜常配备相差系统。根据不同的观察需求,倒置显微镜常用的观察方式分为明场观察和相差观察。

明场观察的使用方法如下:

① 开机

打开显微镜主开关、光源开关,移去绿色滤光片,选择明场光阑。

② 使用

a. 将样品置于载物台上,旋转物镜转换器,选择较小倍数的物镜。b. 通过粗/细调焦旋钮对样品聚焦。c. 通过目镜观察,调节聚光镜的高度、亮度调节旋钮和孔径光阑,以达到合适的照明状态。d. 根据观察需要进一步选择高倍物镜,重复 b、c 的步骤。

③ 关机

观察结束后,取下样品,将光源调至最暗,关闭光源开关、主开关,旋转物镜转换器,使物镜镜头置于载物台下侧,防止灰尘沉降。

相差观察的使用方法如下:

① 开机

打开显微镜主开关、光源开关,加入绿色滤光片,打开孔径光阑。

② 使用

a. 将样品置于载物台上,调整至适当的位置。b. 选用低倍相差物镜和相应的环状光阑,进行合轴调节(详见相差显微镜介绍)。c. 换回目镜,调节光强,进行观察。

③ 关机

与明场观察的使用方法相同。

2. 干热消毒箱(干热灭菌器,电烘箱,electric dry oven,详见实验十一)

该箱可供工矿企业、大专院校、生物制药、食品加工、科研、医疗单位、各类实验室等作非易燃易爆物品及非挥发性物品的干燥、烘焙熔腊、消毒、灭菌之用。在微生物实验室中,干热消毒箱主要用于玻璃容器的干燥灭菌。电烘箱的温控可在室温至 250 ℃ 间任意调节。电烘箱的使用详见实验十一。电烘箱安全操作规范:① 通电前应检查电源线路绝缘是否良好,不准有漏电。加热器电阻丝之间不得有碰触,以防短路。② 使用非防爆电烘箱,严禁带挥发性的物件进入烘箱内。③ 使用温度绝不能超过机器规定温度,使用时随时观察并调整箱内温度。④ 在使用过程中听到声音异常应立即停止工作,马上检查马达及风叶轮,以免烧坏马达。⑤ 高温烘烤物品后,不能立即关掉总开关,应打开风扇开关让热量散发出去后方可关机,以免烤箱局部受热变形。⑥ 保持电烘箱内清洁,应经常擦拭,以免腐蚀性物质黏附在内胆上,影响其使用寿命。应经常检查和清除烘箱内电阻丝旁的氧化皮。不可将风道和风孔堵死,以保证正常送风。⑦ 电烘箱应定期检修,由于电热接触器频繁通断,需定期更换,以防触头烧坏咬死而不能切断电热电源,炉内温度升高会烤坏样品。

3. 灭菌锅(sterilization pot)

灭菌锅又名蒸汽灭菌器,实验室常用灭菌锅可分为手提式高压灭菌锅和立式高压灭菌锅(见图1-24、图1-25),是利用电热丝加热水产生蒸汽,并能维持一定压力的装置。该菌锅主要由一个可以密封的桶体、压力表、排气阀、安全阀、电热丝等部件组成。它主要用于对医疗器械、敷料、玻璃器皿和培养基等进行消毒灭菌,是微生物实验室、食品厂、饮用水厂等的必备设备。灭菌锅的使用和注意事项详见实验十一。

图1-24 手提式高压灭菌锅　　图1-25 立式高压灭菌锅

4. 超净工作台(clean bench)

超净工作台是一种提供局部无尘无菌操作环境的单向流型空气净化设备。通常,室内空气经过它过滤后形成洁净气流送出,可以排除操作区原来的空气,将尘埃颗粒和生物颗粒带走,以形成无菌的高洁净的操作环境。超净工作台根据气流的方向分为垂直层流超净工作台和水平层流超净工作台,见图1-26。根据操作人员数分为单人工作台和双人工作台。

超净工作台的使用:① 在操作区将不必要的物品拿出。清洁台面,然后用消毒剂擦拭消毒。② 接通电源,打开超净工作台总开关及紫外线灯开关,进行紫外消毒15～20 min,关闭紫外灯。③ 打开风机开关至高挡,通风10～15 min。④ 打开日光灯,进行实验操作。⑤ 操作结束后,清理工作台面,将所有实验物品拿出,收集各废弃物,关闭风机及照明开关,用清洁剂及消毒剂擦拭消毒。最后开启紫外灯,紫外消毒30 min,关闭紫外灯,切断电源。

(a) 垂直层流超净工作台　　(b) 水平层流超净工作台

图1-26 超净工作台

需要注意的是,实验操作期间应始终保持风机工作,但可根据需要调节风速大小。

5. 摇床(shaker)

摇床(见图1-27)又名振荡器,可以摇动,其振荡频率为0～300 r/min,广泛用于对振荡频率有较高要求的微生物培养、发酵、杂交等过程。目前的摇床往往不再是单一的振荡功能,通常集其他功能于一身。如恒温培养摇床集恒温培养箱和摇床于一体,可控制温度;光照振荡培养箱可同时控制温度、光照和振荡频率;功能完善的细胞培养摇床需要具备温度控制、湿度控制、二氧化碳控制、

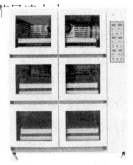

图1-27 多层摇床

光照控制以及高性能的保温密封功能及可消毒灭菌的功能。

6. 培养箱（incubator）

培养箱具有制冷和加热双向调温系统，温度可控，是生物学、医学、环保等相关科研和教研教育部门不可缺少的实验室设备，广泛应用于低温恒温实验、培养实验、环境实验等。在微生物实验中，主要用于微生物的平板和斜面等固体培养或液体静置培养等。

（1）使用操作方法：① 操作人员需仔细阅读使用说明，了解、熟悉培养箱的功能后，才能接通电源。② 接通电源，按下电源开关，此时电源指示灯亮。③ 设定培养温度，当培养箱显示温度达到设定温度时，加热或制冷中断，如箱内即时温度超过设定上限报警温度（出厂设置为超过 5 ℃），控温仪温度跟踪报警指示灯亮，同时自动切断加热器电源。④ 如打开门取样品时，加热器、循环风机会停止工作；当关上玻璃门后，加热器和风机才能正常运转，这样可避免培养物的污染及温度的过冲现象。

（2）注意事项和保养维修：① 仪器不宜在高压、强电流、强磁场条件下使用，以免干扰温控仪及发生触电危险。② 培养箱外壳必须有效接地，以保证使用安全。③ 控温仪菜单设定数据在出厂前已经过严格调试，请勿随意修改。④ 请勿放置易燃易爆物品进行升温，严防发生危险。⑤ 电镀零件和表面饰漆，应经常保持清洁，如长期不用，应在电镀件上涂中性油脂或凡士林，以防腐蚀。培养箱外面套好塑料薄膜或防尘罩，并将培养箱放在干燥室内，以免控温仪受潮损坏。⑥ 请勿放置高酸高碱物品，防止箱体腐损。

培养箱的种类很多，有恒温培养箱、二氧化碳培养箱、霉菌培养箱、厌氧培养箱、光照培养箱等。它们由于功能不同，各自有不同的适用范围，如二氧化碳培养箱是通过在培养箱箱体内模拟形成一个类似细胞或组织在生物体内的生长环境，如稳定的温度（37 ℃）、稳定的 CO_2 水平（5%）、恒定的酸碱度（pH 值为 7.2～7.4）、较高的相对饱和湿度（95%），来对细胞或组织进行体外培养的一种装置，可用于某些特殊要求的微生物的生长。厌氧培养箱是一种可在无氧环境下进行细菌培养及操作的专用装置，可培养最难生长的厌氧生物，又能避免厌氧生物在大气中操作时接触氧而死亡的危险性。

7. 发酵罐（fermenter）

大量培养微生物而获得菌体细胞或代谢产物的过程称为发酵。发酵罐是用于培养微生物或细胞的封闭容器或生物反应装置，可用于研究、分析或生产。生产上使用的发酵罐容积大，均用钢板或不锈钢板制成；供实验室使用的小型发酵罐，其容积可从约 1 L 至数百升或更大。一般来说，5 L 以下是用耐压玻璃制作罐体，10 L 以上用不锈钢板或钢板制作罐体。发酵罐被广泛用于生物工程、食品、化工、制药等行业中的物料发酵。按发酵罐的设备，分为机械搅拌通风发酵罐和非机械搅拌通风发酵罐；按微生物的生长代谢需要，分为好气型发酵罐和厌气型发酵罐；按使用范围可分为生物发酵罐、啤酒发酵罐、葡萄酒发酵罐等。应用于厌气发酵的发酵罐结构可以较简单。对这类发酵罐的要求是：能封闭；能承受一定压力；有冷却设备；罐内尽量减少装置，消灭死角，便于清洗灭菌。酒精和啤酒都属于厌气发酵产物，其发酵罐因不需要通入无菌空气，因此在设备放大、制造和操作时，都比好气发酵设备简单得多。用于好气发酵的发酵罐因需向罐中连续通入大量无菌空气，还需考虑通入空气的利用率，故发酵罐结构较为复杂，常用的有机械搅拌式发酵罐、鼓泡式发酵罐和气升式发酵罐。实验室所用的小型通气搅拌发酵罐具有体积小、耗电少、不易污染、每单位时间单位体积产能高、代谢热很容易移除、操作控制和维修方便等特点,能更好地满足实验需要。

各厂家生产的发酵罐会有所差别,但基本原理是相同的,基本结构是类似的。下面以德国赛多利斯公司(sartorius stedim)制造的 BIOSTAT Aplus-5 L 罐为例,说明小型发酵罐的结构。

BIOSTAT Aplus-5 L 罐可分为罐体和控制器两大部分。

(1) 罐体

罐体为一硬质玻璃圆筒,如图 1-28,容积为 5 L,顶盖上有 9 个孔口,分别是加料及接种口、放置温度探头口、补料口、放置 DO(溶解氧)电极口、放置 pH 电极口、放置消泡电极口、放置取样管口、放置搅拌器口和放置冷凝管口。

(2) 控制器

控制器正面(如图 1-29 所示)有酸碱泵,用以向发酵罐加入酸液或碱液以调节培养液中的 pH 值。此外还有消泡剂加入泵,用以向发酵罐加入消泡剂,以消除发酵过程中产生的过多泡沫。控制器背面(如图 1-30 所示)有各种接口,用以和发酵罐相连(见图 1-31)。另外控制器可与电脑连接,通过电脑软件 MFCS/DA 调节一些参数,如温度、pH 值、溶氧和搅拌转速等。

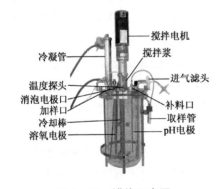

图 1-28　罐体示意图

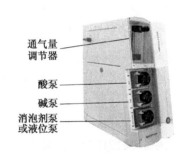

图 1-29　控制器正面

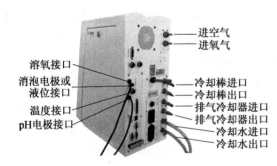

图 1-30　控制器背面

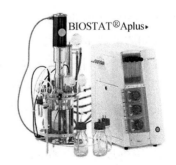

图 1-31　发酵罐与控制器相连

八、常用染色液及试剂配制

(一) 实验常用染色液的配制

1. 吕氏(Loeffler)美蓝染色液

A 液:美蓝(methylene blue,又名甲烯蓝)0.3 g,95% 乙醇 30 mL;

B 液：0.01% KOH 100 mL。

混合 A 液和 B 液用于细菌单染色，可长期保存。根据需要可配制成稀释美蓝液，按 1:10 或 1:100 稀释均可。

2. 齐氏(Ziehl)石炭酸复红染色液

溶液 A：碱性复红(basic fuchsin)0.3 g，加 95% 乙醇 10 mL；

溶液 B：石炭酸 5.0 g，加蒸馏水 95 mL。

将碱性复红在研钵中研磨后，逐渐加入 95% 乙醇，继续研磨使之溶解，配成溶液 A，石炭酸溶于水中配成溶液 B。

混合溶液 A 和 B，通常可将此混合溶液稀释 5~10 倍使用，稀释液易变质失效，一次不宜多配。

3. 革兰氏染色液

(1) 结晶紫(crystal violet)液

A 液：结晶紫(crystal violet) 2.5 g，加 95% 乙醇 25 mL；

B 液：草酸铵[(NH$_4$)$_2$C$_2$O$_4$·H$_2$O] 1.0 g，加蒸馏水 100 mL。

将结晶紫研细后，加入 95% 乙醇使之溶解，配成 A 液。将草酸铵溶于蒸馏水，配成 B 液。两液混合。此液不易保存，如有沉淀出现，需重新配制。

(2) 卢戈(Lugol)氏碘液：碘 1 g，碘化钾 2 g，蒸馏水 300 mL。先将碘化钾溶于少量蒸馏水中，然后加入碘使之完全溶解，再加蒸馏水至 300 mL。配成后贮于棕色瓶内备用，若变为浅黄色则不能使用。

(3) 95% 乙醇：用于脱色，脱色后可选用以下(4)或(5)的其中一项复染即可。

(4) 稀释石炭酸复红溶液：见染色液 2，将石炭酸复红饱和溶液稀释 10 倍即可。

(5) 番红溶液：番红 O(safranine，又称沙黄 O)2.5 g，95% 乙醇 100 mL，溶解后可贮存于密闭的棕色瓶中，用时取 20 mL 与 80 mL 蒸馏水混匀即可。

以上染液配合使用，可区分出革兰氏染色阳性(G$^+$)或阴性(G$^-$)细菌，G$^+$ 被染成紫色，G$^-$ 被染成红色。

4. 芽孢染色液

(1) 孔雀绿染色液：孔雀绿(malachite green) 5.0 g，蒸馏水 100 mL；也可先将孔雀绿研细，加少许 95% 乙醇溶解，再加蒸馏水。

(2) 番红水溶液：番红 0.5 g，蒸馏水 100 mL。

5. 荚膜染色液

(1) 石炭酸复红染液(配法同染色液 2，用时稀释 1 倍)。

(2) 黑色素染液：黑色素 5.0 g，蒸馏水 100 mL，福尔马林(40% 甲醛) 0.5 mL。

将黑色素在蒸馏水中煮沸 5 min，然后加入福尔马林作为防腐剂，用玻璃棉过滤。

(3) 墨汁染色液：国产绘图墨汁 40 mL，甘油 2 mL，液体石炭酸 2 mL。先将墨汁用多层纱布过滤，加甘油混匀后，水浴加热，再加石炭酸搅匀，冷却后备用。用作荚膜的背景染色。

6. 鞭毛染色液

(1) 硝酸银染色

A 液：鞭毛染色媒染剂，单宁酸 5.0 g，FeCl$_3$ 1.5 g，15% 甲醛 2.0 mL，1% NaOH 1.0 mL，蒸

馏水 100 mL。

B 液：硝酸银溶液，$AgNO_3$ 2.0 g，蒸馏水 100 mL。待 $AgNO_3$ 溶解后，取出 10 mL 备用，向其余的 90 mL $AgNO_3$ 中滴加 $NH_3 \cdot H_2O$，即可形成很厚的沉淀；继续滴加 $NH_3 \cdot H_2O$ 至沉淀刚刚溶解成为澄清溶液为止；再将备用的 $AgNO_3$ 慢慢滴入，则溶液出现薄雾；但轻轻摇动后，薄雾状的沉淀又消失；继续滴入 $AgNO_3$，直到摇动后仍呈现轻微而稳定的薄雾状沉淀为止。若雾浓，说明银盐沉淀出，则不宜再用。

最好当日配制当日使用，次日使用则鞭毛染色浅，观察效果差，第 3 天则不能使用。

（2）美蓝染色

媒染剂：单宁酸 5 g，蒸馏水 100 mL，加热溶解，依次加入 $FeCl_3 \cdot 6H_2O$ 1.5 g，37% 甲醛 1 mL；美蓝染液：硼砂 1 g，蒸馏水 100 mL，溶解后加入美蓝 0.05 g；洗液：0.01 mol/L 稀盐酸。

（3）改良利夫森（Leifson's）鞭毛染色液

A：20% 单宁（鞣酸）2.0 mL；B：饱和钾明矾液（20%）2.0 mL；C：5% 石炭酸 2.0 mL；D：碱性复红酒精（95%）饱和液 1.5 mL。

将以上各液于染色前 1～3 d，按 B 加到 A 中，C 加到 A、B 混合液中，D 加到 A、B、C 混合液中的顺序，混合均匀后立即过滤 15～20 次，2～3 d 内使用效果较好。

7. 中性红（neutral red）溶液

用于染细胞中的液泡，可鉴定细胞死活。

配方：中性红 0.1 g，蒸馏水 100 mL，使用时再稀释 10 倍左右。

8. 乳酸石炭酸棉蓝染色液（用于真菌固定和染色）

石炭酸（苯酚）10 g，乳酸（比重 1.21）10 mL，甘油 20 mL，棉蓝（苯胺蓝）0.02 g，蒸馏水 10 mL。将石炭酸加入蒸馏水中，加热溶解，再加入乳酸和甘油，最后加棉蓝，冷却后用。滴少量染液于真菌涂片上，加上盖玻片即可观察。霉菌菌丝和孢子均可染成蓝色。染色后的标本可用树脂封固，能长期保存。

（二）实验室常用试剂的配制

1. 1.6% 溴甲酚紫

溴甲酚紫 1.6 g 溶于 100 mL 乙醇中，贮存于棕色瓶中保存备用。用作培养基指示剂时，每 1 000 mL 培养基中加入 1 mL 1.6% 溴甲酚紫即可。

2. 无菌生理盐水

8.5 g 或 9 g NaCl 加入 1 000 mL 蒸馏水中，搅拌至完全溶解，分装后，121 ℃ 灭菌 15 min，备用。

3. 0.5% 的酚酞指示剂

称取 0.5 g 酚酞，溶解于 100 mL 无水乙醇中。

4. TAE 缓冲液

TAE 缓冲液是由 Tris 和 EDTA 配制而成，主要用于溶解核酸，能稳定储存 DNA 和 RNA。TAE 缓冲液是一种能在加入少量酸或碱时抵抗 pH 值改变的溶液。配制方法：量取 5 mL pH 值为 8.0 的 1 mol/L Tris-HCl 缓冲液，接着将 1 mL pH 值为 8.0 的 0.5 mol/L EDTA 溶液置于 500 mL 烧杯中，再向烧杯中加入约 400 mL 双蒸水均匀混合，最后将溶液定容到 500 mL 后，121 ℃ 高压灭菌 15 min，室温保存。

5. 不同 pH 值的磷酸盐缓冲溶液(0.2 mol/L)

配制时,先配制 0.2 mol/L 的 NaH_2PO_4 和 0.2 mol/L 的 Na_2HPO_4 溶液。

(1) 0.2 mol/L NaH_2PO_4 溶液(甲液):称取 $NaH_2PO_4 \cdot 2H_2O$ 31.210 g 或 $NaH_2PO_4 \cdot H_2O$ 27.600 g,加重蒸水至 1 000 mL 溶解。

(2) 0.2 mol/L Na_2HPO_4 溶液(乙液):称取 $Na_2HPO_4 \cdot 2H_2O$ 35.610 g 或 $Na_2HPO_4 \cdot 7H_2O$ 53.624 g 或 $Na_2HPO_4 \cdot 12H_2O$ 71.632 g,加重蒸水至 1 000 mL 溶解。

(3) 根据不同 pH 值的需求,按照表 1-2 将二者混合即可得到 0.2 mol/L 的磷酸盐缓冲溶液。若需要其他物质的量浓度的缓冲溶液,稀释即可。

表 1-2　磷酸盐缓冲液配制表

pH 值	甲液(mL)	乙液(mL)	pH 值	甲液(mL)	乙液(mL)
5.7	93.5	6.5	6.9	45.0	55.0
5.8	92.0	8.0	7.0	39.0	61.0
5.9	90.0	10.0	7.1	33.0	67.0
6.0	87.7	12.3	7.2	28.0	72.0
6.1	85.0	15.0	7.3	23.0	77.0
6.2	81.5	18.5	7.4	19.0	81.0
6.3	77.5	22.5	7.5	16.0	84.0
6.4	73.5	26.5	7.6	13.0	87.0
6.5	68.5	31.5	7.7	10.5	89.5
6.6	62.5	37.5	7.8	8.5	91.5
6.7	56.5	43.5	7.9	7.0	93.0
6.8	51.0	49.0	8.0	5.3	94.7

6. 不同 pH 值的磷酸氢二钠—柠檬酸缓冲液

配制时,先配制 0.2 mol/L 的 Na_2HPO_4 和 0.1 mol/L 的柠檬酸溶液。

(1) 0.2 mol/L Na_2HPO_4 溶液(甲液):称取 $Na_2HPO_4 \cdot 2H_2O$ 35.610 g 或 $Na_2HPO_4 \cdot 7H_2O$ 53.624 g 或 $Na_2HPO_4 \cdot 12H_2O$ 71.632 g,加重蒸水至 1 000 mL 溶解。

(2) 0.1 mol/L 柠檬酸溶液(乙液):称取 $C_6H_8O_7 \cdot H_2O$ 21.010 g,加重蒸水至 1 000 mL 溶解。

(3) 根据不同 pH 值的需求,按照表 1-3 将二者混合即可得到磷酸氢二钠—柠檬酸缓冲液。

表 1-3　磷酸氢二钠—柠檬酸缓冲液配制表

pH 值	甲液(mL)	乙液(mL)	pH 值	甲液(mL)	乙液(mL)
2.6	2.18	17.82	3.4	5.70	14.30
2.8	3.17	16.83	3.6	6.44	13.56
3.0	4.11	15.89	3.8	7.10	12.90
3.2	4.94	15.06	4.0	7.71	12.29

续 表

pH 值	甲液(mL)	乙液(mL)	pH 值	甲液(mL)	乙液(mL)
4.2	8.28	11.72	5.8	12.09	7.91
4.4	8.82	11.18	6.0	12.63	7.37
4.6	7.10	12.90	6.2	13.22	6.78
4.8	9.86	10.14	6.4	13.85	6.15
5.0	10.30	9.70	6.6	14.55	5.45
5.2	10.72	9.28	6.8	15.45	4.55
5.4	11.15	8.85	7.0	16.47	3.53
5.6	11.60	8.40	7.2	17.39	2.61

九、常用培养基的配方和制备

1. 牛肉膏蛋白胨培养基(用于细菌培养)

牛肉膏 3 g,蛋白胨 10 g,NaCl 5 g,水 1 000 mL,pH 值为 7.4～7.6,121 ℃灭菌 20 min。配制液体培养基时不加琼脂,半固体培养基加 0.3%～0.5%琼脂,固体培养基加 1.5%～2.0%琼脂。该培养基为多数细菌通用培养基,可用于菌种的分离纯化及保藏斜面。

肠道细菌中的某些菌,如产气杆菌(Aerobacter aerogenes),在此培养基上生长较差,需用新鲜牛肉汁替代牛肉膏。制备方法如下:

取新鲜牛肉去除脂肪、结缔组织,用绞肉机绞碎,每 1 kg 牛肉加水 250 mL,冷浸一夜,煮沸 2 h,冷却,用纱布过滤去渣。调 pH 值至 6.8～7.0,再煮沸 15 min。将 1 个鸡蛋的蛋清加 20 mL 水,调匀至产生泡沫时,边搅动牛肉汁边加入蛋清水,煮沸 5 min,静置,滤纸过滤。将滤液补足至原来的体积,分装、加塞。制备后的新鲜牛肉汁透明、澄清,无细小沉淀,金黄色。121 ℃灭菌 20 min。

2. 高氏Ⅰ号培养基(用于放线菌培养)

可溶性淀粉 20 g,KNO$_3$ 1 g,NaCl 0.5 g,K$_2$HPO$_4$ · 3H$_2$O 0.5 g,MgSO$_4$ · 7H$_2$O 0.5 g,FeSO$_4$ · 7H$_2$O 0.01 g,琼脂 15～20 g,水 1 000 mL,pH 值为 7.4～7.6。121 ℃灭菌 20 min。可溶性淀粉需先用冷水调匀后再加入以上培养基中。

3. 马铃薯葡萄糖琼脂培养基(PDA 培养基,用于霉菌或酵母菌培养)

马铃薯(去皮)200 g,葡萄糖 20 g,琼脂 15～20 g,水 1 000 mL,pH 值不需要调整。其配制步骤是称取 200 g 马铃薯,洗净去皮切成小块,加水煮烂(煮沸 20～30 min,能被玻璃棒戳破即可),用 6～8 层纱布过滤,再根据实际实验需要加葡萄糖和琼脂,继续加热搅拌混匀,稍冷却后再补足水分至 1 000 mL,分装、加塞、包扎,115 ℃灭菌 30 min。不加琼脂的马铃薯葡萄糖培养基则为 PDB 培养基。

4. 马丁氏(Martin)培养基(用于分离真菌)

K$_2$HPO$_4$ 1 g,MgSO$_4$ · 7H$_2$O 0.5 g,蛋白胨 5 g,葡萄糖 10 g,1/3 000 孟加拉红水溶液 100 mL,蒸馏水 800 mL,琼脂 15～20 g,121 ℃灭菌 30 min,避光保存备用。临用前加入

0.03%链霉素稀释液 100 mL,使每毫升培养基中含链霉素 30 μg。

5. 察氏培养基(蔗糖硝酸钠培养基,用于霉菌培养)

蔗糖 30 g,$NaNO_3$ 2 g,K_2HPO_4 1 g,$MgSO_4 \cdot 7H_2O$ 0.5 g,KCl 0.5 g,$FeSO_4 \cdot 7H_2O$ 0.1 g,水 1 000 mL,121 ℃灭菌 20 min。

6. 无氮培养基

甘露醇(或葡萄糖)10 g,K_2HPO_4 0.2 g,$MgSO_4 \cdot 7H_2O$ 0.2 g,NaCl 0.2 g,$CaSO_4 \cdot H_2O$ 0.2 g,$CaCO_3$ 5 g,琼脂 20 g,蒸馏水 1 000 mL,pH 值为 7.0～7.2。113 ℃灭菌 30 min。

7. 麦芽汁培养基

取大麦或小麦若干,用水洗净,浸水 6～12 h,置于 15 ℃阴暗处发芽,盖上纱布一块,每日淋水,待麦根伸长至麦粒 2 倍时,停止发芽,晒干或烘干。称取一定数量,粉碎,加 4 倍于麦芽量的水,在 55～60 ℃下保温糖化,不断搅拌,糖化程度可用碘滴定。经 3～4 h 后,将糖化液用 4～6 层纱布过滤,滤液如浑浊,可用鸡蛋清澄清,方法是将一个鸡蛋蛋清加水约 20 mL,调匀至产生泡沫,然后倒入糖化液中搅拌,煮沸后过滤,即得澄清的麦芽汁(每 1 000 g 麦芽粉能制得 15～18 波美度麦芽汁 3 500～4 000 mL),加水稀释成 5～6 波美度的麦芽汁,pH 值 6.4。固体培养基添加 1.5%～2%琼脂,121 ℃灭菌 20 min。

8. 麦氏(Meclary)培养基(醋酸钠培养基)

葡萄糖 0.1 g,KCl 0.18 g,酵母膏 0.25 g,醋酸钠 0.82 g,琼脂 1.5 g,蒸馏水 100 mL。溶解后分装试管,固体培养基中添加 1.5%～2%琼脂。113 ℃灭菌 30 min。

9. BBL 培养基

蛋白胨 15 g,酵母粉 2 g,葡萄糖 20 g,可溶性淀粉 0.5 g,氯化钠 5 g,5%半胱氨酸 10 mL,西红柿浸出液 400 mL,吐温－80 1 mL,肝提取液 80 mL,琼脂 20 g,蒸馏水 520 mL,pH 值为 7.0。113 ℃灭菌 30 min。

10. 乳糖胆盐蛋白胨培养基

蛋白胨 20 g,猪胆盐(或牛、羊胆盐)5 g,乳糖 10 g,0.04%溴甲酚紫水溶液 25 mL,水 1 000 mL,pH 值为 7.4。制法:将蛋白胨、胆盐、乳糖溶于水中,校正 pH 值,加入指示剂,分装,每瓶 50 mL 或每管 5 mL,倒置放入一个杜氏小管,115 ℃灭菌 15 min。双倍或三倍乳糖胆盐蛋白胨培养基:除水以外,其余成分加倍或取三倍用量。

11. 伊红美蓝琼脂培养基(EMB)的制备

蛋白胨 10 g,乳糖 10 g,K_2HPO_4 2 g,2%伊红水溶液 20 mL,0.65%美蓝水溶液 10 mL,琼脂 17 g,水 1 000 mL,pH 值 7.1～7.4。制法:先向琼脂中加蒸馏水至 900 mL,加热溶解,然后加入磷酸氢二钾及蛋白胨,混匀使之溶解;再以蒸馏水补足至 1 000 mL,校正 pH 值,再加入乳糖,分装,113 ℃灭菌 20 min 备用。临用时熔化琼脂,冷至 50～55 ℃,加入伊红和美蓝溶液,摇匀,倾注平板。注意乳糖不耐热,严格控制灭菌温度。

12. 玉米醪深层试管培养基

玉米粉 5 g,自来水 100 mL,100 ℃加热、糊化,分装试管(装液量近管口),121 ℃灭菌 30 min。

13. 葡萄糖牛肉膏蛋白胨固体培养基

葡萄糖 1.0 g,牛肉膏 0.3 g,蛋白胨 0.5 g,NaCl 0.5 g,琼脂 2.0 g,蒸馏水 100 mL, pH 值为 7.0～7.2,113 ℃灭菌 30 min。

14. 豆芽汁固体培养基

10%豆芽汁 100 mL,葡萄糖(或蔗糖)5.0 g,琼脂 2.0 g,pH 值不需要调整,121 ℃灭菌 20 min。

豆芽汁的制备:

① 取黄豆若干,用水洗净,浸泡一夜,弃水,置 20 ℃条件下保温发芽。在黄豆上敷盖湿纱布,每天用清水冲洗黄豆 1 次,至豆芽长至 5 cm 即可。

② 称量豆芽 10 g,加自来水 100 mL,煮沸 1 h,纱布过滤,滤液补足至 100 mL,即为 10%豆芽汁。

15. 糖发酵培养基(用于大肠杆菌、普通变形杆菌等细菌糖发酵试验)

葡萄糖 1 g,蛋白胨 1 g,NaCl 0.5 g,1.6%溴甲酚紫乙醇溶液 0.15 mL,蒸馏水 100 mL。分别称取蛋白胨和 NaCl 溶于热水中,调 pH 值至 7.4,加入溴甲酚紫、糖类,分装试管,装液量 4～5 cm 高,倒放入 1 个德汉氏小管(管口向下,管内充满培养液)。113 ℃灭菌 20 min。灭菌时注意适当延长煮沸时间,尽量把冷空气排尽以使德汉氏小管内不残存气泡。常用的糖类有葡萄糖、蔗糖、甘露糖、麦芽糖、乳糖、半乳糖等(后 2 种糖的用量常加大为 1.5 g/100 mL)。

16. BCG 牛乳培养基(用于乳酸发酵)

A 溶液:脱脂乳粉 100 g,水 500 mL,加入 1.6%溴甲酚绿(BCG)乙醇溶液 1 mL,80 ℃灭菌 20 min。

B 溶液:酵母膏 10 g,水 500 mL,琼脂 20 g,pH 值 6.8,121 ℃灭菌 20 min。

以无菌操作趁热将 A、B 溶液混合均匀后倒平板。

17. 乳酸菌培养基(用于乳酸发酵)

牛肉膏 5 g,酵母膏 5 g,蛋白胨 10 g,葡萄糖 10 g,乳糖 5 g,NaCl 5 g,水 1 000 mL,pH 值为 6.8,121 ℃灭菌 20 min。

18. RCM 培养基(强化梭菌培养基,用于厌氧菌培养)

酵母膏 3 g,牛肉膏 10 g,蛋白胨 10 g,可溶性淀粉 1 g,葡萄糖 5 g,半胱氨酸盐酸盐 0.5 g,NaCl 3 g,CH_3COONa 3 g,刃天青 3 mg,水 1 000 mL,pH 值为 8.5,121 ℃灭菌 30 min。

19. TYA 培养基(用于厌氧菌培养)

葡萄糖 40 g,牛肉膏 2 g,酵母膏 2 g,胰蛋白胨 6 g,醋酸铵 3 g,KH_2PO_4 0.5 g,$MgSO_4 \cdot 7H_2O$ 0.2 g,$FeSO_4 \cdot 7H_2O$ 0.01 g,水 1 000 mL,pH 值为 6.5,121 ℃灭菌 30 min。

20. 中性红培养基(用于厌氧菌培养)

葡萄糖 40 g,胰蛋白胨 6 g,酵母膏 2 g,牛肉膏 2 g,醋酸铵 3 g,KH_2PO_4 5 g,中性红 0.2 g,$MgSO_4 \cdot 7H_2O$ 0.2 g,$FeSO_4 \cdot 7H_2O$ 0.01 g,水 1 000 mL,pH 值为 6.2,121 ℃灭菌 30 min。

21. 酚红半固体柱状培养基(用于检查氧与菌生长的关系)

蛋白胨 1 g,葡萄糖 10 g,玉米浆 10 g,琼脂 7 g,水 1 000 mL,pH 值为 7.2。调好 pH 值后,加入 1.6%酚红溶液数滴,至培养基变为深红色,分装于大试管中,装量约为试管高度的 1/2,113 ℃灭菌 20 min。细菌在此培养基中利用葡萄糖生长产酸,使酚红由红色变成黄色,在不同部位生长的细菌,可使培养基的相应部位颜色改变。若培养时间太长,酸可扩散,以致不能正确判断结果。

22. 孟加拉红琼脂培养基

蛋白胨 5.0 g,葡萄糖 10.0 g,KH_2PO_4 1.0 g,$MgSO_4$ 0.5 g,琼脂 20 g。上述各成分加入蒸馏水中,加热溶解,再用少量乙醇溶解 0.1 g 氯霉素加入培养基中,再加入 1/3 000 孟加拉红水溶液 100 mL,补足蒸馏水至 1 000 mL,分装后,121 ℃灭菌 15 min,避光保存备用。

23. LB 培养基

酵母提取物 5 g,蛋白胨 10 g,NaCl 10 g,溶于 800 mL 去离子水中,用 NaOH 调至 pH 值为 7.4,加去离子水至总体积为 1 L。固体培养基添加 1.5%～2%琼脂。

24. 酵母膏胨葡萄糖培养基(YPD 培养基)

蛋白胨 20 g,葡萄糖 20 g,酵母膏 10 g,蒸馏水定容至 1 000 mL,115 ℃灭菌 30 min。固体培养基添加 1.5%～2%琼脂。

25. 7.5%氯化钠肉汤培养基

蛋白胨 10 g,牛肉膏 5 g,NaCl 75 g,蒸馏水 1 000 mL,pH 值为 7.4,121 ℃灭菌 15 min。

26. 肉浸液肉汤培养基

绞碎牛肉 500 g,NaCl 5 g,蛋白胨 10 g,K_2HPO_4 2 g,蒸馏水 1 000 mL。制法:将绞碎的去筋膜无油脂牛肉 500 g 加蒸馏水 1 000 mL,混合后放冰箱过夜,除去液面浮油,隔水煮沸 30 min,使肉渣完全凝结成块,用纱布过滤,并挤压收集全部滤液,加水补足原量。加入蛋白胨、氯化钠和磷酸盐,溶解后校正 pH 值 7.4～7.6,煮沸并过滤、分装,121 ℃高压灭菌 30 min。

27. 血琼脂平板

取营养琼脂(pH 值 7.6),加热使其溶解,待冷至 45～50 ℃,以灭菌操作于每 100 mL 营养琼脂加灭菌脱纤维羊血或兔血 5～10 mL,轻轻摇匀,立即倾注于平板或分装试管,制成斜面备用。

28. Baird－Parker 培养基

胰蛋白胨 10 g,牛肉膏 5 g,酵母膏 1 g,丙酮酸钠 10 g,甘氨酸 12 g,LiCl 5 g,琼脂 20 g,蒸馏水 950 mL,pH 值为 7.5,121 ℃高压灭菌 15 min;冷至 50 ℃时,每 95 mL 加入 5 mL 亚碲酸卵黄增菌液(增菌液的配法:30%卵黄盐水 50 mL 与过滤灭菌的 1%亚碲酸钾溶液 10 mL 混合,保存于冰箱内),摇匀后倾注平板。

29. BHI 培养基

由小牛的脑及心的浸出物(infusion)配制而成。BHI(brain heart infusion)培养基:牛脑 200 g,牛心浸出汁 250 g,蛋白胨 10 g,葡萄糖 2 g,NaCl 5 g,琼脂 20 g,蒸馏水 1000 mL,pH 值 6.8～7.2。121 ℃高压灭菌 15 min。

30. MRS 培养基

蛋白胨 10 g,牛肉膏 10 g,酵母浸膏 5 g,乙酸钠 5 g,葡萄糖 20 g,柠檬酸二铵 2 g,吐温-80 1 mL,K_2HPO_4 2 g,$MgSO_4 \cdot 7H_2O$ 0.58 g,$MnSO_4 \cdot H_2O$ 0.25 g,水 1000 mL,pH 值 6.2～6.6。121 ℃灭菌 20 min。

31. 月桂基硫酸盐胰蛋白胨(LST)肉汤培养基

胰蛋白胨或胰酪胨 20.0 g,氯化钠 5.0 g,乳糖 5.0 g,磷酸氢二钾(K_2HPO_4)2.75 g,磷酸二氢钾(KH_2PO_4)2.75 g,月桂基硫酸钠 0.1 g,蒸馏水 1 000 mL。将上述成分溶解于蒸馏水中,调节 pH 值至 6.8±0.2,分装到有玻璃小倒管的试管中,每管 10 mL,121 ℃高压灭菌 15 min。

32. 煌绿乳糖胆盐(BGLB)肉汤培养基

蛋白胨 10.0 g,乳糖 10.0 g,牛胆粉(oxgall 或 oxbile)溶液 200 mL,0.1%煌绿水溶液 13.3 mL,蒸馏水 800 mL。将蛋白胨、乳糖溶于约 500 mL 蒸馏水中,加入牛胆粉溶液 200 mL (将 20.0 g 脱水牛胆粉溶于 200 mL 蒸馏水中,调节 pH 值至 7.0~7.5),用蒸馏水稀释到 975 mL,调节 pH 值至 7.2±0.1,再加入 0.1%煌绿水溶液 13.3 mL,用蒸馏水补足到 1 000 mL;用棉花过滤后,分装到有玻璃小倒管的试管中,每管 10 mL,121 ℃高压灭菌 15 min。

33. 结晶紫中性红胆盐琼脂(VRBA)培养基

蛋白胨 7.0 g,酵母膏 3.0 g,乳糖 10.0 g,氯化钠 5.0 g,胆盐 1.5 g,中性红 0.03 g,结晶紫 0.002 g,琼脂 15~18 g,蒸馏水 1 000 mL。将上述成分溶于蒸馏水中,静置几分钟,充分搅拌,调节 pH 值至 7.4±0.1,煮沸 2 min,将培养基熔化并恒温至 45~50 ℃倾注平板。使用前临时制备,不得超过 3 h。

十、各国主要菌种保藏机构

各国菌种保藏机构的详情见表 1-4。

表 1-4　各国主要菌种保藏机构

单 位 名 称	单位缩写	单 位 名 称	单位缩写
中国微生物菌种保藏管理委员会	CCCCM	卫生部药品生物检定所	NICPB
中国科学院武汉病毒所菌种保藏中心	AS-IV	中科院微生物研究所菌种保藏中心	AS
轻工业部食品发酵工业科学研究所	IFFI	中国医学科学院皮肤病研究所	ID
中国医学科学院病毒研究所	IV	国家医药总局四川抗生素研究所	SIA
农业部兽医药品监察所	CIVBP	世界菌种保藏联合会	WFCC
中国工业微生物保藏中心	CICC	美国农业研究服务处菌种收藏馆	ARS
美国标准菌株保藏中心	ATCC	美国 Upjohn 公司菌种保藏部	UPJOHN
美国农业部北方研究利用发展部	NRRL	荷兰真菌中心收藏所	CBS
法国典型微生物保藏中心	CCTM	捷克和斯洛伐克国家菌保会	CNCTC
加拿大 Alberta 大学霉菌标本室	UAMH	加拿大国家科学研究委员会	NRC
英国国立典型菌种收藏馆	NCTC	英国国立工业细菌收藏所	NCIB
英联邦真菌研究所	CMI	东京大学医学科学研究所	IID
日本微生物菌种保藏联合会	JFCC	东京大学农学部发酵教研室	ATU
北海道大学农学部应用微生物教研室	AHU	东京大学医学院细菌学教研室	MTU
东京大学应用微生物研究所	IAM	广岛大学工学部发酵工业系	AUT
大阪发酵研究所	IFO	德国科赫研究所	RKI
新西兰植物病害真菌保藏部	PDDCC	德国微生物研究所菌种收藏室	KIM
德国发酵红叶研究所微生物收藏室	MIG		

第二章 微生物显微及染色技术

микро生物是肉眼看不见的微小生物,观察和研究它们的形态和结构,必须借助于能将物像放大若干倍的光学显微镜或电子显微镜,显微镜是研究微生物最基本和最重要的工具之一。掌握显微镜的使用与维护是进行微生物实验研究的基本技能。本章将介绍几种常用显微镜,如通过实验一介绍普通光学显微镜的使用,通过实验四介绍电子显微镜,通过实验五介绍暗视野显微镜。用电子显微镜可以观察到微生物的各种形态结构,但因其价格昂贵、设备条件要求高、操作复杂,应用上受到一定限制。一般实验室仍常用普通光学显微镜观察微生物形态学特征。然而微生物细胞小而透明,当把细菌悬浮于水滴内,用光学显微镜观察时,由于菌体和背景没有显著的明暗差,因而难以看清它们的形态,更不易识别其结构,所以用普通显微镜观察细菌时,往往要先将菌体进行染色,借助于颜色的反衬作用,可以清楚地观察到细菌的形状、基本结构(壁、膜、细胞质等)及特殊结构(荚膜、鞭毛、菌毛、芽孢等)。根据实验目的的不同,可将染色分为简单染色法、鉴别染色法和特殊染色法等。本章将介绍几种常用染色方法,如通过实验二介绍简单染色法和革兰氏染色法,通过实验三介绍一些特殊染色法来观察细菌的特殊构造。总之,为了研究微生物的形态特征和鉴别不同类群的微生物,微生物的染色及形态结构的观察是微生物学实验中十分重要的基本技术。

实验一 普通光学显微镜的使用与细菌形态观察

一、实验目的与内容

(1)了解普通光学显微镜的构造和各部分的作用。

(2)掌握普通光学显微镜的使用技术,特别是掌握用油镜观察大肠杆菌和金黄色葡萄球菌染色装片。

二、实验原理

普通光学显微镜结构(见图2-1、图2-2)可分为机械系统和光学系统两大部分。

1. 机械系统

机械系统是显微镜的主体框架,包括镜座、载物台、镜臂、镜筒、物镜转换器、调焦装置(粗细调节器)等,用坚固的金属材料制成,其材质和加工精度影响显微镜的质量。机械系统相当于显微镜的"硬件",为观察、载物提供了一个平台。机械系统中各部件的作用如下:

(1)镜座和镜臂:镜座位于显微镜底部,呈马蹄形,它支持全镜。镜臂有固定式和活动式2种,活动式的镜臂可改变角度。镜臂支持镜筒。

（2）载物台：用于放置玻片标本的平台。

（3）镜筒：为显微镜上部圆形中空的长筒,上接目镜,下接转换器。镜筒有单筒和双筒两种,单筒又可分为直立式和后倾式两种,而双筒则都是倾斜式的,倾斜式镜筒倾斜45°。镜筒作用是保护成像的光路与高度。

（4）物镜转换器：固着在筒的下端,分两层。上层固着不动,下层可自由转动,可以换用放大率不同的接物镜,每个物镜通过镜筒与目镜构成一个放大系统。

（5）调焦装置：调节物镜和标本间距离的机件,有粗调节器即粗动螺旋和细调节器即微动螺旋,利用它们使镜筒或镜台上下移动,当物体在物镜和目镜焦点上时,则得到清晰的图像。

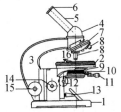

1. 镜座;2. 载物台;3. 镜臂;4. 棱镜套;5. 镜筒;6. 目镜;
7. 转换器;8. 物镜;9. 聚光镜;10. 虹彩光圈;11. 光圈固
定器;12. 聚光器升降螺旋;13. 反光镜;14. 细调节器;
15. 粗调节器;16. 标本夹

图 2-1　普通光学显微镜模式图

图 2-2　普通光学显微镜实物图

2. 光学系统

光学系统是显微镜的核心,由目镜、物镜、聚光器、光源等组成。其中物镜的光学参数直接影响着显微镜的性能,匹配不同的聚光器可改变显微镜的功能,如明视野、暗视野、相差(相衬)等。

（1）物镜(即接物镜)：其作用是将物体作第一次放大,是决定成像质量和分辨能力的重要部件。物镜上通常标有数值孔径、放大倍数、镜筒长度、焦距等主要参数,见图2-3。其含义如下：数值孔径又叫作镜口率,简写为NA。它是由物体与物镜间媒质的折射率(n)与物镜孔径角的一半($\alpha/2$)的正弦值的乘积,其大小由下式决定：$NA = n \cdot \sin(\alpha/2)$;物镜的放大倍数有$10\times$(低倍)、$20\times$(中倍)、$(40\sim65)\times$(高倍)和$100\times$(油镜)几种。其中低倍、中倍、高倍物镜统称为干燥系物镜,是因为进行标本观察时,物镜与载玻片之间的折光介质为空气,而放

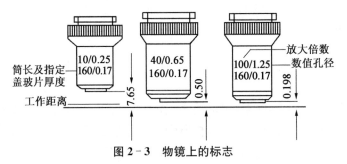

图 2-3　物镜上的标志

注:工作距离指物镜下端至盖玻片的间距,即标本在焦点上看得最清晰时,物镜与样品之间的距离,以 mm 计,如 7.65、0.50、0.198。

大倍数为 100 的油镜在使用时须在玻片上滴加香柏油,将油镜浸入油滴中,使物镜与载玻片之间的折光介质为油,故油镜被称为油浸系物镜;镜筒长度(mm)有 100、160 等;焦距是指透镜的光心到光聚集焦点之间的距离。这些参数中,数值孔径(NA)最为重要,它决定着显微镜的物镜分辨率。

(2)目镜(即接目镜):装于镜筒上端,由两块透镜组成。作用是将物镜造成的像再次放大,不增加分辨力。因此,显微镜的总放大倍数＝物镜放大倍数×目镜放大倍数。

(3)聚光器:安装在载物台下面,它是由聚光透镜、虹彩光圈和升降螺旋组成的。作用是聚集光线,增强照明度和形成适宜的光锥角度,提高物镜的分辨力。聚光器可上下移动,当用低倍镜时聚光器应下降,用油镜时需上升到最高位置。聚光透镜边框上刻有数值孔径值,其数值孔径可大于 1.0,当使用大于 1.0 的聚光镜时,需在聚光镜和载玻片之间加香柏油,否则只能达到 1.0。聚光器下方装有虹彩光圈(即可变光阑),由若干金属薄片组成,以放大或缩小光圈来调节光强度和数值孔径的大小。调节聚光镜的高度和虹彩光圈的大小,可得到适当的光照和清晰的图像。

(4)光源:通常是内置在显微镜的镜座内,采用高亮度、高效率的卤素灯和非球面聚光灯,通过滑动螺钮,可上下调节光强度,选择观察时的最佳亮度。

3. 油镜的工作原理

在普通光学显微镜通常配置的几种物镜中,油镜的放大倍数最大,对微生物学研究最为重要。与其他物镜相比,油镜的使用比较特殊,需在载玻片与镜头之间加滴镜油,这主要有如下两方面的原因:

(1)增加照明亮度(见图 2－4)

油镜的透镜很小,光线通过玻片与油镜头之间的空气时,因介质密度不同,发生折射或全反射,使射入透镜的光线减少,物像显现不清。而油镜所需要的光照强度是物镜中最大的,因此需在油镜与载玻片之间加入和玻璃折射率($n=1.55$)相近的镜油(通常用香柏油,其折射率 $n=1.52$),则使进入透镜的光线增多,视野亮度增强,使物像明亮清晰。

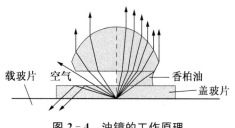

图 2－4　油镜的工作原理

(2)增加显微镜的分辨率

显微镜的分辨率或分辨力是指显微镜能辨别两点之间最小距离的能力。能辨别 2 点之间的最小距离为

$$d=\lambda/2NA$$

式中:λ——光波波长;

　　NA——物镜的数值孔径值。

由此可见物镜的分辨率是由物镜的 NA 值与照明光源的波长两个因素决定的。NA 值越大,照明光线波长越短,则 d 值越小,分辨率就越高。如果要提高显微镜的分辨率,即减小 d 值,可采取以下措施:① 降低光波波长,使用短波长光源。② 提高 NA 值,可通过增大介质 n 值或增大孔径角来实现[$NA=n\cdot\sin(\alpha/2)$]。③ 增加明暗反差。然而光学显微镜的光源不可能超出可见光的波长范围($0.4\sim0.7~\mu m$),因此通过提高 NA 值是最佳的提高显微镜分辨

率的方法。油镜的数值孔径为 1.25,比其他物镜都大,这是因为香柏油的折射率(1.52)比空气及水的折射率(分别为1.0 和 1.33)要高,并且油镜的工作距离最短,则 α 最大,见图 2-5,但一般来说,在实际应用中 α 最大只能达到 120°的角。因此以香柏油作为镜头与玻片之间介质的油镜所能达到的数值孔径值(NA 取值在 1.2~1.4)要高于干镜(NA 都低于 1.0)。若以可见光的平均波长 0.55 μm 来计算,油镜的分辨率可达到 0.2 μm 左右,而数值孔径通常在 0.65 左右的高倍镜只能分辨出距离不小于 0.4 μm 的物体。

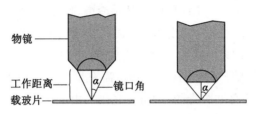

图 2-5　显微镜的镜口角与工作距离之间的关系

三、实验器材

显微镜、擦镜纸、香柏油、二甲苯、双层瓶、金黄色葡萄球菌(*Staphylococcus aureus*)、大肠杆菌(*Escherichia coli*)染色玻片标本等。

四、实验步骤

1. 取镜与安放

移动显微镜时,必须一手拿镜臂,一手托镜座,切勿单手拎提。水平放置显微镜,镜座距实验台边缘约 3~4 cm。检查显微镜的各部分是否完好;镜体上的灰尘用绸布擦拭,镜头只能用擦镜纸擦拭。

2. 对光

使用显微镜时,先将低倍接物镜镜头转到载物台中央卡住,使之正对通光孔。用眼接近目镜观察,同时用手调节聚光器,或选用光圈盘合适的孔,使镜内光亮适宜。镜内所见光亮的圆面叫视野。一般用低倍镜,光线宜暗些,观察透明物体或未经染色的活体材料,光线也宜暗些。而检查染色标本或使用油镜时,光线宜强些。

3. 低倍镜的使用

检查的标本需先用低倍镜观察,因为低倍镜视野较大,易发现目标和确定检查的位置。具体步骤为:

(1)旋动转换器,将低倍镜移到镜筒正下方和镜筒对直。转动反光镜向着光源处或通过滑动螺钮调节光强度,使视野亮度均匀。

(2)将大肠杆菌标本片固定在载物台上,使观察的目的物置于圆孔的正中央。

(3)双手同向旋转粗调节器,使镜筒下降或使载物台上移动,眼睛注视物镜,以防物镜和载玻片相碰,直到低倍物镜距标本 5 mm 左右。此时可适当地缩小光圈,否则视野中只见光亮一片,难见到目的物。

(4)用粗调节器慢慢升起镜筒或慢慢使载物台下降,直至物像出现后再用细调节器调节到物像清楚时为止,然后移动标本,认真观察标本各部位。但要注意视野中的物像为倒像,移动玻片时应向反方向移动。找到合适的目的物,并将其移至视野中心,准备用高倍镜观察。

4. 高倍镜的使用

眼睛离开目镜从侧面观察,旋转转换器,将高倍镜转至正下方,注意避免镜头与玻片相碰。转换高倍镜后,一般只要略微扭转细调节器,就能看到清晰的物像(这是因为物镜的同焦现象),并仔细调节光圈,使光线的明亮度适宜。将最适宜观察部位移至视野中心,绘图。不要移动装片位置,准备用油镜观察。

5. 油镜观察

(1)在高倍镜下找到要观察的样品区域后,用粗调节器将镜筒提起约 2 cm 或将载物台下降约 2 cm,将油镜转至正下方。

(2)在待观察的样品区域加滴香柏油,从侧面注视,用粗调节器将镜筒小心地降下或将载物台小心地上升,使油镜浸在香柏油中,其镜头几乎与标本相接,应特别注意不能压在标本上,更不可用力过猛,否则不仅压碎玻片,也会损坏镜头。

(3)将聚光器升至最高位置并开足光圈,若使用聚光器的数值孔径值超过 1.0,还应该在聚光镜和载玻片之间加滴香柏油,保证其达到最大的效能。从目镜内观察,调节照明使视野的亮度合适。

(4)再用粗调节器将镜筒徐徐上升或将载物台徐徐下降,直至视野出现物像为止,然后用细调节器校正焦距。如油镜已离开油面而仍未见物像,必须再从侧面观察,将油镜降下,重复操作至物像看清为止。仔细观察并绘图。

(5)再次观察,提起镜筒或降下载物台,换上金黄色葡萄球菌染色装片,依次用低倍镜、高倍镜和油镜观察,绘图。重复观察时可比第一次少加香柏油。

(6)观察完毕,上旋镜筒或降下载物台,取下标本片,立即以擦镜纸拭去镜头上的油,若油已干,可用擦镜纸沾少许二甲苯擦净,并用另一干净擦镜纸拭去二甲苯,以防二甲苯使镜头"脱胶"。切忌用手或其他纸擦镜头,以免损坏镜头。

6. 显微镜使用后的整理

显微镜使用完毕,清洁目镜和其他物镜,用绸布擦净显微镜的金属部件。将各部分还原,反光镜垂直于镜座或关闭光源开关,将接物镜转成"八"字形,将载物台和聚光器降到最低位置。罩好防尘罩,将显微镜放回原位,记录使用情况。

五、注意事项

(1)搬动显微镜时,要一手握镜臂,一手扶镜座,两上臂紧靠胸壁。切勿一手斜提,前后摆动,以防镜头或其他零件跌落。

(2)观察标本时,显微镜与实验台边缘应保持一定距离(3~4 cm),不可把显微镜放置在实验台的边缘,以免碰翻落地。

(3)显微镜光学部件有污垢,可用擦镜纸或绸布擦净,切勿用手指、粗纸或手帕去擦,以防损坏镜面。

(4)当观察新鲜的标本时,一定要盖上盖玻片,并吸去玻片上多余的水或溶液等,以免液体污染镜头和显微镜。

（5）要养成两眼同时睁开的习惯，以左眼观察视野，右眼用以绘图。使用单筒显微镜观察标本时也应如此。

（6）使用时要严格按步骤操作，熟悉显微镜各部件性能，掌握粗细调节器的转动方向与镜筒升降或载物台升降关系。转动粗调节器使镜筒向下或载物台上升时，一定要从旁边注视物镜，防止物镜和玻片标本相碰。

（7）不要随意取下目镜，以防止尘土落入物镜，也不要任意拆卸各种零件，以防损坏。

（8）使用油镜观察样品后，随即用二甲苯将油镜镜头和载玻片擦净，以防其他的物镜玻璃上沾上香柏油。二甲苯有毒，使用后马上洗手。

（9）凡有腐蚀性和挥发性的化学试剂和药品，如碘、乙醇溶液、酸类、碱类等都不可与显微镜接触，如不慎污染时，应立即擦干净。

（10）实验完毕，要将玻片取出，用擦镜纸将镜头擦拭干净后移开，不能与通光孔相对。用绸布包好，放回镜箱。切不可把显微镜放在直射光线下曝晒。

六、实验结果

将本次实验观察结果记录于下表。

表 2-1　不同放大倍数下细菌形态记录表

	大 肠 杆 菌	金黄色葡萄球菌
高倍镜绘图	◯	◯
油镜绘图	◯	◯

注：注明物镜放大倍数和总放大率。

七、思考题

（1）油镜的标志是什么？使用时应注意些什么？

（2）可以通过哪些方法来解决视野光线问题？低倍镜和油镜对照明度各有何要求？

实验二　细菌的简单染色与革兰氏染色

一、实验目的与内容

（1）学习微生物涂片、染色的基本技术，掌握细菌的简单染色、革兰氏染色方法及无菌操作技术。

（2）通过简单染色法比较细菌菌体细胞形态和排列方式。

（3）理解革兰氏染色的原理和意义。

（4）巩固显微镜的使用方法。

二、实验原理

简单染色法是利用单一染料对细菌进行染色的一种方法。此法操作简便,适用于菌体一般形态和细菌排列的观察。

在中性、碱性或弱酸性溶液中,细菌细胞通常带负电荷,所以常用碱性染料进行染色。碱性染料并不是碱,和其他染料一样是一种盐,电离时染料离子带正电,易与带负电荷的细菌结合而使细菌着色。经染色后的细菌细胞与背景形成鲜明对比,在显微镜下更易于识别。常用于对细胞进行简单染色的碱性染料有美蓝、结晶紫、碱性复红、孔雀绿、番红(又称沙黄)等。

革兰氏染色法是细菌学中最重要的鉴别染色法,利用2种不同性质的染料,即草酸铵结晶紫和番红染液先后染色菌体。当用乙醇脱色后,如果细菌能保持草酸铵结晶紫与碘的复合物而不被脱色,即呈紫色的细菌称为革兰氏阳性菌(G^+);如果草酸铵结晶紫与碘的复合物被乙醇脱掉,菌体染上番红的颜色,呈红色的细菌叫作革兰氏阴性菌(G^-)。革兰氏染色法是1884年由丹麦病理学家 Christain Gram 创立的,而后一些学者在此基础上作了某些改进。现在已知,革兰氏染色结果与细菌细胞壁的结构组成有关。一般认为通过结晶紫初染和碘液媒染后,在细胞膜内形成了不溶于水的结晶紫与碘复合物。革兰氏阳性菌的细胞壁较厚,肽聚糖网层次多,交联致密,故经乙醇处理后因失水反而使网孔缩小,再加上它不含类脂,故乙醇处理时不会溶出缝隙,因此能把结晶紫与碘复合物牢牢留在壁内,使其仍呈紫色。反之,革兰氏阴性菌细胞壁薄、外膜层的类脂含量高、肽聚糖层薄和交联度差,因此在乙醇处理后,以类脂为主的外膜迅速溶解,薄而松散的肽聚糖网不能阻挡结晶紫与碘复合物的溶出,因此,通过乙醇处理后细胞褪成无色。这时,再经番红等红色染料复染,就使G^-呈红色,而G^+则仍保留紫色(实为紫+红色)。革兰氏阳性菌和革兰氏阴性菌的细胞壁结构显著不同,导致这两类细菌在染色性、抗原性、毒性、对某些药物的敏感性等方面的差异很大。

三、实验器材

1. 菌种

大肠杆菌(*Escherichia coli*)、普通变形杆菌(*Proteus vulgaris*)、枯草芽孢杆菌(*Bacillus subtilis*)、金黄色葡萄球菌(*Staphylococcus aureus*)、嗜热链球菌(*Streptococcus thermopiles*)、红螺旋菌(*Rhodospirillum sp.*)斜面培养物。

2. 试剂

(1) 简单染液:吕氏美蓝染液或草酸铵结晶紫染液。

(2) 革兰氏染液:草酸铵结晶紫染液(初染液)、卢戈氏碘液(媒染剂)、95%乙醇溶液(脱色剂)、番红染液或稀释石炭酸复红溶液(复染剂)。

(3) 香柏油。

(4) 二甲苯。

3. 仪器和用具

显微镜、载玻片、接种环、酒精灯、擦镜纸、火柴、记号笔等。

四、实验步骤

1. 制片

(1) 涂片:用记号笔在洁净无脂的载玻片右侧注明菌名、染色类型。在玻片中央滴加1小滴无菌水,用无菌操作方法(见图2-6)从菌种斜面挑取少量菌体与水滴充分混匀,涂成薄膜,涂布面积约1～1.5 cm²,见图2-7(a)、(b)。

(2) 风干:在空气中自然干燥。切勿在火焰上烘烤。

(3) 固定:常用高温进行固定。即手持载玻片一端,将已干燥的涂片向上,在微火上迅速通过2～3次,共约3～4 s,使得菌体与玻片结合牢固[图2-7(c)]。放置待冷却后染色。注意用手摸涂片反面,以不烫手为宜,不能将载玻片放在火上烤,否则细菌形态毁坏。固定的目的是:① 杀死微生物,固定其细胞结构;② 保证菌体能牢固地黏附在载玻片上,以免水洗时被水冲掉;③ 改变菌体对染料的通透性,一般死细胞易被染色。

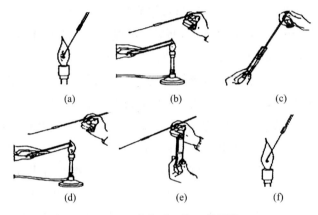

图2-6 涂片过程的无菌操作

注:此操作在超净工作台进行。操作者双手需用75％乙醇擦拭。如图2-6(a),接种环在火焰上灭菌,需先将环端烧热,然后将接种环提起垂直放在火焰上,以使火焰接触金属丝的范围广一些,待接种环烧红,再将接种环斜放,沿环向上,烧至可能碰到试管的部分,再移向环端,如此很快地来回通过火焰数次。如图2-6(b)到(f)所示,左手拿试管,在火焰旁用右手的手掌边缘和小指、无名指夹持棉塞(或试管帽),将其取出,将管口很快地通过煤气灯(或酒精灯)的火焰,烧灼管口;将接种环伸入试管,在管壁上稍稍冷却(亦可在琼脂表面边缘空白处试温度,若发出溅泼声,表示太烫),之后从菌种斜面上挑取少量菌体,再将接种环小心移出试管。烧灼管口,放回棉塞(或试管帽),将接种环上菌体与水滴充分混匀,涂成薄膜[见图2-7(b)],再将接种环烧灼灭菌。

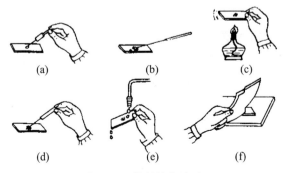

图2-7 简单染色方法

2. 染色

（1）简单染色：① 在已制好的涂片菌膜处滴加吕氏美蓝染液染色 3～5 min，或滴加草酸铵结晶紫染液染色 1～2 min［图 2-7(d)］，注意，通常染色时间的长短取决于菌体、染色液的种类和它的浓度。② 用细小的缓水流自标本的上端流下，洗去多余的染料，勿使水流直接冲洗涂菌处，直到流下的水无色为止［图 2-7(e)］。③ 将标本置于桌上风干，也可用吸水纸轻轻地吸去水分，或微微加热，以加快干燥速度［图 2-7(f)］。④ 干后，待镜检。注意比较不同细菌菌体的细胞形态和排列方式。

（2）革兰氏染色：如图 2-8 所示。① 初染：在已制好的涂片菌膜处滴加草酸铵结晶紫染液，染色 1 min 左右，用水洗去剩余染料。② 媒染：滴加卢戈氏碘液，1 min 后水洗。用滤纸吸干残存水滴。③ 脱色：滴加 95% 酒精脱色并轻轻摇动载玻片。直至洗出酒精刚刚不出现紫色时即停止（酒精的浓度、用量及涂片厚度都会影响脱色速度。大约需时 30～60 s）。脱色完毕后，水洗、滤纸吸干。脱色是革兰氏染色中关键的一步。只有仔细操作、反复实践才能获得满意的实验结果。④复染：滴加番红染液或稀释石炭酸复红溶液复染 1 min。水洗、滤纸吸干后，镜检。

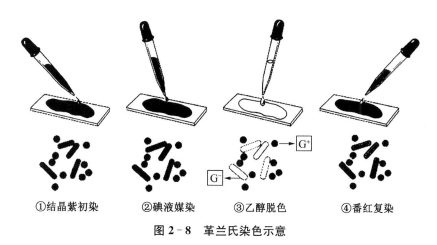

①结晶紫初染　　②碘液媒染　　③乙醇脱色　　④番红复染

图 2-8　革兰氏染色示意

五、注意事项

（1）涂片务求均匀，切忌过厚。

（2）在染色过程中，不可使染液干涸。

（3）脱色时间十分重要，时间过长，则脱色过度，会使阳性菌染成阴性菌；脱色不够，则会使阴性菌染成阳性菌。

（4）革兰氏染色所用细菌的菌龄一般不超过 24 h，而老龄菌因体内核酸减少，会使阳性菌染成阴性菌，故不能选用。

六、实验结果

（1）简单染色结果（可分组用不同染色液观察不同菌种，也可选做一些菌种）。

表 2-2　简单染色下细菌形态记录表

微生物名称	油镜绘图(注意描绘出细菌大小和排列方式的不同)
大肠杆菌	◯
普通变形杆菌	◯
枯草芽孢杆菌	◯
金黄色葡萄球菌	◯
嗜热链球菌	◯
红螺旋菌	◯

(2) 革兰氏染色结果(可分组观察不同菌种,也可选做一些菌种,注意每组至少做一个革兰氏阳性菌和一个革兰氏阴性菌)。

表 2-3　细菌革兰氏染色结果记录表

微生物名称	革兰氏染色结果(说明各菌的颜色)
大肠杆菌	
普通变形杆菌	
枯草芽孢杆菌	
金黄色葡萄球菌	
嗜热链球菌	
红螺旋菌	

七、思考题

(1) 涂片时应注意什么?

(2) 试述革兰氏染色方法、原理及在细菌分类中的意义。指出革兰氏染色反应中关键步骤,并解释之。

(3) 为什么要求制片完全干燥后才能用油镜观察?

(4) 为什么大多数细菌用碱性染料而不用酸性染料染色?

实验三　细菌特殊结构染色法(附运动性观察)

一、实验目的与内容

(1)掌握微生物学中最常用的几种特殊染色法(芽孢、荚膜、鞭毛染色),了解其在研究微生物形态分类中的重要性。

(2)掌握用压滴法和悬滴法观察细菌的运动。

二、实验原理

芽孢、荚膜和鞭毛染色都是利用细菌细胞不同的构造部分与染料的亲和力不同,用各种特殊染色法使之显示出不同的颜色,利用显微镜观察。

(1)芽孢染色:芽孢又叫内生孢子(endospore),是某些细菌生长到一定阶段在菌体内形成的休眠体,通常呈圆形或椭圆形。细菌能否形成芽孢以及芽孢的形状、芽孢在芽孢囊内的位置、芽孢囊是否膨大等特征是鉴定细菌的依据之一。由于细菌的芽孢含水量少、脂肪含量较高、芽孢壁厚、透性低、不易着色,当用石炭酸复红、结晶紫等进行染色时,菌体和芽孢囊着色,而芽孢囊内的芽孢不着色或仅显很淡的颜色,有的芽孢成淡红或淡蓝色的圆或椭圆形的圈。为了使芽孢着色便于观察,可用芽孢染色法。芽孢染色法是根据细菌的芽孢和菌体对染料的亲和力不同的原理,用不同的染料进行染色,使芽孢和菌体呈不同颜色而便于区别。通常,芽孢染色采用弱碱性染料孔雀绿在加热的条件下进行,染色完毕,用自来水冲洗。因孔雀绿是弱碱性染料,与菌体结合较差,因此易被水冲洗掉,而芽孢中的孔雀绿却难于溶出(因为芽孢一旦着色后难以脱色)。水洗后,再用一种呈红色的碱性染料加以复染。结果菌体被染成红色,而芽孢呈绿色。

(2)荚膜染色:荚膜是包围在细菌细胞外的一层黏液状或胶质状物质,其成分为多糖、糖蛋白或多肽。由于荚膜与染料的亲和力弱、不易着色,而且可溶于水,易在用水冲洗时被除去,所以观察荚膜通常采用负染色法(衬托染色法),即将菌体和背景染色而把不着色透明的荚膜衬托出来。由于荚膜很薄,易变形,含水量高,制片时通常不用热固定,以免变形影响观察。

(3)鞭毛染色:鞭毛是细菌的运动"器官",一般细菌的鞭毛都极为纤细,直径在 $0.1\ \mu\mathrm{m}$ 以下,因此在普通光学显微镜下不能见到,只有用特殊的染色方法才能看到,鞭毛的染色方法很多,但主要的原理都是借媒染剂和染色剂的沉淀作用,使染料堆积在鞭毛上,以加粗鞭毛的直径,同时使鞭毛着色,在普通光学显微镜下能够看到。

在显微镜下观察细菌的运动性,也可以初步判断细菌是否有鞭毛。通常使用压滴法或悬滴法观察细菌的运动性。观察时,要适当减弱光线,增加反差,如果光线很强,细菌和周围的液体就难以辨别。或利用暗视野显微镜可形成黑暗背景、被检物构成亮点的特性,可进行细菌运动方式的观察。

三、实验器材

1. 菌种

枯草芽孢杆菌(*Bacillus subtilis*)营养琼脂斜面培养物,或苏云金芽孢杆菌(*Bacillus*

thuringiensis)斜面培养物,可用于芽孢染色观察。

肠膜状明串珠菌(*Leuconostoc mesenteroides*)斜面培养 20 h 或圆褐固氮菌(*Azotobacter chroococcum*)无氮培养基斜面培养物,可用于荚膜染色观察。

普通变形菌(*Proteus vulgaris*)斜面培养物,用于鞭毛染色观察。

2. 试剂

(1) 芽孢染色用 5%孔雀绿水溶液和 0.5%番红水溶液(或 0.05%碱性复红)。

(2) 荚膜染色用石炭酸复红染液和 5%黑色素水溶液(或用墨汁)。

(3) 鞭毛染液(3 种方法):鞭毛染色液最好当日配制当日用,次日使用则鞭毛染色浅,观察效果差。具体试剂配制方法见第一章第八部分"常用染色液及试剂配制"。

① 硝酸银染色。

② 美蓝染色。

③ 改良利夫森(Leifson's)鞭毛染色。

(4) 香柏油。

(5) 二甲苯。

(6) 95%乙醇。

3. 仪器和用具

显微镜、水浴锅、载玻片、玻片架、滤纸、接种环、酒精灯、火柴、擦镜纸、吸水纸、试管、试管夹、烧杯、凹玻片、盖玻片等。

四、实验步骤

(一)芽孢染色(孔雀绿染色法)

1. 方法 1

(1) 取 37 ℃培养 18～24 h 的枯草芽孢杆菌(或苏云金芽孢杆菌)作涂片,并干燥,固定(参见"实验二 细菌的简单染色与革兰氏染色")。

(2) 于涂片上滴入 3～5 滴 5%孔雀绿水溶液。

(3) 用试管夹夹住载玻片在火焰上用微火加热,自载玻片上出现蒸汽时,开始计算时间约 4～5 min。加热过程中切勿使染料蒸干,必要时可添加少许染料。

(4) 待玻片冷却后,用水冲洗至孔雀绿不再褪色为止。

(5) 用 0.5%番红液(或 0.05%碱性复红)复染 1 min,水洗。

(6) 风干后用油镜观察。芽孢被染成绿色,菌体呈红色。

2. 方法 2

(1) 加 1～2 滴自来水于小试管中,用接种环从斜面上挑取 2～3 环培养 18～24 h 的枯草芽孢杆菌(或苏云金芽孢杆菌)菌苔于试管中,并充分混匀打散,制成浓稠的菌液。

(2) 加 5%孔雀绿水溶液 3～4 滴于小试管中,用接种环搅拌使染料与菌液充分混合。

(3) 将此试管浸于沸水浴(烧杯)中,加热 15～20 min。

(4) 用接种环从试管底部挑数环菌于洁净的载玻片上,并涂成薄膜,将涂片通过微火 3 次固定。

(5) 水洗,至流出的水中无孔雀绿颜色为止。

（6）加番红液（或 0.05％碱性复红）溶液，染 2～3 min 后，倾去染液，不用水洗，直接用吸水纸吸干。

（7）干燥后用油镜观察。芽孢为绿色，菌体为红色。

（二）荚膜染色法

1. 石炭酸复红染色

（1）取培养了 20 h 的肠膜状明串珠菌和培养了 72 h 的圆褐固氮菌制成涂片，自然干燥（不可用火焰烘干）。

（2）滴入 1～2 滴 95％乙醇固定（不可加热固定）。

（3）加石炭酸复红染液染色 1～2 min，水洗，自然干燥。

（4）在载玻片一端加 1 滴墨汁，另取一块边缘光滑的载玻片与墨汁接触，再以匀速推向另一端，涂成均匀的一薄层，自然干燥。

（5）干燥后用油镜观察。菌体为红色，荚膜为无色，背景为黑色。

2. 湿墨汁法

（1）制菌液：加 1 滴墨汁于洁净的玻片上，并挑少量菌与其充分混合。

（2）加盖玻片：放一清洁盖玻片于混合液上，然后在盖玻片上放 1 张滤纸，向下轻压，吸收多余菌液。

（3）干燥后用油镜观察。结果：背景灰色，菌体较暗，在其周围呈现一明亮的透明圈即荚膜。

（三）鞭毛染色

1. 活化菌种

将保存的变形菌在新制备的普通牛肉膏蛋白胨斜面培养基上连续移种 3～4 次，每次于 30 ℃培养 10～15 h。活化后菌种备用。培养稍久的菌，鞭毛易脱落，所以要用新鲜的菌体，一般是用经 3～5 代（每代培养时间 16～20 h）连续移接的斜面，最后一代接到含 0.8％～1.2％琼脂的软琼脂培养基（带有冷凝水），经 12～16 h 培养得到的菌体为佳。

2. 制片

在干净载玻片的一端滴 1 滴蒸馏水，以无菌操作，用接种环取 1 环菌液（注意不要带培养基），在载玻片的水滴中轻沾几下，将载玻片稍倾斜，使菌液随水滴缓缓流到另一端，然后平放，于空气中干燥。切勿用接种环涂抹，以免损伤鞭毛。

3. 染色

（1）硝酸银染色法

① 滴加鞭毛染色液 A 液，染 3～5 min，用蒸馏水冲洗净 A 液，使背景清洁。（注意：一定要充分洗净 A 液后再加 B 液，否则残留的 A 液与 B 液反应后，使背景呈棕褐色，不易分辨鞭毛）

② 将残水沥干或用 B 液冲去残水。滴加 B 液，使 B 液充满玻片，在微火上加热使微冒蒸汽，并随时补充染料以免干涸，染 30～60 s，待冷却后，用蒸馏水轻轻冲洗，自然干燥或滤纸吸干，镜检先用低倍镜和高倍镜找到典型区域，然后用油镜观察，菌体为黑褐色，鞭毛为深褐色。（注意：观察鞭毛着生位置镜检时应多找几个视野，有时只在部分涂片上染出鞭毛）

③ 鞭毛染色也可采用不加热的方法，但染色时间要长些，一般 A 液染 6～7 min，B 液染 5 min，镜检菌体及鞭毛都呈褐色。

（2）美蓝染色法

① 媒染液染色 8 min，蒸馏水冲洗（约 30 s，需充分，否则背景不洁净，影响观察），滤纸吸干残留水分。

② 美蓝染色液染色 6 min，蒸馏水冲洗约 20 s。

③ 用稀盐酸洗液冲洗玻片，至冲洗液变蓝色即可（盐酸冲洗过度，鞭毛会脱落）；再用蒸馏水冲洗 20 s，滤纸吸干残留水分，备用镜检。菌体及鞭毛均呈蓝色。

（3）Leifson's 染色法

① 菌液制备及制片方法同硝酸银染色法。

② 划区：用记号笔在载玻片反面将有菌区划分成 4 个区域。

③ 染色：滴加 Leifson's 鞭毛染色液覆盖第一区菌面，间隔数分钟后滴加染液覆盖第二区菌面，依此类推至第四菌面。间隔时间根据实验摸索确定，其目的是确定最佳染色时间，一般染色时间大约需要 10 min。染色过程中仔细观察，当玻片出现铁锈色沉淀，染料表面出现金色膜时，立即用水缓慢冲洗，自然干燥。

④ 镜检：用油镜镜检观察。

（四）细菌运动的观察

1. 压滴法

（1）制备菌液：从幼龄菌斜面上，挑数环菌放在装有 1～2 mL 无菌水的试管中，制成轻度浑浊的菌悬液。

（2）取 2～3 环稀释菌液于洁净载玻片中央，再加入一环 0.01% 的美蓝水溶液，混匀。

（3）用镊子取清洁的盖玻片。由一端与玻片的菌液接触，徐徐放下盖玻片，注意避免产生气泡。

（4）镜检：将光线适当调暗，先用低倍镜找到观察部位，再用高倍镜观察。要区分细菌鞭毛运动和布朗运动，后者只是在原处左右摆动，细菌细胞间有明显位移者，才能判定为有运动性。

2. 悬滴法

（1）取清洁的凹玻片和盖玻片各一片。

（2）用火柴棒取少许凡士林涂于盖玻片的四角。

（3）在盖玻片中央用接种环蘸取一小滴无菌水，然后用无菌操作取少许菌苔在水滴上轻沾一下，注意水滴大小要适宜，放菌苔时不要使水滴破散。

（4）将凹玻片的凹窝向下，使凹窝中心对准盖玻片中央的菌液，轻轻地盖在盖玻片上，使凹玻片与盖玻片粘在一起，以免蒸发。（注意液滴不得与凹玻片接触）

（5）小心地将玻片翻转过来，使菌液正好悬在窝的中央。再用火柴棒轻压盖玻片使四周封闭，以防菌液干燥。

（6）镜检：将光线适当调暗，先用低倍镜找到悬滴的边缘后，再将菌液移至视野中央，换高倍镜观察，注意细菌是如何运动的，辨析它与分子布朗运动的不同。

五、注意事项

（1）载玻片必须清洁、光滑、无油迹。

（2）荚膜染色中的固定不可用热固定。

（3）对于观察鞭毛的菌种,需选用新鲜的幼龄菌种,观察时需注意区分鞭毛运动和分子的布朗运动。

六、实验结果

（1）绘出所观察细菌的特殊结构。注意描绘出芽孢的形状和着生位置,鞭毛位置及数目。
（2）将本次实验观察结果记录在下表。

表 2-4 细菌特殊结构观察记录表

菌名	类别							
	芽孢染色		荚膜染色			鞭毛染色		
	菌体颜色	芽孢颜色	菌体颜色	荚膜颜色	背景颜色	菌体颜色	鞭毛颜色	鞭毛位置及数目

七、思考题

（1）芽孢染色是否还可以用石炭酸复红初染、吕氏美蓝液复染观察? 如果可以,芽孢和菌体各呈什么颜色?
（2）组成荚膜的成分是什么? 除了石炭酸复红染色和湿墨汁法,还有哪些方法能用于荚膜染色? 为什么荚膜染色涂片不要用加热固定?
（3）为什么芽孢和鞭毛染色用的菌种应控制菌龄?
（4）试设计实验鉴定某一产芽孢菌株的芽孢形态、着生位置及所属分类地位。
（5）本实验为何采用这些菌株作为实验材料?

实验四 放线菌的形态观察（含电镜观察）

一、实验目的与内容

（1）掌握观察放线菌形态的基本方法(插片培养法、玻璃纸法、印片法),辨认放线菌的营养菌丝、气生菌丝、孢子丝和孢子的形态。
（2）了解电子显微镜的工作原理,学习并掌握制备电镜标本的方法。

二、实验原理

放线菌是抗生素的产生菌,其形态是菌种鉴定和分类的重要依据。为此,人们设计了许多方法来培养和观察放线菌的形态特征。放线菌是指一类主要呈丝状生长和以孢子繁殖的革兰氏阳性细菌。放线菌的形态比细菌复杂,但仍属于单细胞。在显微镜下,放线菌呈分枝丝状,我们把这些细丝一样的结构叫作菌丝，菌丝直径与细菌相似，小于 1 μm。菌丝细胞的结构与细菌基本相同。

根据菌丝形态和功能的不同，放线菌菌丝可分为基内菌丝、气生菌丝和孢子丝 3 种，见图 2-9。在显微镜下观察时，一般气生菌丝颜色较深，比基内菌丝粗；而基内菌丝色浅、发亮。放线菌生长到一定阶段，大部分气生菌丝分化成孢子丝，通过横割分裂的方式产生成串的分生孢子。孢子丝形态多样，有直、波曲、钩状、螺旋状、轮生等多种形态。孢子也有圆形、椭圆形、杆状、圆柱状、瓜子状、梭状和半月状等。

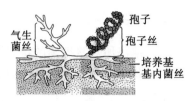

图 2-9　链霉菌的一般形态和构造（模式图）

孢子的颜色十分丰富。孢子表面的纹饰因种而异，在电子显微镜下清晰可见，有的光滑，有的褶皱状、疣状、刺状、毛发状或鳞片状，刺又有粗细、大小、长短和疏密之分。它们的形态构造都是放线菌分类鉴定的重要依据。链霉菌属是放线菌中种类最多、分布最广、形态特征最典型的类群。因此本实验选择细黄链霉菌（*Streptomyces microflavus*）作为实验菌种。本实验将介绍以下几种观察放线菌形态的基本方法。

（1）插片培养法　将放线菌菌种接在适合放线菌生长的平板培养基上，用玻璃刮铲涂布均匀，然后将灭过菌的盖玻片斜插入固体培养基中，使放线菌菌丝沿着培养基表面与盖玻片的交接处生长而附着在盖玻片上。置于 28～32 ℃下培养，3～5 d 后取出。观察时，轻轻取出盖玻片，置于载玻片上直接镜检。这种方法可观察到放线菌自然生长状态下的特征，而且便于观察不同生长期的形态。

（2）玻璃纸法　放线菌自然生长的个体形态的观察现多用玻璃纸琼脂透析培养法。玻璃纸是一种透明的半透膜，其透光性与载玻片基本相同，将灭菌的玻璃纸覆盖在琼脂平板表面，然后将放线菌接种于玻璃纸上，经培养，放线菌在玻璃纸上生长形成菌苔。观察时，揭下玻璃纸剪取小片，贴放在载玻片上，直接镜检可见到放线菌自然生长的个体形态。这种方法与插片培养法一样，既能保持放线菌的自然生长状态，也便于观察不同生长期的形态特征。

（3）印片法　将要观察的放线菌的菌落或菌苔，先印在载玻片上，经染色后观察。这种方法主要用于观察孢子丝的形态、孢子的排列及其形状等。方法简便，但形态特征可能有所改变。

另外本实验利用扫描电镜观察细黄链霉菌。先将电子显微镜基本知识介绍如下：

电子显微镜，简称电镜，是根据电子光学原理，用电子束和电子透镜代替光束和光学透镜，使物质的细微结构在非常高的放大倍数下成像的仪器。发射电子流的电子源部分称为电子枪，电子枪由发射电子的"V"形钨丝及阳极板组成，在高真空中，钨丝被加热到白炽程度，其尖端便发射出电子，发射出来的电子受到阳极很高的正电压的吸引，使电子得到很大的加速度而到达样品。电压越高，电子流速度越快，波长越短，其分辨能力也越强。一般用 50～100 kV 电压时，电子波长在 0.005 4～0.003 7 nm，所以电子显微镜的分辨力极高，可达 0.1～0.2 nm 左右，此分辨力比光学显微镜提高了近千倍。

电子显微镜按结构和用途可分为透射式电子显微镜、扫描式电子显微镜、反射式电子显微镜和发射式电子显微镜等。透射式电子显微镜（transmission electron microscope，简写为 TEM），分辨力虽然很高，但是一般只能观察切成薄片后的二维图像，常用于观察那些用普通显微镜所不能分辨的细微物质结构；扫描电镜即扫描电子显微镜（scanning electron microscope,简称 SEM),主要用于观察样品的表面形貌、割裂面结构、管腔内表面的结构等;发射式电子显微镜用于自发射电子表面的研究。本实验主要利用扫描电镜观察细黄链霉菌。因为扫描电镜是介于透射电镜和光学显微镜之间的一种微观形貌观察手段,可直接利用样品表面材料的物质性能进行微观成像。其优点是:① 有较高的放大倍数,20~20 万倍之间连续可调;② 有很大的景深,视野大,成像富有立体感,可直接观察各种试样凹凸不平表面的细微结构;③ 试样制备简单。目前的扫描电镜都配有 X 射线能谱仪装置,这样可以同时进行显微组织形貌的观察和微区成分分析,因此它是当今十分有用的科学研究仪器。

从图 2 - 10 上可以看到构成扫描电镜的主要部件及其位置。扫描电子显微镜由 3 大部分组成:真空系统、电子束系统以及成像系统。真空系统用以保障显微镜内的真空状态,因为在电子流的通路上不能有游离的气体分子存在,否则由于气体分子与电子的碰撞而造成电子的偏转,导致物像散乱不清。电子束系统由电子枪和电磁透镜(聚光镜和物镜)两部分组成,主要用于产生一束能量分布极窄的、电子能量确定的电子束用以

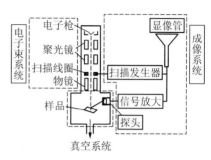

图 2 - 10　传统扫描电镜的主体结构

扫描成像。成像系统:电子经过一系列电磁透镜成束后,打到样品上与样品相互作用,会产生次级电子、背散射电子、俄歇电子以及 X 射线等一系列信号。所以需要不同的探测器譬如次级电子探测器、X 射线能谱分析仪等来区分这些信号以获得所需要的信息。虽然 X 射线信号不能用于成像,但习惯上,仍然将 X 射线分析系统划分到成像系统中。

扫描电镜以观察样品的表面形态为主。其样品制备必须满足以下要求:① 保持完好的组织和细胞完整形态。② 充分暴露要观察的部位。③ 良好的导电性和较高的二次电子产额。④ 保持充分干燥的状态。因此,在制备扫描电镜生物样品时,一般都需采用固定、脱水、干燥及表面镀金等处理步骤。但微生物体积微小,若采用此常规方法,不但收集菌体困难,而且在处理时大量样品会流失,也不能保持微生物生长的自然状态。因此本实验介绍一种简便可靠的微生物扫描电镜制样方法。

三、实验器材

(1) 菌种:细黄链霉菌(*Streptomyces microflavus*)斜面。

(2) 培养基:高氏Ⅰ号琼脂培养基。

(3) 染色液:石炭酸复红染色液。

(4) 仪器和用具:光学显微镜、扫描电子显微镜、超净工作台、培养箱、高压蒸汽灭菌锅、培养皿、玻璃纸、酒精灯、火柴、接种环、镊子、玻璃刮铲、刻度吸管、洗耳球、剪刀、载玻片、盖玻片、滤纸、医用小砂轮等。

四、实验步骤

1. 插片培养法

(1) 倒平板:将高氏Ⅰ号培养基熔化后,倒 10~12 mL 左右于灭菌培养皿内,凝固后

使用。

(2) 接种:将放线菌斜面菌种制成孢子悬液后(稀释度以 $10^{-2} \sim 10^{-3}$ 为好),取 0.2 mL 放在平板培养基上,用玻璃刮铲涂布均匀,或用接种环挑取细黄链霉菌孢子在高氏 I 号琼脂平板上划线接种,划线要密些,以便插片培养。

(3) 插片:将灭菌的盖玻片以 45°角插入培养皿内的培养基中,插入深度约为 1/2 或 1/3。

(4) 培养:放置 28 ℃培养 3～7 d。

(5) 观察:培养后菌丝体生长在培养基及盖玻片上,小心用镊子将盖玻片抽出,轻轻擦去生长较差的一面的菌丝体,将生长良好的菌丝体面向载玻片,压放于载玻片上。直接在显微镜下观察。

2. 玻璃纸法

(1) 将玻璃纸剪成培养皿大小,灭菌。在玻璃纸灭菌时,若直接将干燥的玻璃纸灭菌,它就会缩小,不便使用。故必须做如下处理:将玻璃纸和滤纸剪成培养皿大小的圆形纸片,用水浸泡后把湿滤纸和玻璃纸交互重叠地放在培养皿中,借滤纸将玻璃纸隔开。然后进行湿热灭菌,备用。

(2) 将放线菌斜面菌种制成稀释度为 10^{-3} 的孢子悬液。

(3) 将高氏 I 号琼脂培养基熔化后在火焰旁倒入无菌培养皿内,每皿倒 15 mL 左右,待培养基凝固后,在无菌操作下用镊子将无菌玻璃纸覆盖在琼脂平板上即制成玻璃纸琼脂平板培养基。

(4) 分别用 1 mL 无菌刻度吸管取 0.2 mL 细黄链霉菌孢子悬液,滴加在玻璃纸琼脂平板培养基上,并用无菌玻璃刮铲涂抹均匀。

(5) 将接种的玻璃纸琼脂平板置 28～30 ℃下培养。

(6) 在培养至 3 d、5 d、7 d 时,从培养箱中取出培养皿。在无菌环境下,打开培养皿,用无菌镊子将玻璃纸与培养基分离,用无菌剪刀取小片置于载玻片上,并使有菌面向上。注意在玻璃纸与载玻片间不能有气泡,以免影响观察。用显微镜观察,先用低倍镜观察菌的立体生长状况,再用高倍镜仔细观察。注意区分细黄链霉菌的基内菌丝、气生菌丝和弯曲状或螺旋状的孢子丝,绘图。

3. 印片法

用镊子取洁净载玻片并微微加热,然后用这微热载玻片盖在长有细黄链霉菌的培养皿上,轻轻压一下,注意将载玻片垂直放下和取出,印片时不要用力过大压碎琼脂,也不要错动,以免改变放线菌的自然形态,反转有印痕的载玻片微微加热固定。用石炭酸复红染色 1 min,水洗,晾干。用油镜观察,绘图。

4. 扫描电子显微镜观察细黄链霉菌

(1) 倒平板:将高氏 I 号培养基熔化冷却至 50 ℃后,倒 15 mL 左右于灭菌培养皿内,凝固后使用。

(2) 接种:用接种环挑取细黄链霉菌孢子在高氏 I 号琼脂平板上划线接种,划线要密些,以便插片培养。

(3) 插片:将灭菌的盖玻片以 45°角插入培养皿内的培养基中,插入深度约为 1/2 或 1/3 (插在接种线上,与划线垂直),插片数量可根据需要而定,一般 2～3 块。

(4) 培养:插片后平板倒置,28 ℃下培养 7～10 d。

（5）光镜检查：用镊子小心拔出盖玻片，擦去背面培养物，然后将有菌的一面朝上放在载玻片上，直接用高倍镜镜检，确定目标在盖玻片的部位。

（6）制样及电镜观察：用医用小砂轮将盖玻片切割，样品部位约为盖玻片 1/4 大小即可，用导电胶或双面胶将盖玻片粘在样品台上，将样品直接放入真空离子镀膜机内，把金喷镀到样品表面，可获得均匀的细颗粒薄金属镀层。然后取出样品在扫描电镜下观察，拍摄照片。

五、注意事项

（1）培养放线菌要注意，放线菌的生长速度较慢，培养期较长，在操作中注意无菌操作。

（2）进行放线菌制片时减少空气流动，避免吸入孢子。

（3）不同观察方法中严格按要求进行，注意菌体的上下位置。

（4）玻璃纸法培养接种时注意玻璃纸与平板琼脂培养基间不宜有气泡，以免影响其表面放线菌的生长。

（5）印片过程中，用力要轻，且不要错动，染色水洗时水流要缓，以免破坏孢子丝的形态。

六、实验结果

将本次实验观察结果记录于下表。

表 2-5　放线菌形态观察记录表

	细黄链霉菌绘图	方法比较
插片培养法	◯	
玻璃纸法	◯	
印片法	◯	
扫描电镜观察	◯	

七、思考题

（1）在高倍镜或油镜下如何区分放线菌的基内菌丝和气生菌丝？

（2）用插片法和玻璃纸覆盖法制备放线菌标本，各自主要优点是什么？可否用这 2 种方法观察其他微生物？为什么？

（3）本实验所用放线菌扫描电镜插片法与常规扫描电镜制样方法有何区别？

实验五　酵母的形态观察及死活细胞的鉴别

一、实验目的与内容

(1) 学会对酵母菌制片的方法,观察酵母菌的形态及出芽生殖方式。

(2) 学习区分酵母菌死活细胞的实验方法。

(3) 掌握酵母菌与一般细菌在形态特征上的区别。

(4) 了解酵母菌产生子囊孢子的条件及其形态。

二、实验原理

1. 采用美蓝染液水浸片法和水—碘液浸片法观察酵母菌

酵母菌是多形的、不运动的单细胞真核微生物,细胞核与细胞质已有明显的分化,其大小通常比常见细菌大几倍。繁殖方式也较复杂,大多数酵母以出芽方式进行无性繁殖,仅裂殖酵母属是以分裂方式繁殖;有性繁殖是通过接合产生子囊孢子。

由于酵母细胞个体大,采取涂片的方法制片有可能损伤细胞,一般通过美蓝染液水浸片法或水—碘液浸片法来观察酵母菌形态和出芽生殖方式。

此外,采用美蓝染液水浸片法还可以对酵母菌的死活细胞进行鉴别。美蓝是一种无毒性染料,它的氧化型呈蓝色,还原型无色。用它对酵母菌的活细胞进行染色时,由于细胞的新陈代谢作用,使细胞内具有较强的还原能力,能使美蓝由蓝色的氧化型变为无色的还原型。因此,具有还原能力的酵母菌活细胞是无色的,而对于死细胞或代谢缓慢的老细胞,则因它们无此还原能力或还原能力极弱,而被美蓝染成蓝色或淡蓝色。但美蓝的浓度、作用时间等均有影响,应加以注意。

2. 暗视野显微镜鉴别酵母死活细胞

将不经染料染色的活细胞(水封片)在普通光学显微镜(明视野)下进行观察,当光线通过透明的标本时,由于细胞内物质的折光率与水相近,明亮的视野背景与明亮的菌体不易分辨,如果将背景变暗,使标本与背景形成强烈的明暗反差,则菌体在暗背景中会成为明亮的亮点。暗视野显微镜则是采用一种特殊的聚光器,聚光器的下方中央为圆形黑盘所遮,光仅由周缘进入,使光会聚于载玻片上,并斜照物体,物体经斜射照明后,发出反射光可进入物镜。这样,造成显微镜视野黑暗而其中的物体明亮来观察菌体。

在暗视野中所观察到的是被检物体的衍射光图像,并非物体的本身,所以只能看到物体的存在和运动,不能辨清物体的细微结构。暗视野显微镜主要用于观察细菌、螺旋体及其运动。在暗视野中,由于有些活细胞其外表比死细胞明亮,所以暗视野也被用来区分死活细胞,此技术现已被用于各种酵母细胞的死活鉴别。

暗视野显微镜与明视野显微镜构造上的差别主要在于聚光器,一般的显微镜都可以通过更换聚光器而实现暗视野工作状态,在无暗视野聚光器时,可用厚黑纸片制作一个中央遮光板,放在普通显微镜的聚光器下方的滤光片框上,也能得到暗视野效果。

3. 酵母菌子囊孢子的观察

酵母菌的子囊孢子生成与否及其形状是酵母分类上的重要依据。一部分酵母菌只有当它在最适条件下,才能观察到形成的子囊孢子,不同种属的酵母菌形成子囊孢子的条件不同。醋酸钠培养基特别有利于酿酒酵母子囊孢子的形成。本实验用生长在此培养基上的酿酒酵母为材料,进行子囊孢子的观察。

三、实验器材

(1) 菌种:酿酒酵母(*Saccharomyces cerevisiae*)。

(2) 培养基:麦芽汁培养基、麦氏培养基(醋酸钠培养基)。

(3) 溶液或试剂:0.05%和0.1%吕氏碱性美蓝染色液、革兰氏染色用碘液、香柏油、孔雀绿染液、0.5%沙黄液、95%乙醇等。

(4) 仪器和用具:显微镜、暗视野显微镜、载玻片、擦镜纸、盖玻片、接种环等。

四、实验步骤

1. 美蓝染液水浸片法和水-碘液浸片法

(1) 美蓝浸片的观察

① 在载玻片中央加 1 滴 0.1%吕氏碱性美蓝染色液,液滴不可过多或过少,以免盖上盖玻片时,溢出或留有气泡。然后按无菌操作用接种环在酵母菌斜面上挑取少量菌苔放在染液中,混合均匀。

② 用镊子取 1 块盖玻片,先将一边与菌液接触,然后慢慢将盖玻片放下使其盖在菌液上。盖片时应注意,不能将盖玻片平放下去,以免产生气泡影响观察。

③ 将制好的水浸片放置约 3 min 后镜检,先用低倍镜,然后用高倍镜区分其母细胞与芽体,区分死细胞(蓝色)与活细胞(不着色)。在 1 个视野里计数死细胞和活细胞,共计数 5~6 个视野。

酵母菌死亡率一般用百分数来表示,以下式来计算:

$$死亡率(\%) = \frac{死细胞总数}{死活细胞总数} \times 100\%$$

④ 染色约 0.5 h 后再次进行观察,注意死细胞数量是否增加。

⑤ 用 0.05%吕氏碱性美蓝染液重复上述操作,注意与 0.1%吕氏碱性美蓝染色液的区别。

(2) 水-碘液浸片的观察

在载玻片中央加 1 小滴革兰氏染色用碘液,然后在其上加 3 小滴水(即稀释 4 倍),然后按无菌操作取少许酵母菌苔放在水-碘液中,使菌体与溶液混匀,盖上盖玻片后镜检。

2. 暗视野显微镜鉴别酵母死活细胞

(1) 将显微镜的聚光器换成暗视野聚光器。

(2) 选厚薄在 1.0~1.2 mm 的干净载玻片 1 块,滴上酿酒酵母悬液,加盖玻片,切勿产生气泡,制成水浸片。(注意:选择的载玻片厚度为 1.0 mm 左右,盖玻片厚度宜在 0.16 mm 以下,这由于暗视野聚光镜的数值孔径都较大,焦点较浅,因此,如果过厚,被检物体无法调在聚光镜焦点处。同时载玻片、盖玻片应很清洁,无油脂及划痕,否则都会严重地扰乱最终的成像)。

(3) 将聚光镜光圈调至1.4,光源的光圈孔调至最大。

(4) 在聚光器上放1大滴香柏油,将标本置载物台上,旋上聚光器使油与载玻片接触。注意聚光镜与载玻片之间滴加的香柏油要充满,否则照明光线于聚光镜上面进行全面反射,达不到被检物体,从而不能得到暗视野照明。

(5) 用低倍物镜及目镜进行配光对准物体,调节聚光器的高度,通过目镜可见到1个中间有黑点的光圈,仔细调节聚光器的高度(上升或下降),最后成为1个光亮的光点,光点愈小愈好,由此点将聚光器上下移动时均使光点增大。如果聚光器能水平移动并附有中心调节装置,则应首先进行中心调节,使聚光器的光轴与显微镜的光轴严格位于一直线上。

(6) 转移所需目镜及高倍物镜,调整焦距至视野中心出现发光的菌体。

(7) 在盖玻片上滴1滴香柏油,并将油镜转至应在位置调节配光,进行观察,注意区分死活细胞。

(8) 观察完毕,擦去聚光器上的香柏油,并参照普通光学显微镜的要求,妥善清洁镜头及其他部件。

3. 酵母菌子囊孢子的观察

(1) 活化:将酿酒酵母先移种到新鲜的麦芽汁培养基上,置于28 ℃下培养1~2 d,如此活化2~3次后,备用。

(2) 转接产孢培养基:用接种环取活化后的培养物,转接至麦氏(Meclary)培养基(醋酸钠培养基)上,置于30 ℃下恒温培养14 d。

(3) 观察:挑取少许产孢菌苔于载玻片的水滴上,经涂片、热固定后,加数滴孔雀绿,1 min后水洗,加95%乙醇30 s,水洗,最后用0.5%沙黄液复染30 s,水洗去染色液,最后用吸水纸吸干。制片干燥后,镜检,子囊孢子呈绿色,子囊为粉红色。注意观察子囊孢子的数目、形状和子囊的形成率。

另一种观察子囊孢子的染色方法:加石炭酸复红染液于固定涂片处,在火焰上加热5~10 min(不能沸腾),用酸性酒精冲洗30~60 s,再用水洗去酒精,加吕氏碱性美蓝染液数滴,数秒钟后用水洗去,水干后置显微镜下观察,结果孢子为赤色,菌体为青色。

(4) 计算子囊形成的百分率:计数时随机取3个视野,分别计数产子囊孢子的子囊数和不产孢子的细胞,然后按下列公式计算:

$$子囊形成率(\%) = \frac{3个视野中形成子囊的总数}{3个视野中形成子囊数与不产孢子细胞数} \times 100\%$$

五、注意事项

(1) 制作美蓝染液水浸片和水-碘液浸片时,盖片时应注意,不能将盖玻片平放下去,以免产生气泡影响观察。

（2）暗视野显微镜应尽量在光线较暗的环境中使用,同时使用的载玻片、盖玻片应很清洁,不宜过厚,无油脂及划痕,否则都会严重地扰乱最终的物像。

（3）暗视野显微镜使用时应使聚光器的光轴与显微镜的光轴严格位于一直线上。

六、实验结果

（1）绘图说明你所观察到的酿酒酵母菌的形态特征、出芽生殖情况和子囊孢子形态图。

（2）观察吕氏碱性美蓝浓度及作用时间与酿酒酵母死活细胞数量变化的情况并填写下表。

表 2 - 6　染色液浓度与作用时间对酵母死活细胞数量的影响

吕氏碱性美蓝浓度(%)	0.1		0.05	
作用时间(min)	3	30	3	30
每视野活细胞数(个)				
每视野死细胞数(个)				
死亡率(%)				

（3）计算子囊形成率。

七、思考题

（1）吕氏碱性美蓝染液浓度和作用时间的不同,对酵母菌死细胞数量有何影响？试分析其原因。

（2）在显微镜下,酵母菌有哪些突出的特征区别于一般细菌？

（3）观察活细胞的个体形态,你认为用显微镜的明视野好还是暗视野好？为什么？

（4）暗视野观察时,对所用的载玻片、盖玻片有何要求？为什么？

（5）试设计一个从子囊中分离子囊孢子的实验方案。

实验六　霉菌的形态观察

一、实验目的与内容

（1）了解观察霉菌形态的基本方法(直接制片观察法、玻璃纸培养观察法、插片培养法、小室培养),重点掌握直接制片观察法和小室培养法。

（2）了解 4 类常见霉菌(曲霉、青霉、根霉和毛霉)的基本形态特征。

二、实验原理

霉菌除少数为单细胞外,基本构造都是分枝或不分枝的菌丝。低级的霉菌其丝状管道中无横隔,因此其菌丝体内含有许多细胞核。而在一些比较高等的霉菌丝状管道中皆有横隔,由横隔将菌丝隔成许多细胞。与放线菌类似,菌丝也可分为基内菌丝和气生菌丝,气生菌丝生长到一定阶段分化产生繁殖菌丝,由繁殖菌丝产生孢子。霉菌菌丝体(尤其是繁殖菌丝)及孢子的形态特征是识别不同种类霉菌的重要依据。但霉菌菌丝和孢子的宽度通常比放线菌粗得多(约为 3~10 μm),因此,用低倍显微镜即可观察。

观察霉菌的形态有多种方法,以下为常用的观察方法:

(1) 直接制片观察法:霉菌菌丝较粗大,细胞易收缩变形,而且孢子很容易飞散,所以制标本时常将培养物置于乳酸石炭酸棉蓝染色液中,制片镜检。用此染液制片的特点是:细胞不变形、具有防腐作用、不易干燥、能保持较长时间、能防止孢子飞散、染液的蓝色能增强反差。必要时,还可用树胶封固,制成永久标本长期保存。

(2) 小室培养法(载玻片培养观察法):用无菌操作将少量培养基琼脂置于载玻片上,接种后盖上盖玻片培养,霉菌即在载玻片和盖玻片之间的有限空间内沿盖玻片横向生长。培养一定时间后,将载玻片上的培养物置于显微镜下观察。带有培养基的小空间可以形成霉菌适宜的生长环境,这样培养的微生物可以保持菌体完整的自然形态和结构,还便于观察不同发育期的培养物。此法最适合进行霉菌的分生孢子梗、分生孢子、孢子囊柄等的观察,也适合放线菌的形态观察。

(3) 插片培养法和玻璃纸培养观察法:与放线菌的培养观察方法相似。这种方法用于观察不同生长阶段霉菌的形态,也可获得良好的效果。

三、实验器材

(1) 菌种:产黄青霉(*Penicillium chrysogenum*)、黑曲霉(*Aspergillus niger*)、黑根霉(*Rhizopus nigrians*)、总状毛霉(*Mucor racemosus*)等培养 2~5 d 的马铃薯琼脂斜面培养物。

(2) 培养基:PDA 培养基或察氏琼脂。

(3) 试剂:乳酸石炭酸棉蓝染色液、50%乙醇、20%甘油。

(4) 仪器和用具:培养箱、显微镜、刻度吸管、洗耳球、培养皿、载玻片、盖玻片、"U"形玻璃棒、解剖针、解剖刀、镊子、圆形滤纸片、接种环等。

四、实验步骤

1. 直接制片观察法

在洁净的载玻片上,加 1 滴乳酸石炭酸棉蓝染色液,用解剖针小心地从霉菌菌落边缘处挑取少量已产孢子的菌丝体,先置于 50%乙醇中短暂浸泡,以洗去脱落的孢子,再放在载玻片上的染液中并加盖盖玻片,勿压入气泡,后接着置于显微镜下观察菌丝的分隔情况、孢子柄、孢子形状、类型和颜色等特征。观察程序为先置低倍镜下观察,必要时换高倍镜观察。

2. 小室培养法(载玻片培养观察法)

(1) 培养小室的灭菌:在培养皿底铺一张圆形滤纸,其上放"U"形玻璃棒,再在玻璃棒上放一块载玻片,载玻片上置两块盖玻片,装置如图 2-11,盖上皿盖,外用纸包扎,灭菌后烘干备用。

(2) 琼脂块的制作:取已灭菌的马铃薯琼脂(或察氏琼脂)培养基 6~7 mL 注入另一个无菌培养皿中,制成 1 块厚约 3~4 mm 的薄层,待冷凝后,用无菌小刀切成 10 mm×10 mm 的小块,并用无菌镊子将其移至上述培养室中的载玻片上(每片放 2 块)。

(3) 接种:用接种环在上述载玻片培养基四周接上少量待观察的霉菌孢子,盖上盖玻片。形成 1 个小室,孢子萌发,菌丝沿培养基小块四周生长。注意接种时只要将带菌的接种环在载玻片上轻轻碰儿下即可。盖玻片不能紧贴载玻片，要彼此有极小缝隙，一是为了通气，二是使各部分结构平行排列，易于观察。

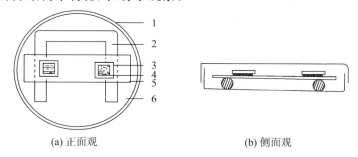

(a) 正面观　　　　　　　　　　(b) 侧面观

1. 培养皿；2. "U"形玻璃棒；3. 盖玻片；4. 培养基；5. 载玻片；6. 圆形滤纸

图 2 - 11　载玻片培养观察法示意图

（4）倒保湿剂：在培养皿内的圆形滤纸上，滴加无菌 20% 甘油 3～4 mL，使皿内的滤纸完全润湿，以保持皿内湿度，皿盖上注明菌名、组别和接种日期。

（5）28 ℃温箱中培养：从培养 16～20 h 开始，通过连续观察，可了解孢子的萌发、菌丝体的生长分化和子实体的形成过程。将小室内的载玻片取出，直接置于低倍镜和高倍镜下观察曲霉、青霉、毛霉、根霉等霉菌的形态，重点观察菌丝是否分隔、曲霉和青霉的分生孢子形成特点、曲霉的足细胞、根霉和毛霉的孢子囊和孢囊孢子，绘图。

3. 黑根霉假根的观察

根霉的气生菌丝遇到基质以外的障碍（如玻璃壁）可分化出假根。

将熔化的 PDA 培养基冷却至 50 ℃倒入无菌培养皿，其量约为 15～20 mL。冷凝后，用接种环蘸取根霉孢子，在平板表面划线接种。然后将培养皿倒置，在皿盖内放一无菌载玻片，于 28 ℃培养 2～3 d 后，可见根霉的气生菌丝倒挂成胡须状，有许多菌丝与载玻片接触，并在载玻片上分化出假根和匍匐菌丝等结构。在低倍镜或高倍镜下，观察皿盖或载玻片可见到假根、孢子囊梗、孢子囊等结构，见图 2 - 12。观察时注意调节焦距以看清各种构造。

图 2 - 12　根霉

五、注意事项

（1）进行霉菌制片时，减少空气流动，避免吸入孢子。

（2）直接制片观察时，注意挑菌和制片时要细心，尽可能保持霉菌自然生长状态；加盖玻片时勿压入气泡，以免影响观察。

（3）在小室培养观察时，注意无菌操作，接种量要少，并且尽可能将孢子分散接种在琼脂块边缘，避免培养后菌丝过于密集影响观察。

六、实验结果

（1）可分组采用上述 2 种方法观察 4 种霉菌，绘图说明 4 种霉菌的形态特征，比较直接制片观察法和小室培养法。

（2）绘制黑根霉假根、孢子囊梗和孢子囊的结构图。

七、思考题

（1）列表比较各类霉菌在形态结构上有何异同。

（2）比较细菌、放线菌、酵母菌和霉菌形态上的异同。

（3）什么叫载玻片培养观察法？它适用于观察怎样的微生物？有何优点？

（4）小室培养时为何用20％甘油作保湿剂？

（5）本实验中观察假根的设计原理是什么？此设计还适合于培养哪类菌？

（6）写出玻璃纸培养观察法和插片培养法观察霉菌形态的实验步骤。

实验七　微生物测微技术

一、实验目的与内容

掌握使用测微尺测定微生物细胞大小的方法，增强对微生物细胞大小的感性认识。

二、实验原理

微生物细胞的大小是微生物重要的形态特征之一，由于菌体很小，只能在显微镜下来测量。测定微生物细胞的大小对了解微生物的形态特征以及在分类鉴定方面都有着重要的意义。用于测量微生物细胞大小的工具有目镜测微尺和镜台测微尺。

目镜测微尺是一块圆形的玻片，其中央有一细长带刻度的尺，把 5 mm 长度刻成 50 等分，或把 10 mm 长度刻成 100 等分。如图 2-13(a)所示，5：50 就是将 5 mm 长度刻成 50 等分。测量时将其放在接目镜的隔板上（此处正好与物镜放大的中间像重叠）。因此，目镜测微尺不是直接测量细菌而是观测显微镜放大的物像。由于不同目镜、物镜组合的放大倍数不相同，故目镜测微尺实际表示的长度也随显微镜放大倍数不同而异。因此目镜测微尺测量微生物大小时须用镜台测微尺校正，以求得在一定放大倍数下，目镜测微尺每小格所代表的相对长度。

镜台测微尺[如图 2-13(b)所示]是中央部分刻有精确等分线的载玻片，一般将 1 mm 等分为 100 格，每格长 10 μm（即 0.01 mm）。它之所以能专门用于校正目镜测微尺每格所代表的镜台测微尺的长度，这是由于镜台测微尺与细胞标本处于同一位置，都要经过物镜和目镜的 2 次放大成像进入视野，即镜台测微尺随着显微镜总放大倍数的放大而放大，因此从镜台测微尺上得到的读数就是细胞的真实大小，所以用镜台测微尺的已知长度在一定放大倍

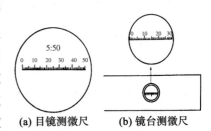

(a) 目镜测微尺　　**(b) 镜台测微尺**

图 2-13　目镜测微尺和镜台测微尺

数下校正目镜测微尺，即可求出目镜测微尺每格所代表的长度，然后移去镜台测微尺，换上待测标本片，用校正好的目镜测微尺在同样放大倍数下测量微生物大小。

球菌用直径来表示其大小；杆菌、酵母菌则用宽和长来表示。

三、实验器材

（1）菌种：酿酒酵母（*Saccharomyces cerevisiae*）、枯草芽孢杆菌（*Bacillus subtilis*）、金黄色葡萄球菌（*Staphylococcus aureus*）。

（2）试剂：二甲苯、香柏油。

（3）仪器和用具：显微镜、目镜测微尺、镜台测微尺、盖玻片、载玻片、毛细滴管、双层瓶、擦镜纸等。

四、实验步骤

1. 目镜测微尺的校正

（1）将目镜测微尺刻度朝下，置入目镜内。

（2）放镜台测微尺：将镜台测微尺有刻度的一面朝上放在显微镜载物台上，不可放反。

（3）校正：先用低倍镜观察，调节至清晰地看到镜台测微尺为止。旋转目镜测微尺，使目镜测微尺的刻度与镜台测微尺的刻度平行。利用移动器移动镜台测微尺，使两尺在某一区域内两线完全重合，然后分别数出两条重合线之间镜台测微尺和目镜测微尺所占的格数，见图 2－14。用同样的方法换成高倍镜和油镜进行校正。

图 2－14　目镜测微尺的校正

（4）计算：由于镜台测微尺每格的长度是已知的（每格 10 μm），所以从镜台测微尺的格数就可求出目镜测微尺每小格的长度。

例如：目镜测微尺的 10 格等于镜台测微尺的 4 格（即 40 μm），则目镜测微尺 1 格＝4×10÷10＝4（μm）。

（5）目镜测微尺校正完毕后，取下镜台测微尺。

2. 微生物大小的测定

（1）将酵母菌斜面制成一定浓度的菌悬液。

（2）在载玻片上滴加 1 滴菌悬液制成水浸片，再盖上盖玻片（注意：避免产生气泡），然后置于载物台上。

（3）先在低倍镜下找到目的物，然后在高倍镜下用目镜测微尺来测量菌体的长和宽各占几格（不足一格的部分估计到小数点后一位数）。测出的格数乘上目镜测微尺每格的校正值，即等于该菌的长和宽。一般测量菌体的大小要在同一个标本片上测定 10～20 个菌体，求出平均值，才能代表该菌的大小。通常是用对数生长期的菌体进行测定。

（4）同法用油镜测定枯草芽孢杆菌、金黄色葡萄球菌的大小。

3. 整理物品

测定完毕，将镜台测微尺和目镜测微尺用擦镜纸擦拭干净，放回盒内保存，同时正确清理、维护显微镜。

五、注意事项

（1）寻找镜台测微尺的刻度时，光线不宜过强，换高倍镜和油镜对目镜测微尺进行校正时，务必十分细心，防止接物镜压坏镜台测微尺和损坏镜头。

(2) 细菌个体微小,在进行细胞大小测定时尽量用油镜,以减少误差。

六、实验结果

(1) 将目镜测微尺的校正结果填入下表。

表 2－7　目镜测微尺的校正结果记录表

接物镜	接物镜倍数	目镜测微尺格数	镜台测微尺格数	目镜测微尺每格所代表的长度(μm)
低倍镜				
高倍镜				
油　镜				

(2) 将微生物大小填入下列空白处。

① 酵母菌在高倍镜下：　平均长＝目镜测微尺＿＿格＝ ＿＿μm

平均宽＝目镜测微尺＿＿ 格＝ ＿＿μm

② 枯草芽孢杆菌在油镜下：　平均长＝目镜测微尺＿＿ 格＝ ＿＿μm

平均宽＝目镜测微尺＿＿ 格＝ ＿＿μm

③ 金黄色葡萄球菌在油镜下：　平均直径－目镜测微尺＿＿ 格＝ ＿＿μm

七、思考题

(1) 为什么目镜测微尺必须用镜台测微尺校正?

(2) 在不改变目镜和目镜测微尺,而改用不同放大倍数的物镜来测定同一菌体的大小时,其测定结果是否相同? 为什么?

(3) 为何采用对数生长期的菌体进行大小测定?

实验八　微生物直接计数法

一、实验目的与内容

使用血球计数板计数微生物的数量。

二、实验原理

测定细胞数目的方法有显微镜直接计数法、平板菌落计数法、光电比浊法、最大或然数法以及膜过滤法等。生产、科研工作中比较常用的是显微镜直接计数法、平板菌落计数法和光电比浊法。本实验主要介绍显微镜直接计数法,后 2 种将在后续实验(实验十三和实验二十二)中介绍。

显微镜直接计数法是将小量待测样品的悬浮液置于 1 种特别的具有确定面积和容积的载玻片(又称计菌器)上,于显微镜下直接计数的一种简便、快速、直观的方法。目前国内外常用的计菌器有血球计数板、Peteroff-Hauser 计菌器以及 Hawksley 计菌器等,它们都可用于酵母、细菌、霉菌孢子等悬液的计数,基本原理相同。后 2 种计菌器由于盖上盖玻片后,总容积为 0.02 mm³,而且盖玻片和载玻片之间的距离只有 0.02 mm,因此可用油浸物镜对细菌等较小的细胞进行观察和计数。本实验主要介绍血球计数板。

血球计数板(见图 2-15)是 1 块特制的长方形厚玻璃板,板面的中部有 4 条直槽,内侧 2 槽中间有 1 条横槽把中部隔成 2 个长方形的平台。平台比整个玻璃板的平面低 0.1 mm,当放上盖玻片后,平台与盖玻片之间距离(即高度)为 0.1 mm。平台中心部分各以 3 mm 长、3 mm 宽精确划分为 9 个大方格,称为计数室,每个大方格面积为 1 mm²,体积为 0.1 mm³。以 25×16 型的计数板为例,四角的大方格又被分为 16 个中方格。中央的大方格则由双线划分为 25 个中方格,每个中方格面积为 0.04 mm²,体积为 0.004 mm³;每个中方格又被分成 16 个小方格,每个小方格的面积为 0.002 5 mm²,体积为 0.000 25 mm³。在血球计数板上加上盖玻片后,滴入待测样品,使菌体细胞均匀充满上述一定容积的小室内,根据每个小室的细胞数目,即可求出每毫升样品中所含菌数。

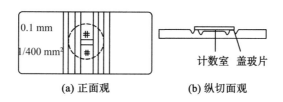

(a) 正面观　　　　　　　(b) 纵切面观

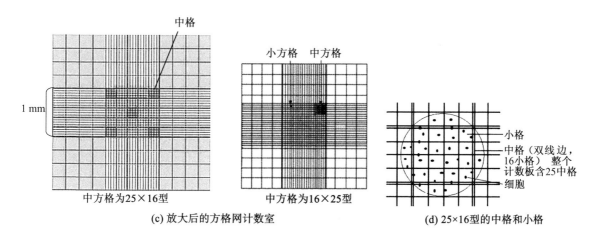

(c) 放大后的方格网计数室　　　　　　(d) 25×16 型的中格和小格

图 2-15　血球计数板构造

注:计数室的刻度一般有 2 种规格,一种是 25×16 型,一个大方格分成 25 个中方格,而每个中方格又分成 16 个小方格;另一种是 16×25 型,一个大方格分成 16 个中方格,而每个中方格又分成 25 个小方格。但无论是哪一种规格的计数板,每一个大方格中的小方格都是 400 个。

三、实验器材

(1) 菌种:酿酒酵母(*Saccharomyces cerevisiae*)。

(2) 试剂:无菌生理盐水。

(3) 仪器和用具:显微镜、血球计数板、盖玻片、毛细滴管、擦镜纸等。

四、实验步骤

1. 菌悬液制备

以无菌生理盐水将酿酒酵母制成浓度适当的菌悬液。

2. 镜检计数室

在加样前,先对计数板的计数室进行镜检。若有污物,则需清洗,吹干后才能进行计数。

3. 加样品

血球计数板上盖上清洁干燥的盖玻片,再用无菌的毛细滴管将摇匀的酿酒酵母菌悬液从盖玻片边缘滴 1 小滴(不宜过多),让菌液沿缝隙靠毛细渗透作用自动进入计数室。取样时先要摇匀菌液,注意要使计数室中充盈菌液,但不能产生气泡。

4. 显微镜计数

将血球计数板置于显微镜的载物台上静置 5 min 左右,先用低倍镜找到计数室所在位置,然后换成高倍镜进行计数。

计数时,用 16×25 的计数板要按对角线方位,取左上、左下、右上、右下 4 个中方格(即 100 小格)计数酵母菌液;用 25×16 的计数板,除计数上述对角线的 4 个方格外,还需数中央 1 个方格的酵母菌数(即 80 小格)。为了计数准确可靠,位于格线上的菌体一般只数上线和右线上的或下线和左线上的。如遇酵母出芽,芽体大小达到母细胞的一半时,即作为两个菌体计数。

5. 计算

每个样品重复计数 2~3 次,取其平均值,按公式计算每毫升菌液所含的酵母细胞数。

(1) 16×25 计数板的计算:

$$细胞数(mL) = \frac{100\ 小格内细胞数}{100} \times 400 \times 10\ 000 \times 稀释倍数$$

(2) 25×16 计数板的计算:

$$细胞数(mL) = \frac{80\ 小格内细胞数}{80} \times 400 \times 10\ 000 \times 稀释倍数$$

式中:400——计数板的小格总数;

10 000——由计数室体积 0.1 mm³ 换算成 1/10 000 mL 的倒数。

6. 清洗血球计数板

计数完毕,将血球计数板在水龙头下用水冲洗干净,切勿用硬物洗刷,自行晾干或吹风机吹干,或用擦镜纸轻轻擦拭。镜检,观察每小格内是否有残留菌体或其他沉淀物。若不干净,则必须重复洗涤至干净为止。

五、注意事项

(1) 调节显微镜光线的强弱适当,对于用反光镜采光的显微镜还要注意光线不要偏向一边,否则视野中不易看清楚计数室方格线,或只见竖线,或只见横线。

(2) 加样品时先要摇匀菌液,加样不宜过多,但要使计数室中充盈菌液,不能有气泡。

(3) 在计数时若发现菌液太浓或太稀,需重新调节稀释度后再计数。一般样品浓度要求每小格内有 5～10 个菌体为宜。

（4）计数板上计数室的刻度非常精细,清洗时勿用刷子等硬物,也不可用酒精灯火焰烘烤计数板。

六、实验结果

将微生物计数的结果填入下列空白:

（1）第 1 次计数的酵母细胞数目 =＿＿＿＿＿＿＿ 个。（2）第 2 次计数的酵母细胞数目 =＿＿＿＿＿＿＿ 个。（3）平均酵母细胞数目 =＿＿＿＿＿＿＿ 个。（4）稀释倍数 =＿＿＿＿＿＿＿ 倍。（5）每毫升酵母菌液中的细胞数 =＿＿＿＿＿＿＿ 个。

七、思考题

（1）根据你的体会,使用血球计数板应注意什么问题? 应如何尽量减少计数误差力求准确?

（2）某单位要求知道 1 种干酵母粉中的活菌存活率,请设计 1～2 种可行的检测方法。

实验九　霉菌和酵母计数法

一、实验目的与内容

（1）了解霉菌和酵母常用计数方法。熟悉国标平板检测法的操作。

（2）学习霉菌郝氏显微镜直接计数法。

二、实验原理

霉菌和酵母广泛分布于自然界,如空气、水和土壤中。其中有些霉菌和酵母对人类是有益的,常被应用于酿造、发酵食品等工业。但在某些情况下,霉菌和酵母也可造成食品、药品和化妆品等产品的腐败变质,有的还能产生真菌毒素。因此,在食品检测和卫生评定中,霉菌和酵母菌的计数已经成为一项重要的检测项目。霉菌和酵母菌的快速计数对保证食品安全和人体健康至关重要。

国内外目前对霉菌、酵母菌的计数方法主要有平板检测法、微生物快速检测系统、流式细胞仪计数法和测试片法等。各种方法各有所长,目前国内对霉菌和酵母菌的计数检测仍采用国标通用的平板检测法,虽然检测结果准确,但程序复杂,检测周期过长,霉菌前期生长缓慢,后期菌丝过度生长蔓延影响计数。平板检测法是将待测样品经适当稀释之后,取一定量的稀释液接种到平板上,培养基为孟加拉红或马铃薯葡萄糖琼脂,经过培养,由每个单细胞生长繁殖而形成肉眼可见的菌落,根据其稀释倍数和取样接种量即可换算出样品中的含菌数。微生物快速检测系统是以计算机处理系统为核心,结合生物制片技术、光学显微镜、图像采集装置,用分类器进行模式识别检测出目标微生物的数量,并进行自动计数。流式细胞仪(flow cytometer,FCM)可自动化测量液相中悬浮细胞或微粒,是随着细胞生物学、分子生物学、激光技术、电子计算机技术等学科的高度发展而形成的一种对细胞或生物粒子的结构、功能以及相互间作用进行多参数分析的仪器。该技术有如下优点:无须增菌,直接对食品中的活菌数进行检测;在 90～100 min 内出具检测结果。该技术现已广泛应用于水、液态加工食品、饮料等行业。但应用 FCM 检测果汁中的霉菌和酵母菌时,因为果汁中常含有大量的纤维物质和大颗粒果肉,果汁样品中果粒果肉如不进行处理,会阻塞在进样孔通道口,将无法确保标记后的微生物细胞能通过进样孔通道口,进入激光激发柱,被检测器收集并检测到,所以果汁样品在进行 FCM 检测前必须进行样品前处理,以消除基质颗粒对检测结果的影响。此外,FCM 检测成本较高。测试片法是一项微生物快速检测新方法,以灭菌滤纸、无纺布或冷水可溶凝胶等吸收培养基作为载体,将特定的培养基和显色物质附着在载体上面,通过微生物在其上面的生长、显色情况来测定食品中微生物的一种方法。测试片法简单方便,检样直接接种测试片,适宜温度培养后计数。

霉菌郝氏显微镜直接计数法是通过在一个标准计数玻片上计数含有霉菌菌丝的显微视野,知道样品中霉菌残留的多少,来对样品质量进行评定。此法适用于番茄酱等多种果蔬制品的霉菌计数。计测装置(包括载玻片、盖玻片、测微计)结构如图 2-16～图 2-18 所示。

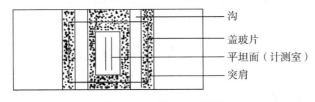

图 2-16 载玻片正视图

沟
盖玻片
平坦面(计测室)
突肩

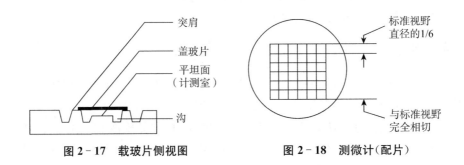

图 2-17 载玻片侧视图   图 2-18 测微计(配片)

酵母菌的显微镜直接计数法见实验八(微生物直接计数法)。

三、实验器材

(1) 检测样品:番茄酱或其他食品。

(2) 培养基:马铃薯葡萄糖琼脂或孟加拉红琼脂。

(3) 试剂:无菌稀释液(蒸馏水、生理盐水或磷酸盐缓冲液)。磷酸盐缓冲液贮存液:称取 34.0 g 的磷酸二氢钾溶于 500 mL 蒸馏水中,用大约 175 mL 的 1 mol/L 氢氧化钠溶液调节 pH 值至 7.2±0.1,用蒸馏水稀释至 1 000 mL 后贮存于冰箱。磷酸盐缓冲液稀释液:取贮存液 1.25 mL,用蒸馏水稀释至 1 000 mL,分装于适宜容器中,121 ℃高压灭菌 15 min。

(4) 仪器和用具:天平、旋涡混合器、恒温水浴锅、显微镜、培养箱、折光仪、拍击式均质器及均质袋、锥形瓶、刻度吸管及洗耳球(或微量加样器及吸头)、试管、培养皿、郝氏计测装置(包括载玻片、盖玻片、测微计)等。

四、实验步骤

(一)平板检测法进行霉菌和酵母的计数

1. 检样的稀释和接种

(1)不同样品的处理

① 固体和半固体样品:称取 25 g 样品,或置于盛有 225 mL 无菌稀释液的适当容器中,用旋涡混合器充分振摇;或放入盛有 225 mL 稀释液的无菌均质袋中用拍击式均质器拍打 1～2 min,制成 1∶10 的样品匀液。

② 液体样品:以无菌刻度吸管吸取 25 mL 样品。或置于盛有 225 mL 无菌稀释液的适宜容器内,可在容器中预置适当数量的无菌玻璃珠,用旋涡混合器充分振摇;或放入盛有 225 mL 稀释液的无菌均质袋中用拍击式均质器拍打 1～2 min,制成 1∶10 的样品匀液。

(2)根据对样品污染状况的估计,对样品进行 10 倍递增稀释。选择 2～3 个适宜稀释度的样品匀液(液体样品可包括原液),在进行 10 倍递增稀释的同时,每个稀释度分别吸取 1 mL 样品匀液于 2 个无菌培养皿内。同时分别取 1 mL 无菌稀释液加入 2 个无菌培养皿作空白对照。

(3)向培养皿中迅速倒入保温于 46 ℃水浴锅中的马铃薯葡萄糖琼脂或孟加拉红琼脂 20～25 mL,并转动培养皿使其混合均匀。置水平台面待培养基完全凝固。

2. 培养

琼脂凝固后,正置平板,置 28 ℃培养箱中培养,培养至第 3 d 时注意观察,选择合适的时间记录结果,避免出现霉菌菌落已经蔓延无法计数甚至导致培养箱被污染的情况。

3. 菌落计数

用肉眼观察,必要时可用放大镜或低倍镜,记录稀释倍数和相应的霉菌、酵母菌落数,以菌落形成单位(colony-forming unit,CFU)表示。选取菌落数在 10～150 CFU 的平板,根据菌落形态分别计数霉菌和酵母。霉菌蔓延生长覆盖整个平板的可记录为菌落蔓延。

4. 结果与报告

(1)结果

① 计算同一稀释度的两个平板菌落数的平均值,再将平均值乘以相应稀释倍数。

② 有 2 个稀释度平板上菌落数均在 10～150 CFU 之间,则按照下式进行计算:

$$N = \frac{\sum C}{(n_1 + 0.1 n_2) d}$$

式中:N——样品中菌落数;

　　$\sum C$——平板(含适宜范围菌落数的平板)菌落数之和;

　　n_1——第一稀释度(低稀释倍数)平板个数;

　　n_2——第二稀释度(高稀释倍数)平板个数;

　　d——稀释因子(即为第一稀释度)。

例如:

表 2-8 不同稀释度平板上的菌落数

稀释度	第一稀释度(10^{-2})		第二稀释度(10^{-3})	
平板编号	1	2	1	2
菌落数(CFU)	143	145	15	17

$$N = \frac{143 + 145 + 15 + 17}{(2 + 0.1 \times 2) \times 10^{-2}} = 14\ 545$$

上面数据按下面"报告"中数字修约规则②修约后,表示为 15 000 或 1.5×10^4。

③ 若所有平板上菌落数均小于 10 CFU,则应按最低稀释倍数的平均菌落数乘以稀释倍数计算。

④ 若所有平板上菌落数均大于 150 CFU,则对最高稀释倍数的平板进行计数,结果按平均菌落数乘以最高稀释倍数计算。

⑤ 若所有稀释度(包括液体样品原液)平板均无菌落生长,则以小于 1 乘以最低稀释倍数计算。

例如某固体样品:

表 2-9 不同稀释度平板上的菌落数

稀释度	第一稀释度(10^{-1})		第二稀释度(10^{-2})	
平板编号	1	2	1	2
菌落数(CFU)	0	0	0	0

则结果为 $<1 \times 10$,即为<10。

⑥ 若所有稀释度的平板菌落数均不在 10~150 CFU 之间,其中一部分小于 10 CFU 或大于 150 CFU 时,则以最接近 10 CFU 或 150 CFU 的平均菌落数乘以稀释倍数计算。

(2) 报告

① 菌落数按"四舍五入"原则修约。菌落数在 10 以内时,采用 1 位有效数字报告;菌落数在 10~100 之间时,采用 2 位有效数字报告。

② 菌落数大于或等于 100 时,前第 3 位数字采用"四舍五入"原则修约后,取前 2 位数字,后面用 0 代替位数来表示结果;也可用 10 的指数形式来表示,此时也按"四舍五入"原则修约,采用 2 位有效数字。

③ 若空白对照平板上有菌落出现,则此次检测结果无效。

④ 称重取样以 CFU/g 为单位报告,体积取样以 CFU/mL 为单位报告,报告或分别报告霉菌或酵母数。

(二)霉菌郝氏显微镜直接计数法

1. 检样制备

番茄汁和调味番茄酱可直接取样;番茄酱或番茄糊需加水稀释至固形物含量相当20 ℃下折光指数为 1.344 7~1.346 0(即浓度为 7.9%~8.8%)的标准样液,备用。用折光仪或糖度计测定折光指数或浓度,如果折光指数过大或过小,需加水或样品,直至配成标准样液,才能进行检验。

2. 标准视野的调节

需将显微镜按放大率90～125倍调节标准视野,使其直径为 1.382 mm。当在标准视野下不能确认为霉菌菌丝时,可放大 200 倍或 400 倍上下调节视野,观察不同平面的菌丝来证实。

3. 涂片

将郝氏计数玻片清洗干净,使盖玻片与载玻片之间产生牛顿环方可使用。将制备好的样品液,用玻璃棒均匀地摊布于计测室(即载玻片中央的平坦面),加盖玻片(盖玻片与载玻片之间的高为 0.1 mm),以备观察。如果发现样液涂布不均匀,有气泡或样液流入沟内或样液从盖玻片与突肩处流出等,应弃去不用,重新制作。

涂好的制片,在计测室内,每个标准视野的样液体积为

$$\pi r^2 \times 0.1 = 3.141\ 6 \times (1.382/2)^2 \times 0.1 = 0.15 (\text{mm}^3)$$

4. 观测

将制好的载玻片置于显微镜标准视野下进行观测。一般同一样品应由 2 人进行观察,每人观察 50 个视野。所检查的 50 个视野要均匀地分布在计测室上(见图 2-19),可用显微镜载物台上带有标尺的推进器来控制,从上到下,或从左到右一行行有规律地进行观察。可依据 AOAC 984.29《番茄制品中霉菌和腐烂污物的测定方法》中描述的霉菌特征,对霉菌菌丝与番茄组织细胞进行辨别区分。AOAC 984.29 中概括说明了霉菌的诊断特征,这些特征是在 100～400 倍显微镜下观察到的。

(1)平行壁:霉菌菌丝呈管状。多数情况下,整个菌丝体的直径是一致的,因此在显微镜下菌丝壁看起来像两条平行线,这是在辨认霉菌和其他纤维区别时最重要的特征之一。不过也有例外,某些较大的霉菌,菌丝壁可能塌陷或扭曲,而某些霉菌菌丝可能沿壁膨大,因而就不平行了。

(2)隔膜:许多霉菌菌丝被横隔膜分成节段。而植物细胞壁看起来是呈节段的,但它们的细胞壁常常是收敛的,且形成尖锐的点。毛霉菌和其他少数霉菌一般无横隔膜。

(3)成粒作用:薄壁、呈管状的菌丝含有原生质,在高倍放大镜下透过细胞壁可见其成粒状或点状的原生质,这在某些毛霉菌中看得很清楚。某些细小的霉菌,例如一种引起炭疽病的霉菌原生质的成粒作用并不明显。有些霉菌,如偶尔在奶油中发现的霉菌,其原生质已消失,只留下薄壁、透明的、几乎不可见的管体,这种空的霉菌是很难计数的。有时,菌丝变得像棉花纤维一样扭曲。原生质常常断续地分开,由几乎不可见的菌丝壁连接形成短链或链状。

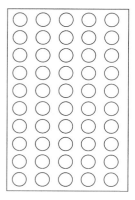

图 2-19 计测室上
50 个视野的分布

(4)分岔:如果霉菌菌丝不太短,则多数呈现大量分岔。分岔和主干的直径几乎相同。有分岔存在是鉴定霉菌最可靠的特征之一。

(5)菌丝端部:菌丝的尖端常呈钝圆形,有些像指尖。除增殖期的(再生的)菌丝外,很少

出现尖状的。有时菌体膨大成球或头状,尤其是菌丝形成增殖体的时候。折断的菌丝端部一般是方形的。紧邻断头部分的菌丝有可能塌陷,且可能不含原生质。

(6) 无折射现象:菌丝不强烈地折光。在霉菌制备中看到有些物体像菌丝,但它们具有很强的折射现象。

而番茄组织的细胞壁大多呈环状,粗细不均匀,细胞壁较厚,且透明度不一致。

5. 结果计算与报告

在标准视野下,发现有霉菌菌丝长度超过标准视野(1.382 mm)的1/6或3根菌丝总长度超过标准视野的1/6(即测微器的1格)时即记录为阳性(＋),否则记录为阴性(－)。结果报告每100个视野中全部阳性视野数为霉菌的视野百分数(视野,％)。

五、注意事项

(1) 马铃薯葡萄糖琼脂和孟加拉红琼脂的灭菌温度和时间要控制好,同时孟加拉红琼脂需要避光保存备用。因为太长时间、太高温度的高压灭菌可能会破坏糖类,光照会促进孟加拉红分解。

(2) 对样品进行均质时,均质器类型应为拍击式均质器或均质袋。如使用旋转刀片均质器,可能会把霉菌的菌丝切断,导致检验结果偏高。

(3) 霉菌和酵母平板计数时的培养方式为平板正置培养,是为了避免在培养过程中,因为需要多次观察而反复上下反转平板导致霉菌孢子扩散形成次生小菌落,最终影响计数结果。如使用孟加拉红琼脂,需要在暗处培养。

(4) 无菌稀释液可以为蒸馏水、生理盐水和磷酸盐缓冲液。生理盐水和磷酸盐缓冲液对于生物细胞的保护作用明显优于蒸馏水。实际上,仅仅是检验高盐食品(如水产调味品、腌菜等)时,无菌蒸馏水可能更适用。

(5) 在进行霉菌计数前,分析者应熟悉制品的细胞结构。可通过直接在显微镜下观察从生产品上取下的健康组织或通过阅读有关参考书来获取这方面的知识。任何制品都可能被各种植物、动物和合成纤维污染,这些物质的存在大大增加了被误认为是霉菌的可能性。分析者应能识别菌丝和看似相像且易混淆的物质。虽然多数丝状体能够比较容易和准确地确认为霉菌,但有些则需要仔细辨别后才能确定,几乎不可能同时观察到霉菌的所有特征,通常缺少2～3项。

六、实验结果

(1) 将平板中每一稀释度的霉菌和酵母菌落数记录于下表中。

表 2 - 10　不同稀释度平板中霉菌和酵母菌落数记录表

稀释度	稀释度 1		稀释度 2	
平板编号	1	2	1	2
霉菌菌落数(CFU)				
酵母菌落数(CFU)				

（2）计算并报告或分别报告检测样品中的霉菌或酵母数。

（3）在进行郝氏显微镜直接计数时，结果报告霉菌的视野百分数。

七、思考题

（1）本实验中平板检测法进行霉菌和酵母的计数时与平板计数法进行细菌的计数有哪些异同点？

（2）郝氏计测过程中要注意什么？

第三章　微生物的分离纯化、培养和保藏技术

微生物广泛地分布在自然界的土壤、水体、空气、动植物体表及人体、动物体的排泄物中，它们以单个的菌体、无性孢子和芽孢等形式存在。由于单一的自然界环境并不能完全满足微生物对水、空气、营养物质、温度、pH 值的综合要求，所以它们往往以"散居"的状态出现，而不能形成人们肉眼可直接观察到的菌落。

不同的自然环境中，微生物的种类和数量差异很大。肥沃的土壤，富营养化的水体，通常含有较多的微生物。因此在不同的环境中，就常能分离到不同的微生物。利用这一特点，再根据微生物的生理要求，按照人们的需求，将它们从自然界中分离出来，就可获得纯种微生物，发挥其特长为人类的生产和生活服务。纯培养所得到的菌种，每个菌种都具有自己的特性，例如形态、生理、生化、血清学和遗传特性等，因此，无论研究或生产，只有每次使用同一菌种，才能得到同样的结果，这样就需要将菌种(纯培养物)保藏起来，以备以后使用，这也说明菌种保藏工作是整个微生物学工作的基础。

要想把微生物分离出来，首先要学会如何配制培养基、如何对培养基及器皿进行消毒和灭菌，本章实验十和实验十一对此进行了介绍。另外实验十二中介绍了接种技术和微生物的培养特征，这些都为微生物的分离纯化打下基础。实验十三讲述了如何对土壤中细菌、放线菌和霉菌进行分离纯化，实验十五介绍了植物病原细菌和病原真菌的分离及培养，实验十七介绍了噬菌体的分离纯化及效价测定，实验十四和十六分别介绍了厌氧微生物和食用真菌的培养，前述实验的目的是让学生们全面了解主要微生物类群的分离和培养方法。最后在实验十八中介绍了"微生物菌种保藏方法"。

实验十　培养基的配制

一、实验目的与内容

学习和掌握配制培养基的一般方法和步骤。

二、实验原理

培养基(culture medium)是指由人工配制的、适合微生物生长繁殖或产生代谢产物用的混合营养料，主要用于微生物的分离、培养、鉴定和菌种保藏等。培养基一般都含有碳源、氮源、无机盐、能源、生长因子和水这 6 大微生物所需要的营养要素。有的培养基还含有抗生素和色素，用于某种微生物的培养和鉴定。由于不同微生物的营养类型不同，对营养物质的要求

也各不相同,因此,需要配制不同种类的培养基。

培养基按其化学成分,可分为天然培养基(如牛肉膏蛋白胨培养基、麦芽汁培养基等)、合成培养基(如葡萄糖铵盐培养基、淀粉硝酸盐培养基等)和半合成培养基(如马铃薯蔗糖培养基)。培养基根据其物理状态,可分为液体培养基(不加凝固剂)、固体培养基(常加入 1.5%～2%的琼脂)和半固体培养基(常加入 0.35%～0.5%的琼脂)。液体培养基主要用于增菌。固体培养基主要用于微生物的分离鉴定、计数、保存菌种等。半固体培养基主要用于观察细菌的运动,有时用来保藏菌种。培养基按其用途,可分为基础培养基、加富培养基、选择性培养基和鉴别培养基等。其中,基础培养基是指在一定条件下含有某一类微生物生长繁殖所需的基本营养物质的培养基。加富培养基是指在普通培养基中加入某些特殊营养物质制成的一类营养丰富的培养基,这些特殊营养物质包括血液、血清、酵母浸膏、动植物组织液等,用来培养营养要求比较苛刻的异养型微生物或从环境中富集和分离某种微生物。选择性培养基是在培养基上加入相应的特殊营养物质,利于所需微生物的生长或加入相应化学物质以杀死或抑制不需要的微生物,此培养基广泛用于菌种筛选等领域。鉴别培养基是一类在成分中加有能与目的菌的无色代谢产物发生显色反应的指示剂,从而达到只需用肉眼辨别颜色就能方便地从近似菌落中找出目的菌菌落的培养基,例如,伊红美蓝乳糖培养基(EMB)。

选用和设计培养基的原则是目的明确、营养协调、经济节约和物理化学条件适宜。培养基配制的一般流程是称量、溶解、调 pH 值、过滤、分装、加塞、包扎、灭菌、冷却、无菌检查。

正确掌握培养基的配制方法是从事微生物学实验工作的重要基础,由于微生物种类及代谢类型的多样性,因而用于培养微生物培养基的种类也很多。它们的配方及配制方法虽各有差异,但一般培养基的配制程序却大致相同,例如器皿的准备、培养基的配制与分装、棉塞的制作、培养基的灭菌、斜面与平板的制作以及培养基的无菌检查等基本环节大致相同。本实验主要介绍牛肉膏蛋白胨培养基(细菌培养用)、高氏Ⅰ号培养基(放线菌培养用)、马铃薯葡萄糖培养基(霉菌培养用)的配制,从而掌握配制培养基的一般方法和步骤。

三、实验器材

(1) 试剂:牛肉膏、蛋白胨、琼脂、可溶性淀粉、葡萄糖、1 mol/L NaOH、1 mol/L HCl、KNO_3、NaCl、$K_2HPO_4 \cdot 3H_2O$、$MgSO_4 \cdot 7H_2O$、$FeSO_4 \cdot 7H_2O$、蔗糖等。

(2) 仪器和用具:高压蒸汽灭菌锅、天平、试管、锥形瓶、烧杯、量筒、玻璃棒、精密 pH 试纸(pH 值 5.5～9.0)或 pH 计、棉花、牛皮纸、记号笔、线绳、纱布、硫酸纸等。

(3) 其他:马铃薯等。

四、实验步骤

(一)玻璃器皿的洗涤

玻璃器皿在使用前必须洗刷干净。先将锥形瓶、试管、培养皿、量筒等器皿浸入含有洗涤剂的洗液中用毛刷刷洗,然后用自来水及蒸馏水冲净。洗净的玻璃器皿置于烘箱中烘干后备用。

(二)牛肉膏蛋白胨培养基的配制

牛肉膏蛋白胨培养基是一种应用最广泛和最普遍的细菌天然基础培养基。其配方为牛肉膏 3 g、蛋白胨 10 g、NaCl 5 g、琼脂 15～20 g、水 1 000 mL,培养基的 pH 值调至 7.4～7.6。

牛肉膏为微生物提供碳源、能源、磷酸盐和维生素,蛋白胨主要提供氮源和维生素,而 NaCl 提供无机盐。

1. 称量药品

根据所配培养基体积按配方计算出实验中各种药品所需要的量,依次准确地称取牛肉膏、蛋白胨、NaCl 放入大烧杯中。牛肉膏常用玻棒挑取,可放在小烧杯或表面皿中称量,用热水溶解后倒入大烧杯,或者牛肉膏用硫酸纸称量,然后连同硫酸纸一起放入大烧杯中,这时如稍微加热,牛肉膏便会与硫酸纸分离。蛋白胨极易吸潮,故称量时要迅速。

2. 加热溶解

在烧杯中加入少于所需要的水量,然后放在石棉网上,小火加热,并用玻棒搅拌,待药品完全溶解后再补充水分至所需量。若配制固体培养基,则将称好的琼脂放入已溶解的药品中,再加热使其熔化,此过程中,需不断搅拌,以防琼脂糊底或溢出,最后补足水分。

3. 调节 pH 值

调节 pH 值时,应逐滴加入 1 mol/L NaOH 或 1 mol/L HCl 溶液,防止局部过酸或过碱,破坏培养基中成分。边加边搅拌,并不时用酸度计或精密 pH 试纸测试,直至达到所需 pH 值为止。pH 值调节通常放在加琼脂之前。

4. 过滤

用滤纸或多层纱布过滤培养基,以利于培养基澄清,利于结果的观察。一般无特殊要求时,此步可省去。

5. 分装

根据不同需要,可将配好的培养基分装入配有棉塞的试管或锥形瓶内,见图 3-1。注意分装时避免培养基挂在瓶口或管口上引起杂菌污染。如液体培养基,应装试管高度的 1/4 左右;固体培养基装试管高度的 1/5 左右;装入锥形瓶的量以锥形瓶容量的 1/2 为限。半固体培养基以试管高度的 1/3 为宜,灭菌后垂直待凝。

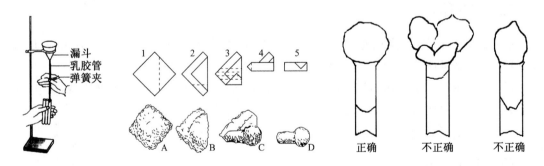

图 3-1　漏斗分装　　　　　　　图 3-2　正确的棉塞制作方法

6. 加棉塞

试管口和锥形瓶口塞上用普通棉花(非脱脂棉)制作的棉塞,棉塞制作方法如图 3-2。棉塞可过滤空气,防止杂菌侵入并可减缓培养基水分的蒸发,所以正确地制备棉塞是培养基制备中重要的一环。正确的棉塞应形状大小、松紧与试管(或锥形瓶)完全适合。过紧时,妨碍空气流通,操作不便。过松时,空气会毫无障碍地进入试管(或锥形瓶)中,达不到灭菌的目的。棉塞过小往往易掉进试管内。正确的棉塞头较大,约有 1/3 在外,2/3 在试管内,以防棉塞脱落。有些微生物需要更好地通气,则可用 8 层纱布制成通气塞。有条件的实验室可采用塑料试管帽、金属试管帽、硅胶泡沫塞代替棉塞。

7. 包扎

将试管扎成捆。试管和锥形瓶的棉塞外用硫酸纸和牛皮纸包扎,以防灭菌时冷凝水沾湿棉塞。在牛皮纸上标明培养基的名称、配制日期等。

8. 灭菌

将上述培养基于 121 ℃ 湿热灭菌 15～20 min(高压蒸汽灭菌操作见实验十一)。

9. 摆斜面

灭菌后,如制斜面,则需趁热将试管口端搁在一根长木条上,并调整斜面,使斜面的长度不超过试管总长的 1/2。

10. 无菌检查

将灭菌的培养基放入 37 ℃恒温箱中培养 24～48 h,无菌生长即可使用,或储存于冰箱或清洁的橱内,备用。

(三)高氏Ⅰ号培养基的配制

高氏Ⅰ号培养基是用于分离和培养放线菌的合成培养基。这种培养基是由可溶性淀粉(作为碳源)、KNO_3(作为氮源)、$NaCl$、$K_2HPO_4 \cdot 3H_2O$、$MgSO_4 \cdot 7H_2O$(作为无机盐,为微生物提供钠、钾、磷、镁、硫等元素)和 $FeSO_4 \cdot 7H_2O$(作为微生物的微量元素,提供铁离子)等组成。由于磷酸盐和镁盐相混合时产生沉淀,因此,在混合培养基成分时,一般是按配方的顺序依次溶解各成分。其配方如下:可溶性淀粉 20 g,KNO_3 1 g,$NaCl$ 0.5 g,$K_2HPO_4 \cdot 3H_2O$ 0.5 g,$MgSO_4 \cdot 7H_2O$ 0.5 g,$FeSO_4 \cdot 7H_2O$ 0.01 g,琼脂 15～20 g,水 1 000 mL,pH 值调至 7.4～7.6。

先计算后称量,按用量先称取可溶性淀粉,放入小烧杯中,并用少量冷水将其调成糊状,再加入少于所需水量的沸水中,继续加热,边加热边搅拌,至其完全溶解。再加入其他成分依次溶解。对微量成分 $FeSO_4 \cdot 7H_2O$ 可先配制成高浓度的储备液再加入,方法是先在 100 mL 水中加入 1 g 的 $FeSO_4 \cdot 7H_2O$,配成浓度为 0.01 g/mL 的储备液,再在 1 000 mL 培养基中加入以上储备液 1 mL 即可。待所有药品完全溶解后,补充水分到所需的总体积。如要配制固体培养基,其琼脂熔化过程同牛肉膏蛋白胨培养基配制。pH 调节、分装、包扎、灭菌及无菌检查同牛肉膏蛋白胨培养基的配制。

(四)马铃薯葡萄糖琼脂(PDA)培养基的配制

PDA 培养基是人们对马铃薯葡萄糖琼脂培养基的简称,即 potato dextrose agar (Medium),依次对应马铃薯、葡萄糖、琼脂的英文。PDA 是一种常用的半合成培养基,宜培养霉菌、酵母菌、蘑菇等真菌,其配方为马铃薯 200 g、葡萄糖 20 g、琼脂 15～20 g、水 1 000 mL。

其配制步骤是称取 200 g 马铃薯,洗净去皮切成小块,加水煮烂(煮沸 20～30 min,能被玻璃棒戳破即可),用 4～6 层纱布过滤,再据实际实验需要加葡萄糖和琼脂,继续加热搅拌混匀,稍冷却后再补足水分至 1 000 mL,分装试管、加塞、包扎,115 ℃灭菌 30 min 左右后取出试管摆斜面,冷却后贮存备用。

五、注意事项

(1) 配制培养基时,不可用铜锅或铁锅加热熔化,以免离子进入培养基中,影响细菌生长。

（2）称药品时严防药品混杂，1 把牛角匙用于 1 种药品，或称取 1 种药品后，洗净、擦干，再称取另一药品。瓶盖也不要盖错。

（3）调 pH 值时要小心操作，避免回调，以免影响培养基内各离子的浓度。配制 pH 值低的琼脂培养基时，若预先调好 pH 并在高压蒸汽下灭菌，琼脂会水解而不能凝固。因此，应将培养基其他成分和琼脂分开灭菌后再混合，或在中性 pH 值下灭菌后，再调 pH 值。

（4）培养基的灭菌多采用高压蒸汽灭菌，各种培养基的灭菌时间和压力，按其成分不同而定。普通培养基采用 121 ℃、0.1 MPa 灭菌 15 min，但容器和装量较大时，应延长至 20 min。含糖培养基采用 115 ℃、0.06 MPa 灭菌 30 min。含不耐高温的糖、血清、鸡蛋等的培养基可用流动蒸汽或血清凝固器 80～100 ℃加热 30 min 杀死培养基内杂菌的营养体，然后将这种含有芽孢和孢子的培养基在温箱内或室温下放置 24 h，使芽孢和孢子萌发成为营养体，再以 80～100 ℃加热 30 min，再放置 24 h，如此连续灭菌 3 次，即可达到完全灭菌的目的。血清或组织液，采用低热 56～58 ℃水浴 1 h，再在 37 ℃温箱放置 24 h，再以 56～58 ℃加热 1 h，再放置 24 h，连续灭菌 5～6 次。一些遇高温即被破坏的物质如尿素、链霉素等，可用细菌过滤器过滤除菌。

（5）不同培养基各有配制特点，要注意具体操作。

六、思考题

（1）配制合成培养基加入微量元素时最好用什么方法加入？天然培养基为什么不需要另加微量元素？

（2）配制培养基有哪几个步骤？有哪些注意事项？为什么？

（3）培养微生物能否用同一培养基？细菌、放线菌、霉菌的培养基有何异同？培养基为什么要调节 pH 值？所用微生物培养基最适 pH 值是否相同？

（4）培养基配制完成后，为什么必须立即灭菌？若不能及时灭菌应如何处理？已灭菌的培养基如何进行无菌检查？

实验十一　消毒和灭菌

一、实验目的与内容

（1）了解干热灭菌、高压蒸汽灭菌和微孔滤膜过滤除菌的原理和各自应用范围。

（2）学习干热灭菌、高压蒸汽灭菌和微孔滤膜过滤除菌的操作技术。

（3）了解食品灭菌的方法，掌握牛乳的巴氏灭菌技术。

（4）了解土壤等农产品基质的消毒和灭菌方法，学习大型真菌栽培基质的灭菌方法。

二、实验原理

消毒（disinfection）与灭菌（sterilization）两者的意义有所不同。消毒一般是指消灭病原菌和有害微生物的营养体，灭菌则是指杀灭一切微生物的营养体、芽孢和孢子。要对微生物进行纯培养，必须对所用器材、培养基和工作场所都要进行严格的消毒和灭菌。

消毒与灭菌的方法很多,一般可分为加热、干燥、过滤、照射(以上属物理因素)和使用化学药品,如2%煤酚皂溶液、0.25%新洁尔灭、1%升汞、3%～5%的甲醛溶液、75%乙醇溶液(化学因素)等方法。其中,最常用的是高温,尤其是以高压蒸汽灭菌锅和干热灭菌使用的电烘箱最为常用。但高温灭菌会造成一部分热敏性营养成分的破坏。另外杀菌后,死亡的菌体还残留在体系中,可能会造成不利影响。因此微孔滤膜过滤除菌逐渐成为一项常用的除菌方法。实际工作中应根据物品的种类、性质不同,选用不同的消毒灭菌方法。

干热灭菌有火焰烧灼灭菌和烘箱热空气灭菌两种。火焰烧灼灭菌适用于接种针、接种环和金属用具,如镊子、剪刀等,无菌操作时的试管口和瓶口也在火焰上作短暂烧灼灭菌。通常所说的干热灭菌是在电烘箱内灭菌,此法适用于玻璃器皿,如刻度吸管、培养皿等器皿的灭菌,在热空气160～170 ℃下保温1～2 h进行灭菌。但电烘箱温度不能超过180 ℃,否则,包器皿的纸或棉塞就会烤焦,甚至引起燃烧。电烘箱(电热鼓风干燥箱)的外观和结构如图 3-3。

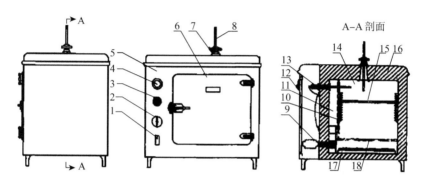

1. 鼓风开关;2. 加热开关;3. 指示灯;4. 温度控制器旋钮;5. 箱体;6. 箱门
7. 排气阀;8. 温度计;9. 鼓风电动机;10. 搁板支架;11. 风道;12. 侧门
13. 温度控制器;14. 工作室;15. 搁板;16. 保温层;17. 电热器;18. 散热板

图 3-3　101 型电热鼓风干燥箱结构示意图

高压蒸汽灭菌法是湿热灭菌中的一种,另两种为间歇灭菌法和煮沸消毒法。高压蒸汽灭菌是将待灭菌的物品放在一个密闭的加压灭菌锅内,通过加热使灭菌锅隔套间的水沸腾而产生蒸汽。待水蒸气急剧地将锅内的冷空气从排气阀中驱尽,然后关闭排气阀,继续加热,此时蒸汽不再溢出,而使灭菌锅压力升高,从而使水蒸气的沸点增高,得到高于100 ℃的温度。灭菌时间和温度根据灭菌物品种类和数量的不同而有所变化,以达到彻底灭菌为准。这种灭菌适用于培养基、工作服、橡皮物品等的灭菌。高压蒸汽灭菌锅结构见图 3-4。

干热灭菌和湿热灭菌都是利用高温使微生物细胞内的蛋白质凝固变性而达到灭菌的目的。细胞内的蛋白质凝固性与其本身的含水量有关,在菌体受热时,当环境和细胞内含水量越大,则蛋白质凝固就越快,反之含水量越小,凝固越慢。因此,一般湿热灭菌所需温度较干热灭菌低,时间较干热灭菌少。

微孔滤膜过滤除菌不需要高温高压,不会破坏溶液中各种物质的化学成分,因而特别适用于一些高温下容易被破坏的物质的除菌,如酶、血清、细胞生长因子、毒素、维生素、抗生素、氨基酸等。目前微孔滤膜的种类很多,有纤维素酯膜、再生纤维素膜、聚四氟乙烯膜、聚氯乙烯膜、超细玻璃纤维滤膜等。其中纤维素酯膜是目前使用最多的一类微孔滤膜,其性能优良,成本较低,能耐受热压灭菌,亲水性强,孔径均匀。微孔滤膜的微孔孔径不同,可过滤去除不同的微生物,如微孔直径为 0.15 μm,可以去除支原体;微孔直径为 0.22 μm,可以去除一般细菌,是常用微孔滤膜孔径。微孔滤膜不仅可以用于除菌,还可用于测定气体或液体中的微生物,如水中的微生物检查。

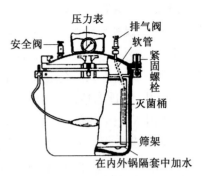

图 3-4　手提式高压蒸汽灭菌锅示意图

根据待滤溶液量的多少,选择合适的滤器。本实验主要介绍一种适用过滤溶液体积量较少的针筒式过滤器。

食品加工中应尽量保存营养素,故在食品灭菌过程中,避免使用长时间高温加热灭菌的方法。食品的灭菌方式主要有:① 巴氏灭菌:就是指一种温和的热处理(热灭菌)技术,广泛应用于乳制品和肉制品的商业灭菌,处理温度通常低于 100 ℃。该方法可较好地保持产品原有品质和风味特征,但此法所需时间较长,对热敏性的食品不宜采用,且杀菌效果不彻底,故巴氏灭菌的产品一般货架期较短。在实际应用中,加温消毒的范围较广,一般在 63～90 ℃ 之间,视消毒时间而定,例如,63 ℃ 为 30 min,80 ℃ 为 15 min,90 ℃ 为 5 min。② 超高温瞬时杀菌(ultra-high temperature instantaneous sterilization, UHT):是指湿热温度 135～150 ℃,保温 3～5 s,以达到商业无菌要求。③ 微波杀菌:其采用微波(频率范围 300～300 000 MHz)使食品中的微生物丧失活力或死亡,是热杀菌的一种。与传统加热杀菌相比,其具有杀菌时间短、可低温杀菌、杀菌彻底等特点。④ 超高压技术(ultra-high pressure, UHP):常指在室温下使用 200～1 000 MPa 的高压处理食品以降低微生物数量,并能同时保持食品的质地、风味和营养物质。UHP 被广泛运用于肉制品、乳制品、水产品、蔬果产品以及各种饮品的生产。UHP 的基本原理是通过高压破坏细胞膜、抑制酶活性和影响遗传物质的复制对微生物产生致死作用。其存在的主要问题有 3 方面:一是技术产品生产成本和市场价格很高,现阶段仅限于高附加值产品方面的应用,市场有待进一步开发;二是间歇式灭菌问题,导致无法与食品生产企业的流水线相配套,不能实现连续化生产;三是由于超高压灭菌遵循帕斯卡定律,因此采用硬质材料包装的产品将会受到限制。⑤ 高压脉冲电场(pulsed electric field, PEF)技术:具有加工温度低、处理时间短、能耗少的特点。当待处理的食品经过高压脉冲发生器时,强电场在极短的时间内破坏微生物的细胞结构从而杀灭菌体。⑥ 辐照杀菌技术:是指利用射线、电子束等对食品进行辐照而达到杀菌目的。辐照技术主要具有操作温度低、杀菌较彻底、适应范围广、操作简单等优点。以钴-60 辐照装置为例,对食品进行辐照灭菌,其原理就是通过放射源所特有的一种能量高、穿透力强的 γ 射线穿透辐照货箱内的货物作用于微生物,直接或间接破坏微生物的核糖核酸、蛋白质和酶,从而杀死微生物,起到消毒灭菌的作用,达到食品保鲜的目的。总体来看,食品的灭菌方式很多,在选择灭菌方式时,要兼顾考虑灭菌效果,食品原有的色泽、风味和营养价值,灭菌设备和成本等方面的内容。

土壤等农产品基质的消毒和灭菌也较为有特点。如土壤杀菌的方法主要有:① 化学药剂法:这是目前较为常用的土壤消毒方法之一。常用的化学药剂为甲醛、1,3-氯丙烯和三氯硝基甲烷,还有采用福尔马林拌土或硫黄粉熏蒸、过氧乙酸分层喷洒等方法。但几乎所有的化学药剂长期大量使用都或多或少会破坏生态环境,危害人类健康,不利于农业的可持续发展。② 高温法:是指力求替代传统化学方法的一种物理土壤消毒法,它利用高温蒸汽或太阳照射的热辐射来提升土壤温度,从而杀灭细菌,达到消毒土壤的目的。其中高温蒸汽消毒是将蒸汽通入埋在土壤中的管道中,被消毒土壤上用塑料膜密封,使 30 cm 深处的温度保持在 82 ℃左右,处理 30 min。太阳能杀菌须在日光照射强烈的季节,用透明吸热薄膜密封温室 15~20 d。此时土壤温度可升至 50~60 ℃,地表温度可达 80 ℃以上。③ 土壤电处理杀菌:指通过在土壤中通入直流电或正或负脉冲电流引起的电化学反应来杀灭土壤微生物、消解作物的自毒作用和改善土壤营养状况的一种方法。④ 辐射杀菌:利用穿透能力很强的射线对土壤进行照射消毒的方法。总的来说,土壤消毒方法还有许多,例如在冬季深翻土壤、利用低温消毒的冷冻法、微波对土壤进行杀菌的方法等。此外一些培养大型真菌的栽培基质需用 121 ℃高压灭菌 2 h 以上,或者 100 ℃常压灭菌 12 h,才可达到完全灭菌的效果,具体灭菌时间可能会根据栽培方式(如袋培或瓶培)的不同而有区别。

三、实验器材

(1) 培养基:牛肉膏蛋白胨培养基、PDA 培养基。

(2) 试剂:2% 的葡萄糖溶液。

(3) 仪器和用具:电烘箱、高压蒸汽灭菌锅、培养皿、试管、锥形瓶、刻度吸管、报纸、棉绳、注射器、微孔滤膜过滤器、0.22 μm 滤膜、聚乙烯或聚丙烯菌袋等。

(4) 其他材料:生鲜牛乳、大型真菌栽培基质(阔叶木屑 80%+麦麸 17%+豆粉 2%+石膏 0.7%+白灰 0.3%)。

四、实验步骤

1. 玻璃器皿的干热灭菌

(1) 装入待灭菌物品:将待灭菌物品(培养皿、试管、刻度吸管等)用报纸包好,培养皿 6 套 1 包,试管 7 支 1 捆,刻度吸管单支包好,亦可将培养皿和刻度吸管装入专用灭菌桶内,放入电烘箱内,关好箱门。物品不要摆得太挤,以免妨碍空气流通,灭菌物体不要接触电烘箱内壁的铁板,以防包装纸烤焦起火。

(2) 升温:接通电源,拨动开关,打开电烘箱排气孔,旋动温度调节旋钮至 160~170 ℃。

(3) 恒温:当温度升到 160~170 ℃时,借恒温调节器的自动控制,保持此温度 2 h。干热灭菌过程中,严防恒温调节的自动控制失灵而造成安全事故。

(4) 降温:切断电源,自然降温。

(5) 开箱取物:待电烘箱内温度降到 70 ℃以下后,打开箱门,取出灭菌物品。

2. 培养基等的高压蒸汽灭菌

(1) 首先将内层锅取出,再向外层锅内加入适量的水,使水面与三角搁架相平为宜。切勿忘记加水,同时加水量不可过少,以防灭菌锅烧干而引起爆炸事故。

(2) 将需灭菌的物品(如用锥形瓶分装的培养基和水)放入内层锅。摆放要疏松,不可太挤,否则阻碍蒸汽流通,影响灭菌效果。锥形瓶与试管口端均不要与桶壁接触,以免冷凝水淋湿包口的纸而透过棉塞。

(3) 加盖,将盖上的排气软管插入内层锅的排气槽内,再以两两对称的方式同时旋紧相对的两个螺栓,使螺栓松紧一致,切勿漏气。

(4) 打开排气阀,加热,热蒸汽上升,以排除锅内冷空气,排气约 5～10 min,关闭排气阀。

(5) 关闭排气开关后,整个灭菌锅成为密闭状态,而蒸汽又不断增多,这时压力和温度都上升,当温度升至 121 ℃,压力达 0.1 MPa 时,保持此温度和压力 15～20 min,即达到灭菌目的。

(6) 灭菌完毕,待压力自然降至"0"时,打开排气开关,注意不能打开过早,否则就会因锅内压力突然下降,使容器内的培养基由于内外压力不平衡而冲出锥形瓶口或试管口,造成棉塞沾染培养基而发生污染,甚至灼伤操作者。

(7) 打开灭菌锅锅盖,取出已灭菌的水及培养基。将取出的灭菌培养基和无菌水放入 37 ℃恒温箱培养 24 h,经检查若无菌生长,即可待用。

3. 微孔滤膜过滤除菌制取无菌的葡萄糖溶液

(1) 滤头组装和灭菌:微孔滤膜过滤器是由上下 2 个分别具有出口和入口连接装置的塑料盒组成,出口处可连接针头,入口处可连接针筒,使用时将 0.22 μm 的滤膜装入 2 个塑料盖盒之间,旋紧盖盒。包装灭菌后待用(121 ℃灭菌 20 min)。

(2) 连接:在超净工作台中,将灭菌滤头的入口以无菌操作方式连接于装有 2% 的葡萄糖溶液的针筒注射器上(如图 3 - 5 所示),将针头与出口处连接并插入带橡皮塞的无菌锥形瓶中。

(3) 压滤:将注射器中的溶液缓缓加压挤入无菌锥形瓶中,过滤完毕,将针头拔出。

(4) 无菌检查:在超净工作台中吸取除菌滤液 0.1 mL 于牛肉膏蛋白胨培养基平板上,均匀涂布,置于 37 ℃培养箱中培养 24 h,检查是否有菌生长。

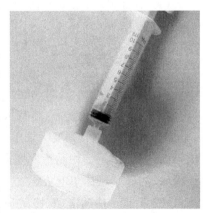

图 3 - 5　灭菌滤头和注射器

(5) 清洗:将塑料滤器拧开弃去使用过的微孔滤膜,并清洗干净,更换一张新的微孔滤膜,组装包扎,灭菌后再用。

4. 生鲜牛乳的巴氏灭菌

(1) 将生鲜牛乳充分地摇匀,无菌刻度吸管吸取 5 mL 生鲜牛乳加入无菌试管内,将试管置于 80 ℃的恒温水浴锅内,注意装有牛乳的试管部分要完全在 80 ℃的水中。不时摇动,保持 15 min。

(2) 当保温时间已到时,将试管立刻从水浴锅中取出,用冷水冲洗试管外壁进行冷却。试管中的牛乳即为巴氏灭菌牛奶。

(3) 生鲜牛奶和巴氏灭菌牛奶中细菌数的测定:采用标准平板法评价巴氏灭菌效果。

5. 栽培基质的消毒灭菌

(1) 配料装袋

按照所选定的培养基质及配方,使用混合机加水拌料或者人工搅拌,含水率大约为 60%,含水量测定方法可用手握培养料,以手指缝有水但不往下滴为准。拌料后,闷大约 0.5 h 后装袋。一般选用聚乙烯或聚丙烯菌袋装袋,根据需要确定尺寸,如使用 17 cm×38 cm 的聚丙烯袋,用相应口径的装袋机装袋。装袋以紧实较好,但过紧不利于通气,过松则菌丝生长不良,以尽量压实为准,也可用直径为 1 cm 左右的尖头棒在菌袋培养料的中央打一接种孔,装袋后扎口。

(2)灭菌

采用高压(0.1 MPa)灭菌、常压灭菌 2 种灭菌方法。其中高压灭菌的温度设置为 121 ℃,常压灭菌的温度为 100 ℃。高压灭菌实验的时间设置为 0.5 h、1.0 h、1.5 h、2.0 h、2.5 h,常压灭菌的灭菌时间设置为 0.5 h、1.0 h、1.5 h、2.0 h、2.5 h、4.0 h、8.0 h、12.0 h、16.0 h 和 20.0 h。灭菌后的栽培基质放置 7 d,取样涂平板测试灭菌效果(具体参照"实验十三　土壤中细菌、放线菌和霉菌计数及分离纯化")。

五、注意事项

(1)在干热灭菌和高压蒸汽湿热灭菌时,物品摆放要疏松,不可太挤,否则影响灭菌效果。

(2)电烘箱灭菌温度不能超过 180 ℃,否则包器皿的纸或棉塞就会烤焦,甚至会引起燃烧。

(3)电烘箱内温度未降到 70 ℃以下,切勿自行打开箱门,以免骤然降温导致玻璃器皿炸裂。

(4)高压灭菌时切勿忘记加水,另外必须将冷空气充分排除,否则锅内温度达不到规定温度,影响灭菌效果。

(5)高压灭菌完毕后,不可放气减压,否则瓶内液体会剧烈沸腾,冲掉瓶塞而外溢甚至导致容器爆裂。须待灭菌器内压力降至与大气压相等后才可开盖。

(6)针筒过滤器压滤时,用力要合适,不可太快太猛,以免细菌被挤压通过滤膜。如压滤时没有明显阻力,需更换新的灭菌滤器并重新过滤。

(7)过滤除菌整个过程应在无菌条件下严格无菌操作,以防污染。过滤时应避免各连接处出现渗漏现象。

六、实验结果

(1)高压蒸汽灭菌结果:检查培养基和水灭菌是否彻底。

(2)微孔滤膜过滤除菌结果:检查 2%的葡萄糖溶液是否除菌彻底。

(3)记录标准平板计数中生鲜牛奶和巴氏灭菌牛奶的细菌数,评价巴氏灭菌效果。目前,我国消毒牛乳的卫生标准是用标准平板计数法检查,规定细菌总数<30 000 CFU/mL。

表 3-1　生鲜牛奶的细菌数(标准平板计数法)记录表

生鲜牛奶稀释度:				生鲜牛奶稀释度:				生鲜牛奶稀释度:			
	1	2	3	平均		1	2	3	平均		1	2	3	平均
CFU/平板					CFU/平板					CFU/平板				
每毫升的细菌数					每毫升的细菌数					每毫升的细菌数				

表 3-2 巴氏牛奶的细菌数(标准平板计数法)记录表

巴氏牛奶稀释度:				巴氏牛奶稀释度:				巴氏牛奶稀释度:			
	1 2 3	平均			1 2 3	平均			1 2 3	平均	
CFU/平板				CFU/平板				CFU/平板			
每毫升的细菌数				每毫升的细菌数				每毫升的细菌数			

(4) 评价不同灭菌方式和时间对栽培基质灭菌效果的影响。

七、思考题

(1) 在干热灭菌操作过程中应注意哪些问题,为什么?

(2) 请设计干热灭菌和湿热灭菌效果比较实验方案。

(3) 高压蒸汽灭菌开始之前,为什么要将锅内冷空气排尽?

(4) 在使用电烘箱和高压蒸汽灭菌锅灭菌时,怎样杜绝一切不安全的因素?

(5) 灭菌在微生物实验操作中有何重要意义?

(6) 过滤除菌的原理和优势是什么?过滤除菌的效果取决于哪些因素?

(7) 请查阅资料,试述还有哪些灭菌方法,它们的应用范围如何?

实验十二　微生物的接种技术和培养特征观察

一、实验目的与内容

(1) 掌握无菌操作在微生物接种过程中的重要性。

(2) 掌握几种常用的微生物接种工具和方法。

(3) 了解不同的微生物在斜面、半固体、液体培养基中的生长特性。

二、实验原理

在微生物学实验及生产实践中,取样、斜面移接、平板划线、单菌落分离、液体摇瓶接种和发酵罐接种均采用无菌操作技术。无菌操作是防止杂菌污染、进行纯种培养的保证,是从事微生物学工作的人员必须熟练掌握的一门技术。

无菌操作是微生物接种技术的关键。常用的接种方法有斜面接种、液体接种、穿刺接种、平板接种。本实验介绍前 3 种,平板接种在实验十三中介绍。主要依据不同的实验目的、培养基种类及实验器皿等,选用不同接种方法。但无论哪种接种方法都以获得生长良好的纯种微生物为目的。由于接种方法不同,采用的接种工具也有区别,如固体斜面培养物转接时用接种环,穿刺接种时用接种针,液体转接用刻度吸管等。最常用的接种或移植工具为接种环[如图3-6(a)]。接种环按材质不同一般可分为一次性的塑料接种环(塑料制成的)和金属接种环(钢、铂金或者镍铬合金)。

根据不同用途,接种环的前端可进行改造,如图 3-6(a)(4~8)所示,有以下几种:

1. 接种针

供穿刺接种用。

2. 接种钩

供挑取菌丝进行移植时使用。

3. 接种环

供挑取菌苔或液体培养物进行接种用。

4. 接种圈

供从砂土管内移取菌种进行接种用。

5. 接种锄

用于刮取生长于斜面上的放线菌和真菌孢子,效果很好。

此外,还有几种常用的接种工具:

(1)玻璃刮铲(三角形刮铲或玻璃涂棒):见图3-6(b)。采用稀释涂布法在琼脂平板上进行菌种分离或微生物计数时,需将定量菌悬液在平板表面涂布均匀,这一操作要用玻璃涂棒完成。

(2)刻度吸管:在移取液体培养基时使用。

在斜面、液体和半固体培养基接种后,可观察不同微生物的培养特征。微生物的培养特征是指微生物在培养基上所表现出的群体形态和生长情况。它们培养在斜面培养基上,可以呈丝线状、刺毛状、串珠状、疏展状、树枝状或假根状等形态。生长在液体培养基内,可以呈浑浊、絮状、黏液状、形成菌膜或上层清晰而底部呈沉淀状等。在半固体培养基中穿刺培养,可以沿接种线向四周蔓延;或仅沿线生长;或上层生长得好,甚至连成一片,底部很少生长;或底部长得好,上层甚至不生长。微生物的培养特征可以作为它们分类鉴定和识别纯培养是否污染的参考。

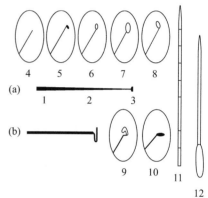

(a)金属接种工具(1.塑料套;2.铝柄;3.镍铬丝;4.接种针;5.接种钩;6.接种环;7.接种圈;8.接种锄)　(b)玻璃接种工具(9.三角形刮铲;10-平刮铲　11-刻度吸管　12-滴管)

图3-6　常用微生物接种工具

三、实验器材

(1)菌种:大肠杆菌(*Escherichia coli*)、细黄链霉菌(*Streptomyces microflavus*)、酿酒酵母(*Saccharomyces cerevisiae*)、黑曲霉(*Aspergillus niger*)。

(2)培养基:牛肉膏蛋白胨斜面、液体、半固体培养基,马铃薯葡萄糖斜面和液体培养基。

(3)仪器和用具:无菌接种箱或超净工作台、培养箱、摇床、接种环、接种针、酒精灯、刻度吸管、洗耳球等。

四、实验步骤

1. 接种前的准备工作

在微生物实验中,一般小规模的接种操作,使用无菌接种箱或超净工作台,工作量大时使用无菌室接种,要求严格的在无菌室内再结合使用超净工作台。为了保证无菌操作和接种时不污染杂菌,应注意以下几点:① 接种室应经常打扫,拖地板,实验台面用70%～75%酒精擦拭,用煤酚皂液擦洗墙壁,用乳酸或甲醛熏蒸接种室。② 接种室或超净工作台在使用前,应先打开紫外光灯灭菌30 min。③ 经常对接种室做无菌程度的检查。④ 进入接种室前,应先做好个人卫生工作,换工作鞋,穿上工作衣,戴口罩。工作服、口罩、工作鞋只准在接种室内使用,不准穿着到其他地方去,并定期洗换和消毒灭菌。在超净工作台操作时,实验者的手用70%～75%乙醇擦拭。⑤ 接种的试管、锥形瓶等应做好标记,注明培养基、菌种的名称和接种日期。移入接种室内的所有物品,均须在缓冲室内用75%乙醇擦拭干净。

2. 斜面接种

斜面接种是从已生长好的菌种斜面上挑取少量菌种移植至另一支新鲜斜面培养基上的一种接种方法。该法主要用于单个菌落的纯培养、保存菌种或观察细菌的某些特性。具体操作如下:

(1) 在牛肉膏蛋白胨斜面试管上,用记号笔写上将接种的菌名(大肠杆菌)、日期和接种者。

(2) 点燃酒精灯(待手上酒精挥发后才能点燃酒精灯)。火焰周围3 cm处是无菌区,无菌操作均需在此范围内进行。

(3) 将菌种试管和待接种的斜面试管握在左手的大拇指和其他四指之间,使斜面和有菌种的一面向上,成水平状态。在火焰边用右手松动试管塞,以利于接种时拔出。

(4) 右手拿接种环,将接种环的环部在酒精灯火焰外层内(此处酒精燃烧完全,温度高)灼烧,直至烧红,然后将接种环横穿火焰3次,进行干热灼烧灭菌[见图3-7(a)]。接种环的金属箍处最易沾染杂菌,火焰灼烧应彻底。

(5) 在火焰边用右手的手掌边缘和小指、小指和无名指分别夹持试管塞(或试管帽),将其取出,并迅速烧灼管口[见图3-7(b)、(c)]。注意试管塞不得任意放在桌上或与其他物品相接触。

(6) 将上述在火焰上灭菌过的接种环伸入菌种试管内,先将环接触试管内壁或未长菌的培养基,使接种环充分冷却,以免烫死菌种。然后再挑取少许菌苔,将接种环退出菌种试管(退出时勿与管壁相碰,也勿再通过火焰),迅速伸

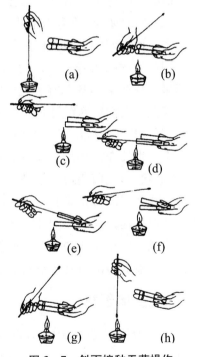

图3-7 斜面接种无菌操作

入待接种的斜面试管,用环在斜面上自试管底部向上端轻轻地划直线,勿将培养基划破,也不要使环接触管壁或管口,见图3-7(d)、(e)。

(7) 接种完毕后将接种环退出,灼烧管口,并在火焰边将试管塞塞紧。塞棉塞时勿用试管口去迎棉塞,以免试管在移动时纳入不洁空气。再将接种环逐渐接近火焰,再烧灼[见图3-7(f)、(g)、(h)]。如果接种环上所沾的菌体较多时,应先将环在火焰边烤干,然后烧灼,以免未烧死的菌种飞溅出污染环境,接种病原菌时更要注意此点。

（8）接种细黄链霉菌、酿酒酵母和黑曲霉，操作与上述基本一致，只是空白斜面换成 PDA 斜面，并根据菌种选用接种工具。

3. 液体接种

该法多用于发酵菌体和进行生化实验，可分为以下 2 种：

（1）由固体培养基接种液体培养基

向液体培养基中接种少量菌体时，其操作步骤基本与斜面接种时相同，不同之处是挑取菌体的接种环放入液体培养基后，使接种环与管内壁轻轻研磨，使菌体从环上脱落。接种后塞好棉塞，轻轻摇动液体，使菌体充分分散。要求接种量大或定量接种时也可将无菌水或液体培养基注入菌种试管，用接种环将菌苔刮下，再将菌种悬液用无菌刻度吸管定量吸出加入。

（2）由液体培养基接种液体培养基

当菌种为液体时，接种除用接种环外，常用的还有无菌刻度吸管。只需在火焰旁拔去棉塞，将管口通过火焰，用无菌吸管吸取菌液注入培养液内，摇匀。

4. 穿刺接种

此法主要用于半固体培养基、明胶及双糖管的接种。常用来接种厌氧菌、检查细菌运动性或保藏菌种。

用接种针挑取大肠杆菌菌种（接种针必须挺直），自培养基的中心垂直地刺入半固体培养基中，直至接近管底，但不要穿透，然后沿原穿刺线将针拔出，塞上试管塞，烧灼接种针（见图 3-8）。

5. 培养

细菌于 37 ℃培养箱（液体培养则根据实验目的选择培养箱或摇床培养）中培养，24 h 后开始观察生长情况。放线菌、酵母菌、霉菌于 28 ℃培养箱（液体培养则根据实验目的选择培养箱或摇床培养）中培养，48 h 后开始观察生长情况。

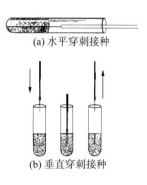

(a) 水平穿刺接种

(b) 垂直穿刺接种

图 3-8　穿刺接种

五、注意事项

（1）实验者用 75％乙醇或新洁尔灭擦双手。

（2）操作过程注意无菌操作：不离开酒精灯火焰，棉塞不乱放，接种工具使用前需经火焰灼烧灭菌，操作要正确、迅速，接种工具用后须经火焰灼烧灭菌后才能放在桌上，棉塞必须塞得松紧适宜，所有使用器皿均须严格灭菌，接种用的培养基均需事先作无菌培养实验。

（3）供培养用的培养箱应经常清理消毒。

（4）有培养物的器皿要经高压灭菌或煮沸后才能清洗。

六、实验结果

将你所做的实验中各种微生物在斜面上、液体和半固体培养基中的生长情况和培养特征记录在下表。

表 3-3　微生物生长情况和培养特征记录表

	大肠杆菌	细黄链霉菌	酿酒酵母	黑曲霉
斜　面				
液　体				
半固体		—	—	—

七、思考题

(1) 根据大肠杆菌在半固体培养基的培养特征,判断其是否具有运动性。

(2) 为什么要待接种环冷却后才能与菌种接触?是否可以将接种环放在台面上冷却?如何知道接种环是否已经冷却?

(3) 一个好氧的且具周生鞭毛的菌株分别在半固体和液体培养基中的培养特征是怎样的?

(4) 用斜面检测微生物的培养特征接种时,为什么不要划多条线或蛇形,而只要划一条直线?

(5) 斜面接种中无菌操作需要注意哪些?

实验十三　土壤中细菌、放线菌和霉菌计数及分离纯化

一、实验目的与内容

(1) 掌握倒平板的方法。

(2) 学会将土壤中的各种微生物分离成纯种,统计分析样品中微生物的种类和数量的方法。

(3) 学会从菌落及培养特征区分细菌、放线菌和霉菌。

二、实验原理

在自然界中,微生物的种类很多,数量很大,但不同种类的微生物绝大多数都是混杂生活在一起,当我们希望获得某一种微生物时,首先必须把要分离的材料适当地进行稀释,按其生长所需要的条件,使其在平板上由一个菌体经多次细胞分裂进行繁殖,形成一个可见的细胞群体的集合,即菌落。每一种微生物所形成的菌落都有它自己的特点,例如菌落的大小,表面干燥或湿润、隆起或扁平、粗糙或光滑,边缘整齐或不整齐,菌落透明或半透明或不透明,颜色以及质地疏松或紧密等。这样,就能从中挑选出所需要的纯种,这种获得纯培养的方法称为微生物的分离与纯化。

常用的微生物分离与纯化的方法主要有2种。

1. 简易单孢子挑取法

单孢子挑取法主要用于获得真菌的纯培养。样品在经过稀释后,在显微镜下,用毛细吸管

对准一个单孢子挑取,放入适宜培养基中培养,这样就获得了纯培养。这种方法要求操作人员技术熟练。

2. 平板分离法

该方法操作简便,普遍用于微生物的分离与纯化。一般是根据该微生物对营养、酸碱度、氧等要求不同,供给它适宜的培养条件,或加入抑制剂抑制其他菌生长,再用稀释涂布平板法或稀释混合平板法或平板划线分离法等分离、纯化该微生物,直至得到纯菌株。

值得指出的是,从微生物群体中经分离生长在平板上的单个菌落并不一定保证是纯培养。因此,纯培养的确定除观察其菌落特征外,还要结合显微镜检测个体形态特征后才能确定,有些微生物的纯培养要经过一系列的分离与纯化过程和多种特征鉴定方能得到。

本实验的实验材料是土壤。土壤是微生物生活的大本营,在这里生活的微生物无论是数量和种类都是非常多的,因此,土壤是我们开发利用微生物资源的重要基地,可以从其中分离、纯化到许多有用的菌株。一般土壤中,细菌最多,放线菌及霉菌次之,而酵母菌主要见于果园及菜园土壤中,故从土壤中分离细菌时,要取较高的稀释度,否则菌落连成一片不能计数。本实验利用细菌、放线菌和霉菌所要求的营养条件不同,利用不同的培养基制成平板进行分离,根据菌落形态差异,可以把细菌、放线菌和霉菌 3 大类群区分并可计算出其数量,分别接种到试管斜面上,在平板上经反复分离培养,最后可获得纯种。

三、实验器材

(1) 土壤样品。

(2) 培养基:牛肉膏蛋白胨琼脂培养基、高氏Ⅰ号培养基、马丁氏琼脂培养基、马铃薯琼脂培养基(PDA 培养基)。

(3) 试剂:10%酚、链霉素等。

(4) 仪器和用具:显微镜、培养箱、酒精灯、玻璃涂棒、刻度吸管、洗耳球、接种环、培养皿、火柴等。

四、实验步骤

(一)土壤稀释液的制备

(1) 取土壤:取表层以下 5~10 cm 处的土样,放入无菌的袋中备用,或放在 4 ℃冰箱中暂存。

(2) 制备稀释液(无菌操作,如图 3-9 所示)

① 制备土壤悬液:称土样 1 g,迅速倒入带玻璃珠的装有 99 mL 无菌水的锥形瓶中(玻璃珠用量以充满瓶底最好),振荡 20 min 左右,使土样充分打散,将菌分散,即成为 10^{-2} 稀释度的土壤悬液。

② 稀释:用 1 支 0.5 mL 无菌刻度吸管从中吸取 0.5 mL 土壤悬液注入盛有 4.5 mL 无菌水的试管中,即为 10^{-3} 稀释液,如此重复,可依次制成 10^{-4}~10^{-7} 的稀释液。注意每 1 个稀释度换用 1 支刻度吸管,每次吸取时用无菌吸管吹吸 3 次,且每次吸上的液面要高于前 1 次,使充分混匀,以减少稀释中的误差。亦可用微量加样器代替无菌刻度吸管。

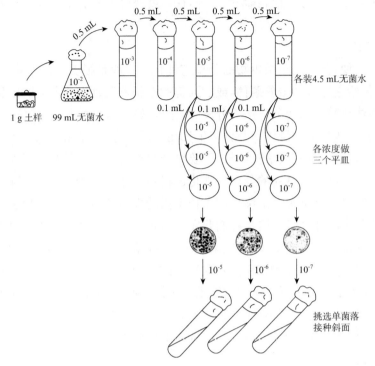

图 3－9　菌液逐级稀释过程和稀释液的取样培养示意图

(二) 分离纯化微生物

1. 稀释涂布平板法

(1) 倒平板：在无菌培养皿的皿盖上标注培养基种类、稀释度和分离方法。将牛肉膏蛋白胨琼脂培养基、高氏Ⅰ号琼脂培养基、马丁氏琼脂培养基加热熔化,待冷至 $45\sim50$ ℃(手握不觉得太烫为宜。注意温度要适宜,温度过高,培养皿盖上凝结水太多,菌易被冲掉;温度过低,则培养基凝固,不易倒出)时,高氏Ⅰ号琼脂培养基中加入 10%酚数滴,马丁氏培养中加入链霉素溶液(终浓度为 $30~\mu g/mL$),混均匀后分别倒平板。

倒平板的方法(见图 3－10)：右手持盛培养基的试管或锥形瓶置火焰旁边,左手松动试管塞或瓶塞,用手掌边缘和小指、无名指夹住拔出,试管或瓶口保持对着火焰。如果试管内或锥形瓶内的培养基一次用完,管塞或瓶塞则不必夹在手中,否则需要用手指夹住。试管(瓶)口在火焰上灭菌,然后左手拿培养皿将其盖在火焰附近打开一缝,迅速倒入培养基约 15 mL(装量以铺满皿底高 $1.5\sim2$ mm 为宜),加盖后轻轻摇动培养皿,使培养基均匀分布,平置于桌面上,凝成平板。最好是将平板放室温 $2\sim3$ d,或 37 ℃下培养 24 h,检查无菌落及皿盖无冷凝水后再使用。

(2) 分离细菌：用无菌吸管分别由 10^{-5}、10^{-6} 和 10^{-7} 3 管土壤稀释液中各吸取 0.1 mL 对号放入写好稀释度的已倒入牛肉膏蛋白胨琼脂培养基的培养皿表面中央位置(0.1 mL 的菌液要全部滴在培养基上,若吸移管尖端有剩余的,需将吸移管在培养基表面上轻轻地按一下便可),用右手拿无菌涂棒在培养基表面轻轻地涂布均匀(见图 3－11),室温下静置 $5\sim10$ min,使菌液吸附进培养基。

（3）分离放线菌：用无菌吸管分别由 10^{-3}、10^{-4} 和 10^{-5} 3 管土壤稀释液中各吸取 0.1 mL 对号放入写好稀释度的已倒入高氏Ⅰ号琼脂培养基的培养皿表面中央位置，用右手拿无菌涂棒在培养基表面轻轻地涂布均匀，室温下静置 5～10 min，使菌液吸附进培养基。

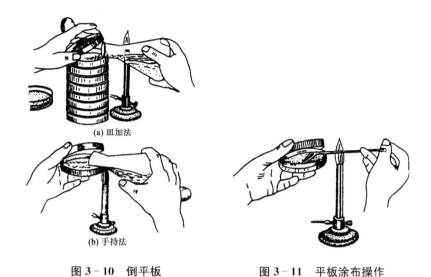

(a) 皿加法

(b) 手持法

图 3-10　倒平板　　　　　　　　图 3-11　平板涂布操作

（4）分离霉菌：用无菌吸管分别由 10^{-2}、10^{-3} 和 10^{-4} 3 管土壤稀释液中各吸取 0.1 mL 对号放入写好稀释度的已倒入马丁氏琼脂培养基的培养皿表面中央位置，用右手拿无菌涂棒在培养基表面轻轻地涂布均匀，室温下静置 5～10 min，使菌液吸附进培养基。

（5）培养：将高氏Ⅰ号培养基平板和马丁氏培养基平板倒置于 28 ℃培养箱中培养 3～5 d，牛肉膏蛋白胨平板倒置于 37 ℃培养箱中培养 2～3 d。

（6）计数：培养结束后，取出培养平板，算出同一稀释度 3 个平板上的菌落平均数，并按下列公式进行计算。

每毫升中菌落形成单位(CFU)＝同一稀释度 3 次重复的平均菌落数×稀释倍数×10

一般选择每个平板上长有 30～300 个菌落的稀释度计算每毫升的含菌量较为合适。同一稀释度的 3 个重复对照的菌落数不应相差很大，否则表示实验不精确。实际工作中同一稀释度重复对照平板不能少于 3 个，这样便于数据统计，减少误差。由 3 个稀释度计算出的每毫升菌液中菌落形成单位数也不应相差太大。

（7）挑菌：将培养后长出的单个菌落分别挑取少许细胞接种到上述 3 种培养基的斜面上，分别置 28 ℃和 37 ℃培养箱中培养，待菌苔长出后，检查菌苔是否单纯，也可用显微镜涂片染色检查是否是单一的微生物，若发现其他杂菌混杂，就要再一次进行分离、纯化，直到获得纯培养。

2. 稀释混合平板法

此法与稀释涂布平板法基本相同，无菌操作也一样，所不同的是先分别吸取 0.2 mL 不同稀释度的土壤悬液对号放入培养皿，然后尽快倒入熔化后冷却到 45 ℃左右的培养基，置水平位置迅速旋动培养皿，使培养基与菌液混合均匀，而又不使培养基荡出培养皿或溅到培养皿盖上。待冷凝成平板后,分别倒置于 28 ℃ 和 37 ℃ 培养箱中培养后计数,再挑取单个菌落,直至获得纯培养。

每毫升中菌落形成单位(CFU)=同一稀释度 3 次重复的平均菌落数×稀释倍数×5

3. 平板划线分离法

(1) 倒平板:按稀释涂布平板法倒平板,并用记号笔标明培养基的种类和分离方法。

(2) 划线:将接种环灼烧灭菌,冷却后挑取上述 10^{-3} 的土壤悬液 1 环在平板上划线(见图 3-12,在近火焰处,左手拿皿底,右手拿接种环)。划线的方法很多,但无论采用哪种方法,其目的都是通过划线将样品在平板上进行稀释,使之形成单个菌落。常用的划线方法有下列 2 种:

① 用接种环以无菌操作挑取土壤悬液 1 环,先在平板培养基的一边作第 1 次平行划线 3~4 条,再转动培养皿约 70°角,并将接种环上剩余菌烧掉(由于接种环上沾有菌液过多,培养后菌落的密度大,不易呈单菌落,故需将接种环在火焰上重新灼烧,去除多余的菌体),待冷却后通过第 1 次划线部分作第 2 次平行划线,再用同法通过第 2 次平行划线部分作第 3 次平行划线和通过第 3 次平行划线部分作第 4 次平行划线[图 3-13(a)]。在平板剩余空白处,做第 5 次连续划线。划线完毕后,盖上皿盖,倒置于培养箱培养。

注意划线时平板面与接种环面成 30°~40°角,以手腕力量在平板表面轻巧滑动划线,接种环不要嵌入培养基内划破培养基,线条要平行密集,充分利用平板表面积。注意勿使前后两条线重叠。

② 将挑取有样品的接种环在平板培养基上做连续划线[图 3-13(b)]。划线完毕后,盖上皿盖,倒置于恒温箱培养。

(3) 挑菌:同稀释涂布平板法,一直到菌分纯为止。

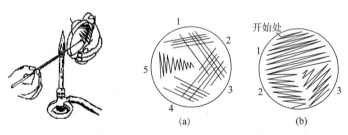

图 3-12 平板划线操作图   图 3-13 划线分离图

4. 结果记录方法

菌落特征描写方法如下:

(1) 大小:大、中、小、针尖状。可先将整个平板上的菌落粗略观察一下,再决定大、中、小的标准,或由教师指出一个大小范围。

(2) 颜色:黄色、金黄色、灰色、乳白色、红色、粉红色等。

(3) 干湿情况:干燥、湿润、黏稠。

(4) 形态:圆形、不规则等。

（5）高度：扁平、隆起、凹下。

（6）透明程度：透明、半透明、不透明。

（7）边缘：整齐、不整齐。

五、注意事项

（1）进行稀释涂布平板实验时，涂棒需在培养基表面轻轻涂布，并涂布均匀。

（2）进行稀释混合平板实验时，由于细菌易吸附在玻璃器皿表面，所以菌液加入培养皿后，应当立刻倒入熔化并冷却至 45 ℃左右的培养基，立刻摇匀。否则，细菌将不易分散，影响计数。

（3）进行平板划线分离实验时，注意划线要快速，接种环不要嵌入培养基内划破培养基，线条要平行密集，充分利用平板表面积．注意勿使前后两条线重叠。

六、实验结果

（1）将培养后菌落计数结果填入下表，并比较稀释涂布平板法、稀释混合平板法所得的计数结果的差异及分析原因。

表 3 - 4　不同分离方法下的菌落计数结果

分离方法												
稀释度												
	1	2	3	平均	1	2	3	平均	1	2	3	平均
CFU /平板												
CFU/mL												
微生物的细胞数（CFU/g）												

（2）你所做的稀释涂布平板法、稀释混合平板法和划线法是否都能较好地得到单菌落？如果不是，请分析其原因并重做。

（3）在 3 种不同培养基的平板上你分离得到哪些类群的微生物？简述它们的菌落特征。

七、思考题

（1）要使平板菌落计数准确，需要掌握哪几个关键？为什么？

（2）如何确定平板上某单个菌落是否为纯培养？请写出主要的实验步骤。

（3）如果一项科学研究内容需从自然界中筛选到能产高温蛋白酶的菌株，你将如何完成？请写出简明的实验方案。

（4）为什么高氏Ⅰ号培养基和马丁氏培养基中要分别加入酚和链霉素？如果用牛肉膏蛋白胨培养基分离一种对青霉素具有抗性的细菌，你认为应如何做？

（5）培养微生物时应考虑哪些原则？培养时，为什么要把已接种的培养皿倒置培养？

实验十四 厌氧微生物的培养

一、实验目的与内容

(1) 学习厌氧微生物的培养方法,掌握厌氧微生物的生长特性。

(2) 观察厌氧微生物(丙酮丁醇梭菌)的液体培养特征、菌落形态特征和菌体细胞形态。

二、实验原理

厌氧微生物是自然界中分布广泛、性能独特的一类微生物,专性厌氧菌因其细胞内缺乏超氧化物歧化酶、过氧化氢酶或过氧化物酶等,因此无法消除机体在有氧条件下产生的有毒产物——超氧阴离子自由基,故这类微生物对氧敏感,氧可抑制其生长甚至导致死亡。因此在培养厌氧微生物时要排除环境中的氧,同时可通过在培养基中添加还原剂等方式降低培养基中的氧,培养过程中也需保持无氧环境。

营造无氧环境的方法大致分为3类:物理、化学和生物学方法。物理方法主要有:气体交换法,即利用 N_2、H_2 和 CO_2 等气体置换环境中的氧气;加热去氧法,即利用加热的方法降低溶液中的氧气含量;石蜡封闭法,即用石蜡密封阻止厌氧菌与空气接触。化学方法主要有2类。一类是利用化学物质与氧气发生反应,降低培养环境中的氧分压值。例如,疱肉培养基中不饱和脂肪酸能够与氧反应吸收氧、谷胱甘肽等还原性物质可以形成负氧化还原电势差;焦性没食子酸与碱性溶液发生反应,形成易被氧化的碱性没食子酸,碱性没食子酸易与氧发生反应,从而大量吸收氧形成厌氧环境;还原剂半胱氨酸盐酸盐和 H_2S 可以与氧发生反应消耗氧气。另一类是气体发生法,即利用化学反应产生 H_2 或 CO_2 等气体,置换密闭空间中的氧气。例如,柠檬酸溶液与 $NaHCO_3$ 反应,释放出 CO_2。生物学方法去除环境中的氧气主要是通过将厌氧菌和好氧菌共同培养实现的。好氧菌在密闭条件下快速生长,大量消耗环境中的 O_2,释放 CO_2 等气体。当环境中氧达到阈值时,好氧微生物停止生长,厌氧微生物开始生长。

常用美蓝(亚甲基蓝)和刃天青作为氧含量的指示剂。美蓝和刃天青都为氧化还原指示剂。美蓝在无氧条件下呈无色,有氧条件下呈蓝色。刃天青有氧环境下呈蓝色,当氧气含量变低时颜色转变为粉红色,当无氧时则无色。

三、实验器材

(1) 菌种:丙酮丁醇梭菌(*Clostridium acetobutylicum*)。

(2) RCM 培养基(强化梭菌培养基):蛋白胨 10.0 g、牛肉浸膏 10.0 g、酵母浸膏 3.0 g、葡萄糖 5.0 g、可溶性淀粉 1.0 g、氯化钠 5.0 g、醋酸钠 3.0 g、L-半胱氨酸盐酸盐 0.5 g、0.5% 美蓝溶液 0.2 mL,pH 值为 6.8,蒸馏水定容至 1 000 mL,固体培养基中加入 20.0 g 的琼脂,115 ℃灭菌 20 min。

(3) 溶液或试剂:NaOH、凡士林、美蓝、焦性没食子酸等。

(4) 仪器和用具:厌氧罐、亨盖特厌氧滚管装置 1 套、滚管机、真空干燥器、恒温箱、气体发生袋、美蓝指示条、培养皿、试管、接种环等。

四、实验步骤

1. 真空干燥器厌氧培养法

此法不适用于培养需 CO_2 的微生物。该法是在干燥器内使焦性没食子酸与 NaOH 溶液发生反应而吸氧,形成无氧的小环境而使厌氧菌生长,见图 3-14。这种方法的优点是操作简单,可迅速建立厌氧环境。缺点是在氧化过程中会产生少量的 CO,对某些厌氧菌的生长有抑制作用。同时,NaOH 的存在会吸收掉密闭容器中的 CO_2,对某些厌氧菌的生长不利。

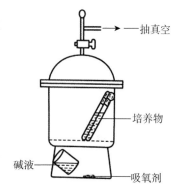

抽真空

培养物

碱液

吸氧剂

图 3-14　简易厌氧培养示意图

(1) 培养基准备与接种:将 2 支装有 RCM 液体培养基的试管在水浴中煮沸 10 min 以赶出其中溶解的氧气,迅速冷却后(切勿摇动)无菌条件下接入丙酮丁醇梭菌。

(2) 干燥器准备与抽气:在带活塞的干燥器内底部,斜放入 30~40 g 焦性没食子酸粉和盛有 200 mL 15%~20% NaOH 溶液的烧杯。将接种有丙酮丁醇梭菌的培养管竖直放入干燥器内。在干燥器口上涂抹凡士林,密封后接通真空泵,抽气 3~5 min,关闭活塞。轻轻摇动干燥器,促使烧杯中的 NaOH 溶液翻倒入焦性没食子酸中,2 种物质混合发生吸氧反应,使干燥器中形成无氧小环境。

(3) 培养及观察结果:将干燥器置于 37 ℃恒温箱中培养约 6~7 d(培养过程中再间歇抽气 2 或 3 次),取出培养管,观察形成的醪盖,制片观察菌体细胞形态特征并做记录。

2. 厌氧罐培养法

此法利用一定方法在密闭的厌氧罐中生成一定量的氢气,而经过处理的钯或铂可作为催化剂催化氢与氧化合形成水,除掉罐中的氧形成厌氧环境,见图 3-15。由于适量的 CO_2(2%~10%)对大多数的厌氧菌的生长有促进作用,所以一般在供 H_2 的同时还向罐内供给一定的 CO_2。厌氧罐中 H_2 及 CO_2 可采用钢瓶灌注的外源法,也可采用更为方便的内源法即利用各种化学反应在罐中自行生成,例如本实验中是利用镁与氯化锌遇水后发生反应产生 H_2 以及碳酸氢钠与柠檬酸遇水后发生反应产生 CO_2。

(1) 接种:无菌条件下在 RCM 培养基固体平板上迅速划线接种丙酮丁醇梭菌,将平板倒置放入厌氧罐的培养皿支架上,而后放入厌氧罐中。

(2) 放入催化剂:将已活化的催化剂钯或铂倒入厌氧罐罐盖下面的多孔催化剂盒内,旋紧。

(3) 产气:剪开装有产 H_2 和产 CO_2 的气体发生袋的一角,将其置于罐内,再向袋中加入约 10 mL 水。同时,由另一人配合,剪开指示剂袋,使美蓝指示条暴露,立即放入罐中。迅速盖好厌氧罐罐盖,将固定梁旋紧。

(4) 培养:将厌氧罐置于 37 ℃恒温箱中培养 6~7 d,注意罐中厌氧指示剂的颜色变化。

(5) 观察结果:从罐内取出平皿,观察菌落特征。挑取菌落制作涂片,简单染色,显微镜观察菌体细胞形态特征并做记录。

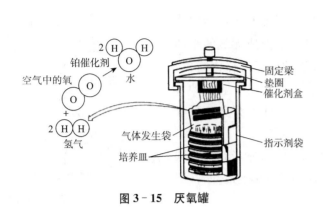

图 3-15　厌氧罐

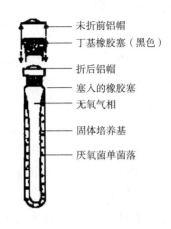

图 3-16　用于亨盖特滚管技术中的
厌氧试管及菌落分布图

3. 亨盖特厌氧滚管培养法

亨盖特厌氧滚管技术是美国微生物学家亨盖特(Hungate)于 1950 年首次提出,多年来的实践已经证明它是培养严格、专性厌氧菌的一种极为有效的技术。亨盖特厌氧滚管技术要点是把待分离的严格厌氧菌用无氧操作接入装有已熔化的 PRAS 培养基(pre-reduced anaerobically sterilized medium,预还原无氧灭菌培养基)的密封试管中,在较低温度下,把试管放在滚管机上缓缓滚动,从而使培养基均匀地凝固在试管的内壁上,见图 3-16。经培养后,管壁四周可见长出许多单菌落。

(1) 铜柱系统除氧:铜柱是一个大小为 40～400 mm、内部装有铜丝或铜屑的硬质玻璃管,两段被加工成漏斗状,外壁绕有加热带,并与变压器相连来控制电压和稳定铜柱的温度。铜柱两端连接胶管,一端连接气钢瓶,另一端连接出气管口。由于从气钢瓶出来的气体如 N_2、CO_2 和 H_2 等通常都含有 O_2,故当这些气体通过温度约 360 ℃的铜柱时,铜和气体中的微量 O_2 化合生成 CuO,铜柱则由明亮的黄色变为黑色。当向氧化状的铜柱通入 H_2 时,H_2 与 CuO 中的氧就结合形成 H_2O,而 CuO 又被还原成了铜,铜柱则又呈现明亮的黄色。此铜柱可以反复使用,并不断起到除氧的目的。当然 H_2 源也可以由氢气发生器产生。

(2) 预还原无氧灭菌培养基的制备:先将配制好的 RCM 固体培养基煮沸驱氧,趁热分装到螺口厌氧试管中,插入通 N_2 的长针头以排除 O_2。此时可以清楚地看到培养基内加入的美蓝由蓝变成无色,说明试管内已成为无氧状态,然后盖上螺口的丁烯胶塞及螺盖,灭菌备用。

(3) 接种及培养:将盛有熔化的无菌无氧 RCM 培养基试管放置于 50 ℃左右的恒温水浴中,用 1 mL 无菌注射器吸取丙酮丁醇梭菌于琼脂培养基试管中,而后将其平放于盛有冰块的盘中或特制的滚管机上迅速滚动,这样带菌的熔化培养基在试管内壁立即凝固成一薄层。37 ℃培养,随时观察试管内菌落的生长情况。

(4) 观察结果和镜检:取出试管观察菌落特征,挑取典型单菌落涂片染色后进行镜检,观察菌体细胞形态特征并做记录。

五、注意事项

（1）厌氧罐培养法中必须在一切准备工作齐备后再往气体发生袋中注水，加水后应迅速密闭厌氧罐，否则，产生的氢气过多外泄，会导致罐内厌氧环境建立的失败。

（2）已灭菌的培养基在接种前应在沸水浴中煮沸 10 min，以消除溶解在培养基中的氧气。

（3）指示剂美蓝变成蓝色表明有残留氧气或者除氧程度不够。

六、实验结果

将实验中选用的厌氧培养法培养结果填入下表。

表 3-5　丙酮丁醇梭菌培养结果

培养方法	菌种名称	菌落形态特征		菌体形态观察	液体培养特征	备注
		菌落大小、形状、颜色、光滑度、透明度、气味		菌体形态、有无芽孢、芽孢形状		

七、思考题

（1）比较本实验中几种厌氧培养法的优缺点。

（2）除了应用美蓝和刃天青的颜色变化，还可以用什么方法判断厌氧装置内是否为无氧环境？

实验十五　植物病原细菌及病原真菌的分离及培养

一、实验目的与内容

（1）掌握植物病原细菌和病原真菌分离培养的一般原则和方法。

（2）掌握组织分离、平板制备、平板划线分离的基本技术。

二、实验原理

植物病原菌的分离培养就是指通过人工培养，从染病植物组织中将病原菌与其他杂菌分开，并从寄主植物中分离出来，再将分离到的病原菌置于适宜环境内纯化。植物病原菌的分离培养是植物病理学实验最基本的操作技术之一。植物患病组织内的菌体，如果给予适宜的环境条件，除个别种类外，一般都能恢复生长和繁殖。植物病原菌的分离及培养的一般程序为取材、组织表面消毒、划线分离法分离病原细菌或组织分离法分离病原真菌、培养。

由细菌引起的植物病害,大致可分为斑点型(例如黄瓜细菌性角斑病)、维管束型(例如番茄青枯病)、软腐型(例如白菜软腐病)和瘿瘤型(例如一些植物的细菌性叶瘤病)。植物病原细菌分离主要采用划线分离法和稀释分离法,但在取材、消毒方式和分离培养基上会稍有不同。如维管束型病原菌的分离一般应从茎的稍下部取材;有些植物病茎切下后,在维管束断口上会自行(或稍用手指挤压)流出菌脓,可用此菌脓进行划线或稀释分离;如无菌脓则可按斑点型病原菌的分离法,切取病茎一小段在灭菌研钵中研制悬浮液进行分离。而软腐型病原菌的分离通常很难,因为在病部常常有大量的腐生性细菌,这些腐生性细菌对营养要求不严,在培养基上迅速繁殖从而抑制病原菌的生长。因此,最好先用病部的液汁接种到健全植物体,诱发病变后,再用新发病部进行分离。本实验以引起番茄青枯病病原细菌的分离为例进行介绍。番茄青枯病是番茄上常见的维管束系统性病害之一,病原菌是青枯劳尔氏菌。该病在各地普遍发生,南方及多雨年份发生更加普遍且严重,严重时造成植株青枯死亡,导致严重减产甚至绝收。

植物病原真菌的分离方法主要有组织分离法和稀释分离法2种。最常用的方法是组织分离法,就是切取小块病组织,经表面消毒和无菌水洗涤,移到人工培养基上培养;而稀释分离法主要用于病组织上产生大量孢子的病原真菌的分离。本实验以引起花生褐斑病病原真菌的分离为例进行介绍。花生褐斑病是危害花生最普遍和最重要的病害之一。花生褐斑病主要侵染叶片,形成大量圆形或不规则形病斑,具有明显黄色晕圈,发病严重时也可侵染叶柄、茎秆、托叶和果针。花生褐斑病病菌属于真菌半知菌亚门尾孢菌,它的分生孢子梗丛生或散生于子座上,黄褐色,具有0~2个隔膜,不分枝,直或微弯;分生孢子顶生,无色或淡褐色,细长,倒棒状或鞭状,一般有4~14个隔膜,多数为5~7个隔膜。

三、实验器材

(1) 新近发病的植物组织

分离病原细菌的材料:番茄青枯病茎;分离病原真菌的材料:花生褐斑病叶。亦可依当地情况进行选择。

(2) 培养基

分离和鉴定番茄青枯病病原菌的培养基:LB 琼脂培养基,LB 液体培养基。

培养番茄青枯病病原菌的培养基(YGPA 培养基):葡萄糖 10 g,蛋白胨 5 g,酵母提取物 5 g,琼脂 18 g,用蒸馏水定容至 1 L,调节 pH 值至 7.0。

分离和鉴定花生褐斑病原菌的培养基:马铃薯葡萄糖琼脂培养基 PDA(含有 0.5%的氯霉素)、马铃薯葡萄糖液体培养基 PDB。

培养和诱导产孢培养基(花生褐斑病病原菌)(花生叶汁+Landers 培养基):葡萄糖 25 g,磷酸二氢钾 2.5 g,天门冬酰胺 1 g,维生素 B_1 100 mg,花生叶 70 g(捣碎过滤、榨取滤液),琼脂 20 g,蒸馏水 1 L。

(3) 植物外植体的消毒试剂:70%~75%的乙醇、1%的次氯酸钠溶液、0.1%升汞等。

(4) 仪器和用具:显微镜、离心机、培养箱、高压蒸汽灭菌锅、超净工作台、摇床、PCR 仪、研钵、牙签、接种环、培养皿、试管、离心管、锥形瓶等。

四、实验步骤

1. 划线分离法分离病原细菌

在进行分离之前,首先对发病组织材料进行细菌学初步诊断,即经过镜检确认有喷菌现象,才用该发病组织进行分离。从发病番茄植株根部上 5～10 cm 处,切取 1.0 cm 的茎块组织,用 1%的次氯酸钠溶液浸泡 5 min,70%的乙醇浸泡 90 s,无菌水清洗 3 次,超净工作台上风干表面水分,转移至灭菌研钵。加入少量无菌水研磨,研磨均匀后静置 10～15 min,使组织中的细菌进入水中制成菌悬液原液。将原液用无菌水稀释 10 倍、100 倍、1 000 倍,用接种环分别蘸取上述稀释的菌悬液在 LB 固体培养基表面划线。划 4 条线后将接种环灼烧灭菌冷却,培养皿转动 90°,在第一批划线的末端开始划 4～5 条线,再次转动培养皿,接种环灼烧灭菌冷却后再划第三次线。如菌液浓度较大,培养皿转动角度减小,增加划线的次数。划线后的平板置于培养箱中 32 ℃恒温培养 18～24 h,挑取分离出的典型单菌落重新平板划线分离,如此重复 1～2 次,最后在均匀一致的平板中挑取典型单菌落移植到 LB 斜面上培养,长成后在 4 ℃冰箱中保存。

2. 分离病原细菌的初步分类鉴定

观察平板上的菌落形态、菌落颜色及流动性等特征,显微判断该细菌为杆菌还是球菌,是否产芽孢等,通过革兰氏染色法判断该菌为革兰氏阳性菌还是革兰氏阴性菌。

3. 分离病原细菌的分子鉴定

(1)菌体的获得:取保存菌种于 LB 固体培养基上划线活化,待长出单菌落后用灭菌牙签将单菌落转移至装有 1/5 体积的 LB 液体培养基的试管中,32 ℃,200 r/min 振荡培养 18 h,以 13 000 r/min 离心 10 min,弃上清液收集菌体。

(2)细菌 DNA 的提取:参照细菌 DNA 提取试剂盒的操作说明提取该菌的 DNA。

(3)PCR 引物扩增:以提取出的 DNA 为模板,通过 27F 和 1492R 引物进行扩增。27F:(5′- AGAGTTTGATCCTGGCTCAG - 3′),1492R:(5′- GGTTACCTTGTTACGACTTPCR - 3′),PCR 反应条件:95 ℃预变性 5 min,95 ℃变性 30 s,56 ℃退火 30 s,72 ℃延伸 90 s,重复 25 个循环,72 ℃延伸 10 min。

(4)扩增序列的电泳检测:取 5 μL 扩增产物经 1%琼脂糖凝胶电泳,核酸染料染色,紫外检测。

(5)序列比对:利用 NCBI Blast 进行序列同源性比对,MEGA7.0 构建系统发育树。

4. 番茄青枯病病原细菌的培养

分离鉴定过的番茄青枯病病原细菌可进行培养基和培养条件的优化。可尝试使用 YG-PA 培养基 35～37 ℃恒温培养 24 h 后,取出观察菌落形态。

5. 组织分离法分离病原真菌

从带有花生褐斑病病灶的叶上剪下 0.5 cm×0.5 cm 的组织,在超净工作台上用 75%的酒精消毒 5 s,再用无菌水漂洗 1 min,0.1%升汞漂洗 3 min,无菌水冲洗 5 次。超净工作台上自然晾干,置于含氯霉素的马铃薯葡萄糖琼脂培养基上 28 ℃恒温培养。待植物组织长出菌丝后,挑取菌丝转入另一含 PDA 的培养皿内,28 ℃恒温培养。待新菌丝刚长出后立即挑取新菌丝转入另一含 PDA 的培养皿内,28 ℃恒温培养,如此重复 3～4 次后可得到纯种菌株,此时待菌丝长满培养皿后挑取少量菌丝镜检观察有无杂菌,若有杂菌则需重复上述步骤直至得到纯种菌株,纯化菌株可放置 4 ℃冰箱备用。

6. 分离病原真菌菌种的初步分类鉴定和分子鉴定

分离病原真菌菌种的分类鉴定可参照"实验三十 内生真菌的分离和鉴定"。

7. 花生褐斑病病菌培养与诱发产孢

将马铃薯葡萄糖琼脂培养基上的 0.65 cm 的菌块接种于花生叶汁+Landers 培养基中央,置于黑光(18 W 黑光灯)和 25 ℃温度下,第 16 d 测菌落直径,计算菌落净生长量和菌丝日生长速率,第 20 d 测产孢量。

五、注意事项

(1) 取样时病株样本应尽量新鲜,避免腐生菌的污染。取样部位尽量是病害的边缘部分,尽可能从病株离土较远的部位取样。斑点病害应自邻近健全组织的部分分离。有少数具有晕圈的斑点病,病菌多集中于斑点中央的枯死组织中,从它的边缘通常分离不到病菌,如烟草野火病。

(2) 植物组织的表面消毒一般可使用 70%~75%的乙醇、0.1%升汞或 1%~2%的次氯酸钠等。植物组织柔嫩,则表面消毒时间宜短,反之则可长些。升汞是剧毒药物,在操作时应特别小心。

(3) 分离植物病原细菌的培养基常用牛肉膏蛋白胨培养基或 LB 培养基;分离植物病原真菌常使用马铃薯葡萄糖琼脂固体培养基,可添加一些抗生素抑制细菌生长。在分离过程中如使用一些选择性培养基会提高分离效率。

(4) 如病组织上产生大量孢子,亦可用稀释分离法分离病原真菌。大致步骤为:① 取无菌培养皿 3 个,编号。② 用无菌吸管吸取无菌水,在每 1 皿中分别注入 0.5~1.0 mL。③ 用接种环蘸 1 滴孢子悬浮液,与第 1 个培养皿中的无菌水混合,再从第 1 个培养皿移 3 环到第 2 个培养皿中,混合后再移 3 环到第 3 个培养皿中。④ 将熔化冷却至 45~50 ℃的培养基分别倒在 3 个培养皿中,摇匀,凝固,要使培养基与稀释的菌液充分混匀。⑤ 将培养皿倒置于培养箱中 28 ℃培养,数日后观察菌落生长情况。⑥ 挑菌。将培养后长出较为整齐一致的单个菌落分别挑取,接种到斜面培养基上,28 ℃左右培养。待菌长出后,检查菌是否为纯种,若有其他菌混杂,就要再一次进行分离纯化,直到获得纯株培养。

(5) 如在进行番茄青枯病茎取材时,维管束断口上有菌脓流出,可利用此菌脓作为稀释材料,同上述的真菌稀释分离法。

六、实验结果

(1) 记录病原细菌分子鉴定结果,记录分离和培养的番茄青枯病病菌菌落特征。

(2) 记录病原真菌分子鉴定结果,记录分离和培养的花生褐斑病病菌菌落特征。记录花生褐斑病病菌在花生叶汁+Landers 培养基的菌落净生长量、菌丝日生长速率和产孢量。

七、思考题

(1) 植物病原细菌和真菌分离培养的一般原则和方法是什么?

(2) 在分离植物病原真菌时,可在培养基中添加哪些物质抑制细菌的生长?

实验十六 食用真菌的培养

一、实验目的与内容

(1) 学习平菇和木耳的培养技术,熟悉食用菌的生产过程。

(2) 学习和掌握食用菌组织分离和孢子分离获取纯菌丝体的方法。

二、实验原理

食用真菌是指子实体硕大、肉质或胶质可供人类食用的大型真菌,简称为食用菌,如平菇、杏鲍菇、草菇、金针菇、香菇、蘑菇、猴菇、木耳、银耳、竹荪等。在自然界中,食用菌是靠孢子来繁殖后代的,人工栽培食用菌时,孢子虽然是它的种子,但生产上都不用孢子直接进行接种,而是用孢子组织和寄主上获得的纯菌丝体作为接种材料,一般可通过孢子分离、组织分离等方法获得纯菌丝体。组织分离法是常用的纯菌种分离方法,它是指采用食用菌子实体的任何部位(包括菌柄、菌褶、菌盖等)以及菌核和菌索等组织,在无菌条件下,接入适宜的培养基中,使其长出菌丝体而获得纯菌种的一种方法。这种分离方法取材容易、操作方便、成功率高,而且是一种无性繁殖,得到的培养物遗传稳定性好,易于保持原品种的优良性状。孢子分离法是利用食用菌子实体产生的有性孢子(担孢子)进行纯培养而获得纯菌种的方法。这种方法获得的菌种生命力较强,变异机会多,能为选择优良菌种提供更多机会,但所得的纯菌种必须经过出菇(耳)实验,鉴定为高产优质菌株后,才能用于生产。孢子分离法包括单孢分离法和多孢分离法。异宗结合的食用菌中,单个担孢子萌发的初生菌丝具有不亲和性,不能交配,不可直接用作菌种,必须与不同交配型的单孢子萌发的初生菌丝交配形成双核菌丝体后才能用作菌种。因此,实际工作中,木耳等异宗结合食用菌种的孢子分离一般采用多孢分离法,即将许多孢子接种在同一培养基上,让它们萌发、自由交配来获得食用菌纯菌种。

食用菌的培养是一个逐步放大培养的过程,分为母种、原种、栽培种(生产种)和栽培4个培养步骤。食用菌培养的前3个步骤为菌种的培养。将自行分离的纯种或自专业单位购买的试管斜面菌种扩大繁殖而成的试管斜面菌种称为母种(一级菌种)。将母种在以木屑、棉籽壳或谷粒等为主的培养料上扩大繁殖而成的瓶(袋)装菌种称为原种(二级菌种)。将原种扩大繁殖而成的直接用于栽培的瓶(袋)装菌种称为栽培种或生产种(三级菌种)。

三、实验器材

(1) 材料:幼嫩新鲜的平菇子实体和黑木耳子实体。

(2) 培养基:① PDA培养基。② 平菇原种和栽培种培养基:棉籽壳930 g,麸皮50 g,过磷酸钙10 g,石膏或石灰10 g,料水比1∶1.3～1∶1.5,pH值自然。③ 平菇栽培培养基:棉籽壳1 000 g,过磷酸钙10 g,尿素1 g,石膏10 g,生石灰20 g,多菌灵1 g,料水比1∶1.3～1∶1.5,pH值自然。④ 木耳原种和栽培种培养基:棉籽壳900 g,蔗糖1 g,麸皮5 g,过磷酸钙3 g,石膏粉1 g,料水比1∶1.2～1∶1.3,pH值自然。⑤ 木耳栽培培养基:棉籽壳900 g,麸皮(或米糠)80 g,石膏粉10 g,蔗糖10 g,料水比1∶1.2～1∶1.3,pH值自然。

(3) 试剂:75%乙醇、0.1%高锰酸钾溶液、0.1%～0.2%托布津液等。

(4) 仪器及用具:超净工作台、高压蒸汽灭菌锅、脱脂棉、解剖刀、镊子、接种铲、培养皿、牛皮纸、玻璃瓶、塑料袋、线绳、纱布、烧杯等。

四、实验步骤

1. 平菇的培养

(1) 母种的分离和培养

① 种菇的选择:选取种性优良、菇形圆整、大小适中、盖厚、无病虫害的六七分成熟的平菇子实体作为分离材料。

② 种菇的处理:在超净工作台中切除菇柄,以 75% 酒精棉球擦拭菇体 3 次,进行表面消毒。

③ 组织块的获取:双手均匀用力,将子实体从中间纵向掰开,露出洁净无菌的菇肉,用无菌的尖头镊子夹取菇盖菇柄交界处的菇肉组织 1 块,约黄豆粒大小。(注意:组织块一定不要与菇体表面组织有一丝相连,用尖头镊子纵横相交地切划,很容易得到所需的菇肉组织。)

④ 菌丝体的培养:将夹取的菇肉组织块迅速放入预先准备好的 PDA 试管斜面培养基的中部,塞上棉塞,贴上标签,注明菌种名称、接入日期。将试管斜面平放,于 25 ℃培养,3～5 d 后即可由菇肉组织向培养基中长出白色绒毛状菌丝体,7～10 d 后即可长满斜面,即为母种(一级菌种)。(注意:让组织块贴在培养基上,防止滑动。菌丝洁白密集、粗壮有力、气生菌丝发达、爬壁性强、生长速度快者为优质菌种。)

(2) 原种制备

① 培养基制作:将过磷酸钙和石灰先溶于水中,加入棉籽壳和麸皮,混匀,使其"手握成团,落地能散",堆闷 4～6 h。培养基配制好后,即可装瓶,边装边压实。然后用直径约 1 cm 的锥形棒打孔至瓶底,以利菌丝体蔓延。菌种瓶口内外洗净擦干后,瓶口塞上棉塞,用牛皮纸包扎。121 ℃灭菌 90 min 后冷却备用。

② 接种与培养:在无菌条件下,用接种铲挖取母种接入原种培养料中,接种点尽可能多。在 24～28 ℃培养 20～30 d,即可得原种(要定期检查,检出污染瓶)。

(3) 栽培种制备

栽培种的固体培养即为原种的放大培养。大多用聚丙烯耐高压塑料袋,一般用直径 15 cm 的筒状塑料,剪成高 30 cm 的袋子,用绳扎好后的袋子呈圆柱形,料面无裂纹,装满料后扎上另一端,同原种一样灭菌、接种、培养。一般原种可接 30～50 袋栽培种。若用瓶装制作,其方法与原种制作相同。

(4) 平菇的栽培

① 培养基制作:所有辅料(固体磨碎)按量加至规定量的水中,搅拌均匀后,即可加至主料(棉籽壳)中进行拌料。拌料时要边加水边搅拌,尽量使料吃水均匀,使其"手握成团,落地能散"即可进行堆闷。环境温度在 15 ℃以下时需堆闷一夜,15 ℃以上时堆闷 4～6 h 即可。

② 装袋和接种:取塑料袋。先将袋的一端用绳扎住或踩在脚下,然后从另一端装入棉籽壳培养基。边装边压实,装至一半时,撒入一层菌种,继续装料,快装满时,再撒一层菌种,整平压实,使菌种与料紧密接触。最后捆扎封口,然后倒过来用同样的方法将口封住。接种量一般为料的 10%～15%。装袋的关键是靠近袋口多撒一些菌种,用棉塞封住两头料面。

③ 发菌:将接种好的培养袋放在 20 ℃左右培养室培养,经 3～4 d 后,升温至 25～28 ℃,

相对湿度为 70%,避光下发菌,25 d 左右菌丝就长透整个培养料。

④ 出菇:出菇阶段即子实体形成阶段,是获得高产的关键期,可分为 5 个时期。

a. 原基期:菌丝长满菌袋 3～5 d 时,菌丝开始扭结形成子实体原基,呈瘤状突起。要求通风好,有充足的散射光(完全黑暗不易产生子实体),温度降至 15 ℃ 左右,且有较大的温差环境,昼夜温差在 10 ℃ 以上最好。

b. 桑葚期:原基进一步分化,原基菌丝团表面出现米粒似的菌蕾。此时,应采取保湿措施,以喷雾器向半空中喷雾水(注意:要勤喷、少喷,不要把水喷到料面上),使空气相对湿度保持在 85%～90%。当菌袋两端有密集菌蕾形成时,要解开两端袋口。

c. 珊瑚期:桑葚期经 1～2 d,米粒状菌蕾逐渐生长,表现为基部粗、上部细、参差不齐的短杆状,形似珊瑚,称为珊瑚期,即菇柄形成期。要通风换气,空气相对湿度保持在 85%～90%。

d. 成形期:珊瑚期经 2～3 d,形成原始菌盖,菌盖迅速生长,下方逐渐分化出菌褶,子实体逐步成形。由成形期发育成子实体需要 2～3 d。温度控制在 7～18 ℃,空气相对湿度应保持在 90%～95%,湿度不能忽上忽下。(注意:每天喷水 2 次,以培养料不积水为宜,不可喷水到幼菇上,以免造成烂菇。)

e. 成熟期:自菇蕾出现 5～8 d(条件适宜 2～3 d),菌盖直径达到 5 cm 左右,子实体菌盖边缘稍平展、颜色由深变浅时即可采收。

2. 木耳的培养

(1) 母种的分离和培养

① 种耳的选择:选取生命力旺盛、耳片厚、朵形大、颜色正、富有弹性、无病虫害的七八分成熟的黑木耳子实体作为分离材料。(注意:采回的材料应及时分离,耳片发霉变质者应废弃不用。)

② 种耳的处理:将耳片放入无菌的烧杯内,用无菌水振荡冲洗数次,用无菌纱布吸去耳片表面的水分。

③ 孢子的收集:将上述处理好的耳片放入无菌的培养皿中,子实层朝下,在 20～24 ℃ 下静置 1～2 d。大量的担孢子弹射到培养皿的底部,形成白色孢子印(注意:孢子印清晰可见时,即可终止弹射,以免后期混入活力差的孢子)。在无菌条件下取出种耳弃掉。

④ 接种:用接种环取少量孢子在预先准备好的 PDA 试管斜面培养基上划线接种,置 28 ℃ 培养 3 d 后,24 ℃ 继续培养 12～15 d 左右,菌丝长满整个试管斜面,即成母种。

(2) 原种制备

① 培养基制作:选用新鲜无霉变原料,将麸皮、石膏粉均匀地混合在棉籽壳里,糖和过磷酸钙溶解后加入,按上述干料量加入水,混匀,使其"手握成团,落地能散",堆闷 4～6 h 后装瓶(袋),用机械或人工装袋稍加压实。塑料袋规格通常为 9 cm×21 cm×0.04 cm,在袋口外套入塑料环,像瓶子一样,然后在袋口内塞松紧适宜棉塞或用牛皮纸包扎好。121 ℃ 灭菌 90 min 后冷却备用。

② 接种与培养:在无菌条件下,用接种铲挖取母种接入原种培养料中。母种试管每支可接 4～6 瓶(袋)原种。将接种后的菌种瓶(袋)放入发菌室培养。培养室温度 22～26 ℃,相对湿度为 80% 以下,光线为弱散射光,发菌期间应保持良好的通风条件。原种从接种到菌丝长满瓶(袋)需 30～40 d。

（3）栽培种制作技术：原种进一步扩繁，即为栽培种。栽培种培养基配方及拌料、装袋、灭菌、接种、发菌管理与原种用塑料袋制备时一致。栽培种一般采用塑料袋制备，规格通常为 15 cm×33 cm×0.05 cm，用无棉盖体封口。一瓶原种可接 50 瓶(袋)栽培种。

（4）木耳的栽培

① 培养基制作：培养料按比例称好，拌匀，把蔗糖溶解在水中注入培养料内，加水翻拌混匀，使其"手握成团，落地能散"。料闷 4～6 h 后装袋。

② 装袋和接种：将配制好的培养料装入塑料袋中，装料时可边装边振动袋子，使料坚实并使底部平稳直立，当料装到有 5 cm 高时在袋中央放进 1 根高 20 cm、直径 2 cm 的圆形小木棒，然后继续装袋，压实。当料袋至袋高 2/3 时，压平表面，取出木棒，保持中央孔洞良好。装料完毕，用布擦净袋口，按上塑料套环，把袋口向下翻，塞上棉塞。为防止灭菌时棉塞受潮，造成污染，最好用小牛皮纸包裹棉塞并扎上橡皮圈。然后进行常规灭菌。待冷至 30 ℃以下时，移入接种室进行接种。从菌种瓶中将 5～10 g 菌种移到培养料中央洞内(无菌操作)，接种完毕，塞上棉塞，移入经过消毒灭菌的培养室内发菌培养。

③ 发菌：培养期间，温度保持在 22～25 ℃，相对湿度 60%～70%，保持空气清洁，每天通风 20～30 min，并有微弱散光，经 50 d 左右菌丝长满袋。

④ 出耳：当菌丝长满袋后，把栽培袋挂室内或室外进行栽培管理。挂袋前，将棉塞和颈圈去掉，袋口仍用线绳扎好，并用 0.1% 的高锰酸钾溶液或 0.1%～0.2% 托布津液进行袋面消毒(方法是将菌袋浸入药液进行袋面消毒 1 min，再提起)，待表面药液晾干后，用锋利小刀，在菌袋上按一定距离，轻轻割开长、宽各 2 cm 的呈"十"字形的洞口，每袋开 8～10 个(注意不要伤及菌丝)。开洞后，用绳或吊钩将栽培袋分层挂在室内。栽培室要求光线充足，通气良好，水泥或沙土地面，便于冲洗管理。注意做好保湿工作，每天向空间喷雾 1～2 次，保持栽培室空气相对湿度 85%～95%，温度最好控制在 20～25 ℃，并加强通风透气和光照，待子实体发育成熟，即可采收。

五、注意事项

（1）所用农副产品原料，不能有霉菌污染、病虫害和腐败，应该洁净、没有变质。

（2）灭菌和消毒步骤要严格把关，所有用具都要消毒，培养室或场地要清洁。

（3）装袋时压料要均匀，做到边装边压、逐层压紧、松紧适中，一般以手按有弹性，手压有轻度凹陷，手托挺直为度。料装得太紧透气性不好，影响菌丝生长；装得太松则菌丝生长细弱无力，易断裂损伤，影响发菌和出菇(耳)。

（4）在扎袋口时，不宜扎得过松或过紧。过松时杂菌容易侵入袋内造成感染，过紧时会造成菌丝缺氧而生长缓慢。

（5）料袋要轻拿轻放，防止料袋破损。认真检查装好的料袋，发现破口要用透明胶封贴。

（6）培养过程中应经常检查温度和杂菌污染情况。

六、实验结果

自己设计表格将所做的实验中食用菌的生长情况记录下来。

七、思考题

（1）母种、原种和栽培种制作技术的关键是什么？

（2）分析培养过程中污染瓶（袋）出现的原因。

实验十七 噬菌体的分离纯化及效价测定

一、实验目的与内容

（1）学习分离纯化噬菌体的基本原理和方法。

（2）了解噬菌体效价的含义，熟悉其测定的方法。

二、实验原理

噬菌体是一类专性寄生于原核细胞内的病毒，个体形态极其微小，用常规微生物计数法无法测得其数量。自然界中凡是有细菌和放线菌分布的地方，均可发现其特异噬菌体的存在。例如，粪便与阴沟污水中含有大量的大肠杆菌，容易分离到大肠杆菌噬菌体；奶牛场有较多的乳酸杆菌，容易获得乳酸杆菌噬菌体。

噬菌体分离和纯化的基本原理：① 噬菌体对宿主具有高度特异性。利用其宿主作为敏感菌株去培养和发现它们，即样品中加入敏感菌株与液体培养基混合后培养，噬菌体便能大量增殖、释放，从而可分离到特定的噬菌体。② 利用噬菌斑对噬菌体分离纯化。在宿主菌生长的琼脂平板上，噬菌体可裂解宿主菌而形成透明或浑浊的、肉眼可见的空斑即噬菌斑，在高稀释液中一般一个噬菌体形成一个噬菌斑，故可利用此现象将分离到的噬菌体进行纯化和测定噬菌体的效价。噬菌体的效价是 1 mL 样品中所含噬菌体颗粒的总数。测定效价的方法一般为双层软琼脂平板法。在含有特定宿主细胞的软琼脂平板上形成肉眼可见的噬菌斑，能方便地进行噬菌体计数。但是，样品中可能会有少数活噬菌体未能引起侵染，使噬菌斑计数结果往往比实际活噬菌体数偏低。因此，噬菌体的效价一般不用噬菌体粒子的绝对数量表示，而是采用噬菌斑形成单位（plaque-forming unit，PFU）表示。

大肠杆菌又称大肠埃希菌，是正常肠道菌群的组成部分，但其中很小一部分在一定条件下会引起疾病。它广泛存在于水体、土壤和食品中，一直是微生物学研究的模式菌。本实验从阴沟污水（或河水）中取样和分离大肠杆菌噬菌体，并用双层平板法测定其效价。刚分离出的噬菌体常常不纯，表现在噬菌斑形态、大小不一致等，故需做进一步纯化。

三、实验器材

（1）菌种：大肠杆菌（*Escherichia coli*）。

（2）分离噬菌体的水样：阴沟污水（或河水）。

（3）培养基：牛肉膏蛋白胨固体培养基、牛肉膏蛋白胨液体培养基、三倍浓缩的牛肉膏蛋白胨液体培养基。双层平板培养基：上层牛肉膏蛋白胨琼脂培养基（含琼脂 0.6%）、底层牛肉膏蛋白胨琼脂培养基（含琼脂 1.5%～2%）。

（4）仪器和用具：恒温水浴锅、摇床、离心机、液氮冷冻保藏器、真空冷冻干燥机、0.22 μm 无菌微孔滤膜、抽滤瓶、刻度吸管、洗耳球、滤纸、培养皿、锥形瓶、试管、接种针、玻璃涂棒、安瓿管、冻干管等。

（5）其他：氯化钙、甘油、脱脂牛奶等。

四、实验步骤

1. 噬菌体的分离

（1）水样的预处理：取水样 200 mL，滤纸过滤，加入 $CaCl_2$ 溶液至终浓度为 1 mmol/L，混匀，静置 3 h，经 0.22 μm 无菌微孔滤膜过滤，滤液置于灭菌的空锥形瓶内。

（2）制备大肠杆菌菌悬液：取大肠杆菌斜面（于 37 ℃培养 18～24 h）1 支，加 4 mL 无菌水洗下菌苔，制成菌悬液。

（3）噬菌体增殖培养：取水样滤液 20 mL 加入 20 mL 三倍浓缩的牛肉膏蛋白胨液体培养基中，并加入大肠杆菌菌悬液 2 mL，摇匀，静置 15 min 后，于摇床中 37 ℃、120 r/min 过夜培养（14～16 h）。

（4）制备裂解液：将上述培养液在 4 ℃、4 000 r/min 离心 15 min，取上清液经 0.22 μm 无菌微孔滤膜过滤后得噬菌体裂解液。取少量滤液接入牛肉膏蛋白胨液体培养基中，37 ℃培养过夜，做无菌检查。若无细菌生长，表明菌已除尽。

（5）验证噬菌体存在实验：在牛肉膏蛋白胨琼脂培养基平板上滴加大肠杆菌菌悬液 1 滴，用无菌涂布棒涂布成一薄层。待平板上菌液干后，滴加裂解液数小滴于平板面上，将平板置于 37 ℃培养过夜。如裂解液内有大肠杆菌噬菌体存在，则加裂解液处便出现无菌生长的透明噬菌斑。

2. 噬菌体的纯化

（1）噬菌体样品的稀释：将已证明含有噬菌体的裂解液用牛肉膏蛋白胨液体培养基按 10 倍稀释法做适当稀释。稀释的目的是在平板上得到单个噬菌斑，能否达到目的，决定于所分离得到的噬菌体裂解液的浓度和所加裂解液的量。最好先做预备实验，得出合适的稀释倍数。但若平板上噬菌斑太少，则增加噬菌体裂解液用量或进行噬菌体的富集培养。

（2）倒底层平板：熔化底层平板培养基。取直径 9 cm 培养皿若干，每皿倒入约 10 mL 底层琼脂培养基，按上述（1）中裂解液不同稀释度编号。

（3）制备上层混合液：取试管若干，按上述（1）中裂解液不同稀释度编号。向每支试管加入 0.1 mL 对数期的大肠杆菌菌悬液，并对号加入 0.1 mL 不同稀释度的噬菌体裂解液，摇匀，37 ℃保温 5 min。

（4）倒上层平板并接种：熔化上层平板培养基，并冷却至 50 ℃（可分装在试管中，对应稀释度编号，每管 5 mL，置于 50 ℃水浴锅中保温备用）。将制备好的上层混合液分别加到上述含上层琼脂培养基的试管中，充分摇匀，对号倒入底层琼脂已凝固的平板上，边倒入边摇动平板使其迅速地铺展表面。待上层琼脂凝固后，置于 37 ℃培养 24 h。

（5）纯化噬菌体的获得：取出培养的平板，仔细观察，用接种针穿刺挑取清晰、形态大小一致的典型噬菌斑，接种到含大肠杆菌对数期菌悬液的牛肉膏蛋白胨液体培养基中，置 37 ℃振荡培养至培养基变清，培养物经离心后取上清液过滤除菌，重复上述纯化步骤直到出现的噬菌斑形态一致为止。

3. 噬菌体的富集培养

刚分离纯化得到的噬菌体往往效价不高,需要进行富集培养。将纯化的噬菌体裂解液与三倍浓缩的牛肉膏蛋白胨液体培养基按 1∶10 的比例混合,再加入大肠杆菌菌悬液适量(可与噬菌体裂解液等量或 1/2 的量),37 ℃培养,使噬菌体增殖,如此重复数次,最后过滤除菌,就可得到高效价的噬菌体制品。

4. 噬菌体的保存

(1) **方法一**　往噬菌体悬浮液中加入甘油至终浓度 10% 作为保护剂,采用一种可控慢冷方案(1 ℃/min)降温至 -30 ℃,随后直接放入液氮中保存。

(2) **方法二**　往噬菌体悬浮液中加入灭菌脱脂牛奶至终浓度 20% 作为保护剂,分装于灭菌冻干管中冷冻真空干燥,保存于 4 ℃。

5. 噬菌体效价测定

(1) 稀释噬菌体:按 10 倍稀释法,吸取 0.1 mL 大肠杆菌噬菌体,注入一支装有 0.9 mL 牛肉膏蛋白胨液体培养基的试管中,即稀释 10 倍,为 10^{-1} 的稀释度。可选择 10^{-3}、10^{-4}、10^{-5} 稀释度做预实验,如预实验中某一稀释度的平板中噬菌斑在 30~300 之间,可用此稀释倍数计算效价。如预实验中没有合适的可计数的平板,则需重新确定稀释倍数。

(2) 倒底层平板:熔化底层平板培养基。取直径 9 cm 培养皿若干,每皿倒入约 10 mL 底层琼脂培养基,按不同稀释度编号。

(3) 制备上层混合液:分别在试管中加入 0.1 mL 不同稀释度的噬菌体稀释液,对照管中为 0.1 mL 无菌水,然后在每支试管中加入 0.1 mL 大肠杆菌菌液。轻轻振荡试管使菌液与噬菌体混合均匀,置 37 ℃水浴中保温 5 min,让噬菌体充分吸附并侵入菌体细胞,每个稀释度做 3 个平行。

(4) 倒上层平板并接种:同上述"2. 噬菌体的纯化"步骤中第(4)步。

(5) 观察并统计:仔细观察平板上形成的噬菌斑,记录结果。选取噬菌斑在 30~300 之间的平板,根据下列公式计算出样品中噬菌体的效价:

$$N = \frac{Y \times X}{V}$$

式中:N——效价值;

　　Y——同一稀释度 3 个平板上噬菌斑数的平均值(PFU);

　　V——取样量,mL;

　　X——稀释倍数。

如当稀释度为 10^{-4},即稀释倍数为 10 000,取样量为 0.1 mL/皿,同一稀释度中 3 个平板上噬菌斑的平均值为 138,则该样品的效价为

$$N = \frac{138 \times 10\ 000}{0.1} = 1.38 \times 10^{7}\ (\text{PFU/mL})$$

五、注意事项

(1) 过滤除菌时一定要注意无菌操作。

（2）上层培养基中琼脂浓度维持在 $0.6\%\sim0.7\%$，过高或过低对噬菌斑形成有较大影响。

（3）测定噬菌体效价时，指示菌(本实验为大肠杆菌)的细胞密度不宜过高，一般控制在 1×10^7 个/mL 为宜。因为指示菌密度是在平板上获得清晰噬菌斑效果的重要因素之一。

六、实验结果

（1）将平板中每一稀释度的噬菌斑数记录于下表中。

表 3-6　不同稀释度平板中的噬菌斑数

稀释度	稀释度 1			稀释度 2			稀释度 3			对照		
	1	2	3	1	2	3	1	2	3	1	2	3
PFU/平板												
平均 PFU/平板												

（2）计算噬菌体的效价。

（3）比较两种噬菌体保存方法。

七、思考题

（1）试比较分离纯化噬菌体与分离纯化细菌、放线菌等在基本原理和具体方法上的异同。

（2）有哪些方法可检查发酵液中有噬菌体的存在？比较其优缺点。

（3）测定噬菌体效价的原理是什么？如何提高测定的准确性？

实验十八　微生物菌种保藏方法

一、实验目的与内容

（1）了解菌种保藏的基本原理。

（2）学会几种常见的保藏菌种的方法。

二、实验原理

获得的纯种微生物可根据需要进行保藏。目前已建立了许多长期保藏菌种的方法。虽然不同的保藏方法其原理各异，但基本原则都是使微生物的新陈代谢处于最低或几乎停止的状态，使其不发生变异而又能保持生活能力。保藏方法通常是基于温度、水分、通气、营养成分和渗透压等方面考虑。其中低温、干燥和隔绝空气是使微生物代谢能力降低的重要因素。

保藏方法大致可分为 4 种。

1. 传代培养法

此法使用最早，它是将要保藏的菌种通过斜面、穿刺或疱肉培养基(后者用于保藏厌氧细菌)培养好后，置 $4\sim6$ ℃存放，定期进行传代培养，再存放。后来发展为在斜面培养物上面覆盖一层无菌的液体石蜡,一方面可防止因培养基水分蒸发而引起菌种死亡,另一方面可阻止氧气进入,以减弱代谢作用,故能够适当延长保藏时间。不过,总的来说,传代培养法保藏菌种的时间不长,且传代过多往往使菌种的主要特性减退,甚至丢失。因此它只能作为短期存放菌种用。

2. 载体保藏法

指将微生物吸附在适当的载体上进行干燥,如土壤、沙子、硅胶、滤纸、明胶、麸皮、磁珠等。该法操作通常比较简单,普通实验室均可进行。其中沙土保藏法和滤纸保藏法应用相当广泛。

3. 真空冷冻干燥法

该法可克服简单保藏方法的不足。其主要利用有利于菌种保藏的一切因素,使微生物始终处于低温、干燥、缺氧的条件下,因而它是迄今为止最有效的菌种保藏法之一。真空冷冻干燥法是将要保藏的微生物样品先经低温($-70\,℃$左右)预冻,然后在低温状态下进行减压干燥。

4. 冷冻保藏法

这是一种使样品始终存放在低温环境下的保藏方法,可分低温冰箱($-20\sim-30\,℃$,$-50\sim-80\,℃$)、干冰酒精快速冻结(约$-70\,℃$)和液氮($-196\,℃$)等保藏法。

注意有些方法如滤纸保藏法、液氮保藏法和冷冻干燥保藏法等均需使用保护剂来制备细胞悬液,以防止因冷冻或水分不断升华对细胞的损害。保护性溶质可通过氢和离子键对水和细胞所产生的亲和力来稳定细胞成分的构型。保护剂主要有甘油、二甲亚砜、谷氨酸钠、糖类、可溶性淀粉、聚乙烯吡咯烷酮(PVP)、血清、脱脂奶等。二甲亚砜对微生物细胞有一定的毒害,一般不采用。甘油适宜低温保藏,脱脂奶和海藻糖是较好的保护剂,尤其是在真空冷冻干燥中普遍使用。

三、实验器材

(1)菌种:细菌、酵母菌、放线菌和霉菌。

(2)培养基:① 牛肉膏蛋白胨琼脂培养基;② 高氏Ⅰ号培养基;③马铃薯葡萄糖琼脂培养基(PDA培养基)。

(3)试剂:液体石蜡、20%脱脂奶、75%乙醇、10%~20%的甘油或10%二甲亚砜等。

(4)仪器和用具:培养箱、烘箱、冷冻真空干燥机、液氮冷冻保藏器、试管、锥形瓶、刻度吸管、洗耳球、接种环、接种针、脱脂棉、滤纸、镊子、安瓿管、干燥器、冻干管、酒精灯、火柴、标签纸等。

(5)其他:河沙、瘦黄土或红土。

四、实验步骤

下列各法可根据实验室具体条件与需要选做。

1. 斜面传代保藏法

(1)贴标签:取各种无菌斜面试管数支,将注有菌株名称和接种日期的标签贴上,贴在试管斜面的正上方,距试管口 2~3 cm 处。

(2)斜面接种:将纯化好需保藏的菌种以无菌操作法转接在适宜的固体斜面培养基上,细菌和酵母菌宜采用对数生长期的细胞,而放线菌和丝状真菌宜采用成熟的孢子。

(3)培养:细菌于 37 ℃恒温培养 18~24 h,酵母菌于 28~30 ℃培养 36~60 h,放线菌和丝状真菌置于 28 ℃培养 4~7 d。

(4) 保藏:待其充分生长后,用油纸将棉塞部分包扎好(斜面试管用戴帽的螺旋试管为宜。这样培养基不易干,且螺旋帽不易长霉,如用棉塞,塞子要求比较干燥),直接放入 4 ℃冰箱保藏。

保藏时间依微生物的种类而有不同,霉菌、放线菌及有芽孢的细菌保存 2～4 个月,移种 1 次。酵母菌每 2 个月移种 1 次。而不产芽孢的细菌最好每月移种 1 次。此法操作简单,使用方便,不需特殊设备,能随时检查所保藏的菌株是否死亡等,缺点是保藏时间短,需定期传代,菌种容易变异,且污染杂菌的机会较多。

2. 液体石蜡法

(1) 液体石蜡灭菌:将液体石蜡分装于试管或锥形瓶中,塞上棉塞并用牛皮纸包扎,121 ℃灭菌 30 min,然后放在 40 ℃温箱中放置 14 d(或置于 105～110 ℃烘箱中 l h),使水汽蒸发后备用。

(2) 接种培养:同斜面传代保藏法。

(3) 加液体石蜡:用无菌吸管吸取无菌的液体石蜡,加入已长好菌的斜面上,其用量以高出斜面顶端 1 cm 为准(见图 3 - 17),使菌种与空气隔绝。

(4) 保藏:棉塞外包牛皮纸,将试管直立放置于 4 ℃冰箱中保存(有的微生物在室温下比在冰箱中保存的时间还要长)。

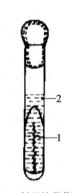

1. 斜面的菌苔;
2. 注入的液体石蜡

图 3 - 17 液体石蜡法

利用这种保藏方法,产孢子的霉菌、放线菌、芽孢菌可保藏 2 年以上,有些酵母菌可保藏 1～2 年,一般无芽孢细菌也可保藏 1 年左右,甚至用一般方法很难保藏的脑膜炎球菌,在 37 ℃ 温箱内,亦可保藏 3 个月之久。此法的优点是制作简单,不需特殊设备,且不需经常移种,缺点是保存时必须直立放置,所占位置较大,同时也不便携带。

(5) 恢复培养:用接种环从液体石蜡下挑取少量菌种,在试管壁上轻靠几下,尽量使油滴净,再接种于新鲜培养基中培养。由于菌体表面粘有液体石蜡,生长较慢且有黏性,故一般须转接 2 次才能获得良好菌种。另外注意接种环在火焰上烧灼时,培养物容易与残留的液体石蜡一起飞溅,应特别注意。

3. 滤纸保藏法

(1) 菌种培养:将需要保存的菌种在适宜的斜面培养基上培养,直到生长半满。

(2) 保护剂的配制:配制 20%脱脂奶,装在锥形瓶或试管中,112 ℃灭菌 25 min。待冷后,随机取出几份分别置 28 ℃、37 ℃培养过夜,然后各取 0.2 mL 涂布在肉汤平板上或斜面上进行无菌检查,确认无菌后方可使用,其余的保护剂置 4 ℃存放待用。

(3) 滤纸条的准备:将滤纸剪成 0.5 cm×1.2 cm 的小条,装入 0.6 cm×8 cm 的安瓿管中,每管 1～2 条,用棉花塞上后经 121 ℃灭菌 30 min。

(4) 菌悬液的制备:取灭菌脱脂牛乳 1～2 mL 加入待保存的菌种斜面试管内。用接种环轻轻地将菌苔刮下,制成浓悬液。

(5) 分装样品:用灭菌镊子自安瓿管取滤纸条浸入菌悬液内,使其吸饱,再放回至安瓿管中,塞上棉塞。

(6) 干燥:将安瓿管放入内有 P_2O_5(或无水氯化钙)作吸水剂的干燥器中,用真空泵抽气至干。

(7) 熔封与保存:将棉花塞入管内,用火焰熔封(如图 3 - 18),低温保存。

（8）取用安瓿管：需要使用菌种、复活培养时，可用锉刀或砂轮从上端打开安瓿管［如图3－19（a）所示］或将安瓿管口在火焰上烧热，滴1滴冷水在烧热的部位，使玻璃破裂，再用无菌镊子敲掉口端的玻璃，待安瓿管开启后，取出滤纸［如图3－19（b）所示］，放入液体培养基内或加入少许无菌水用无菌吸管或毛细滴管吹打几次，使干燥物很快溶解后吸出，转入适当的培养基中置培养箱中培养。

细菌、酵母菌、丝状真菌均可用此法保藏，前两者可保藏2年左右，有些丝状真菌甚至可保藏14～17年之久。此法较液氮、冷冻干燥法简便，不需要特殊设备。

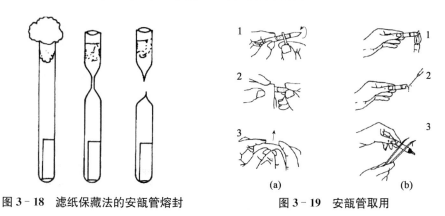

图3－18　滤纸保藏法的安瓿管熔封　　　　图3－19　安瓿管取用

4. 沙土保藏法

（1）沙处理：取河沙若干经40目过筛，去除大颗粒，加10%HCl浸泡（用量以浸没沙面为宜）2～4 h（或煮沸30 min），以除去其中的有机质，倒去盐酸溶液，用自来水冲洗至中性，最后一次用蒸馏水冲洗，烘干或晒干，备用。

（2）土处理：取非耕作层不含腐殖质的瘦黄土或红土（不含有机质），加自来水浸泡洗涤数次，直至中性。烘干后粉碎，用100目筛子过筛，去除粗颗粒后备用。

（3）沙土混合：按1份黄土、3份沙的比例（或根据需要而用其他比例，甚至可全部用沙或全部用土）掺和均匀，装入10 mm×100 mm的小试管或安瓿管中，每管装1 g左右，塞上棉塞，进行灭菌（通常采用间歇灭菌2～3次），烘干。

（4）无菌检查：每10支沙土管随机抽1支，将沙土倒入肉汤培养基中，37 ℃培养48 h，若仍有杂菌，则需全部重新灭菌，再做无菌实验，直至证明无菌，方可备用。

（5）菌悬液的制备：选择培养成熟的（一般用于孢子层生长丰满的情况，不适合营养细胞）优良菌种，以2～3 mL无菌水洗下，制成孢子悬液。

（6）分装样品：于每支沙土管中加入约0.5 mL（一般以刚刚使沙土润湿为宜）孢子悬液，以接种针拌匀。

（7）干燥：将装有菌悬液的沙土管放入干燥器内，干燥器底部盛有干燥剂。用真空泵抽干水分（抽干时间越短越好，12 h内抽干）后火焰封口（也可用橡皮塞或棉塞塞住试管口）。

（8）保存：置4 ℃冰箱或室温干燥，每隔一定的时间进行检测。

（9）复活：需要使用菌种、复活培养时，取沙土少许移入液体培养基内，置培养箱中培养。

此法多用于产芽孢的细菌、产生孢子的霉菌和放线菌，在抗生素工业生产中应用广泛、效果较好，可保存几年时间，但对营养细胞效果不佳。

5. 冷冻真空干燥法

真空冷冻干燥机有成套的装置出售,价值昂贵,此处介绍的是简易方法与装置,可达到同样的目的。

(1) 冻干管的准备:根据需要选择不同大小规格的冻干管,一般选用中性硬质玻璃,95♯材料为宜,内径约 5 mm,长约 15 cm,用 10%HCl 浸泡 8~10 h 后用自来水冲洗多次,最后用去离子水洗 1~2 次,烘干后塞上棉花,贴好标签。在 121 ℃时灭菌 30 min,备用。

(2) 菌种培养:用冷冻干燥法保藏的菌种,其保藏期可达数年至十余年,为了在许多年后不出差错,所用菌种要特别注意其纯度,即不能有杂菌污染,然后在最适培养基中用最适温度培养出良好的培养物。细菌和酵母的菌龄要求超过对数生长期,若用对数生长期的菌种进行保藏,其存活率反而降低。一般细菌要求 24~48 h 的培养物,酵母需培养 3 d,形成孢子的微生物则宜保存孢子,放线菌与丝状真菌则培养 7~10 d。

(3) 保护剂的配制:选用适宜的保护剂按使用浓度配制后灭菌检查(同滤纸法保护剂的无菌检查),确认无菌后才能使用。糖类物质需用过滤器灭菌,脱脂牛奶 112 ℃,灭菌要 25 min。脱脂奶对于大多数细菌、酵母菌和丝状真菌都适用。

(4) 菌悬液的制备与分装:吸 2~3 mL 保护剂加入新鲜斜面菌种试管,用接种环将菌苔或孢子洗下,振荡制成菌悬液,真菌菌悬液则需置 4 ℃平衡 20~30 min。用无菌毛细滴管吸取菌悬液加入冻干管,每管装约 0.2 mL 悬液。

(5) 预冻:用程序控制温度仪进行分级降温。不同的微生物其最佳降温速率有所差异,一般由室温快速降温至 4 ℃,4~40 ℃每分钟降低 1 ℃,—40~—60 ℃以下每分钟降低 5 ℃。条件不具备者,可以使用冰箱逐步降温。从室温到 4 ℃,再至—12 ℃,再至—30 ℃,最后至—70 ℃,也可用盐冰、干冰替代。

(6) 冷冻真空干燥:启动冷冻真空干燥机制冷系统.当温度下降到—50 ℃ 以下时,将冻结好的样品迅速放入冻干机钟罩内,启动真空泵抽气直至样品干燥。抽气一般若在 30 min 内能达到 93.3 Pa(0.7 mmHg)真空度时,则干燥物不致溶化,以后再继续抽气,几小时内,肉眼可观察到被干燥物已趋干燥,一般抽到真空度 26.7 Pa(0.2 mmHg),保持压力 6~8 h 即可。也可按图 3-20 所示用简单的装置代替冻干机。

样品干燥的程度对菌种保藏的时间影响很大,一般要求样品的含水量为 1%~3%。判断方法:① 外观:样品表面出现裂痕与冻干管内壁有脱落现象,说明干燥程度尚可;② 指示剂:用 3%的氯化钴水溶液分装冻干管,当溶液的颜色由红变浅蓝后,再抽同样长的时间便可。

(7) 取出样品:先关真空泵、再关制冷机,打开进气阀使钟罩内真空度逐渐下降,直至与室内气压相等后打开钟罩,取出样品。先取几只冻干管在桌面上轻敲几下,样品很快疏散,说明干燥程度达到要求。若用力敲,样品不与内壁脱开,也不松散,则需继续冷冻真空干燥,此时样品不需事先预冻。

(8) 熔封[见图 3-20(b)]与保藏:干燥后继续抽真空达 1.33 Pa 时,在冻干管棉塞的稍下部位用酒精喷灯火焰灼烧,拉成细颈并熔封,然后置 4 ℃冰箱或室温暗处保藏。

(9) 取用冻干管:先用 75%乙醇将冻干管外壁擦干净,再用砂轮或锉刀在冻干管上端画一小痕迹,然后将所画之处向外,两手握住冻干管的上下两端稍向外用力便可打开冻干管,或将冻干管进口烧热,在热处滴儿滴水,使之破裂,再用镊子敲开(同图 3 - 19 安瓿管取用)。

此法为菌种保藏方法中最有效的方法之一,对一般生命力强的微生物及其孢子以及无芽孢菌都适用,即使对一些很难保存的致病菌,如脑膜炎球菌与淋病球菌等亦能保存。适用于菌种长期保存,一般可保存数年至十余年,但设备和操作都比较复杂。

6. 液氮冷冻保藏法

(1) 准备安瓿管:用于液氮保藏的安瓿管要求既能经 121 ℃高温灭菌又能在-196 ℃低温长期存放。因此要求其能耐受温度突然变化而不致破裂,可采用硼硅酸盐玻璃制造的安瓿管。现已普遍使用聚丙烯塑料制成带有螺旋帽和垫圈的安瓿管,容量为 2 mL。用自来水洗净后,经蒸馏水冲洗多次,烘干,121 ℃灭菌 30 min。

(2) 保护剂的准备:配制 10%～20%的甘油或 10%二甲亚砜,121 ℃灭菌 30 min,使用前随机抽样进行无菌检查(见滤纸法保护剂的配制)。

(3) 菌悬液的制备:取新鲜的、培养健壮的斜面菌种加入 2～3 mL 保护剂,用接种环将菌苔洗下振荡,制成菌悬液。

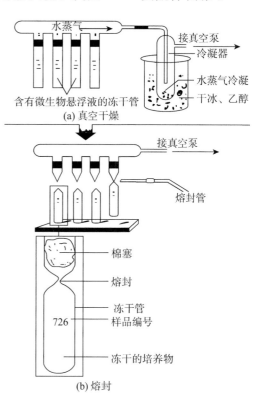

图 3 - 20　冷冻真空干燥法简易装置

(4) 分装样品:用记号笔在安瓿管上注明标号,用无菌吸管吸取菌悬液,加入安瓿管中,每只管加 0.5 mL 菌悬液。拧紧螺旋帽。如果安瓿管的垫圈或螺旋帽封闭不严,液氮罐中液氮进入管内,取出安瓿管时,会发生爆炸,因此密封安瓿管十分重要,需特别细致。

(5) 预冻:先将分装好的安瓿管以每分钟下降 1 ℃的慢速冻结至-30 ℃。若没有程序控制降温仪,可采用分段降温。如先将安瓿管置 4 ℃冰箱中放 30 min 后,再转入冰箱中-18 ℃处放置 20～30 min,再置-30 ℃低温冰箱或冷柜 20 min 后,快速转入-70 ℃ 超低温冰箱 1 h。需经过预冻,是因为若细胞急剧冷冻,则在细胞内会形成冰的结晶,因而降低存活率。

(6) 保存:经预冻后,将安瓿管快速转入液氮罐(见图 3 - 21)液相中(液氮保藏器内的气相为-150 ℃,液态氮内为-196 ℃),并记录菌种在液氮罐中存放的位置与安瓿管数。

(7) 恢复培养保藏菌种:需要用时,将安瓿管取出,立即放入 38～40 ℃的水浴中进行急剧解冻,直到全部融化为止。再打开安瓿管,将内容物移入适宜的培养基上培养。

此法除适宜于一般微生物的保藏外,对一些用冷冻干燥法都难以保存的微生物如支原体、衣原体、氢细菌、

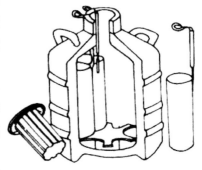

图 3 - 21　液氮冷冻保藏器

难以形成孢子的霉菌、噬菌体及动物细胞均可长期保藏,而且性状不变异。缺点是需要特殊设备。

五、注意事项

(1) 进行微生物保藏时,需根据所要保藏的微生物特点选择合适的保藏方法。

(2) 从液体石蜡下面取培养物移种后接种环在火焰上烧灼时,培养物容易与残留的液体石蜡一起飞溅,应特别注意,特别是保藏致病菌要更加小心。

(3) 保护剂需除菌,经无菌检查后方可使用。

六、实验结果

介绍你采用的保藏方法、注意事项、优缺点。

七、思考题

(1) 经常使用的细菌菌种,应用哪一种方法保藏既好又简便?

(2) 产孢子的微生物常用哪一种方法保藏?

(3) 比较几种保藏技术的优缺点。

第四章　设计型、综合型和探究型实验

实验教学作为培养合格人才的基本环节，是高等学校教学工作的重要组成部分，在学生能力培养和综合素质提高方面有其独特的作用。实验可以培养学生的动手能力、分析和解决问题的能力、正确的思维方法及严谨的科学态度和工作作风等。但长期以来，实验教学存在验证型实验较多、趣味性较差、缺乏学科交叉性等问题。

本章主要为设计型、综合型和探究型实验，涉及内容较广，主要包括检测、培养或观察食品、农业和环境中的微生物，以及制作微生物相关发酵产品等。设计型实验是指学生根据给定的实验任务书，查阅文献资料，自行设计实验方案、准备实验仪器和药品，独立进行实验操作，最后书写实验报告，并总结实验结果。设计型实验的主体是学生，整个实验过程由学生独立设计和操作，实验中出现的问题由学生自己提出并设法解决。

实验十九　原生质体融合

一、实验目的与内容

（1）了解原生质体融合的一般步骤，及影响原生质体制备与再生的主要因素。

（2）学习并掌握以细菌为材料的原生质体融合技术。

二、实验原理

原生质体融合也称细胞杂交，是基因重组技术的一部分。首先把 2 个具备不同优良性状的亲本菌株利用酶解法去除细胞壁，获得仅由细胞膜包裹的球状原生质体，然后采用一定的方法使 2 个细胞原生质体相互接触，再逐步发生膜融合、胞质融合以及核融合，进而达到基因重组的目的，最后给予适当的条件使融合子再生即获得杂交菌株，进而筛选出兼具不同优良性状的目标菌株。

在众多微生物菌种的传统育种方法中，自然选育操作较为简单，但很难快速、有效地获得优良目标菌株；诱变育种方法也同样难以掌控突变方向，筛选工作量巨大；基因工程育种需对亲本的遗传背景进行详细了解，且操作较为复杂。而原生质体融合技术因具有独特的优点而被广泛应用。原生质体融合技术的优点主要有：杂交频率较高；可以打破种属间界限，实现远源基因交流；遗传物质传递更完整；可定向选育优良性状相结合的重组体；相比于基因工程方法，不需要了解亲本详细的遗传背景，也不需要昂贵的精密仪器与实验材料，成本较低。

原生质体融合一般包括如下步骤：

（1）标记菌株的筛选，即对两亲本菌株选择不同的营养缺陷型或对药物不同的抗性差异等。

(2) 原生质体的制备,即用水解酶除去细胞壁,释放出只有原生质膜包被着的球状原生质体的过程。不同微生物种类其细胞壁结构和化学组成不同,酶解处理的有效酶也不一样,因此要根据微生物种类特性选择合适的酶。处理细菌细胞壁常用酶为溶菌酶,处理真菌细胞壁常用酶为纤维素酶、酵母裂解酶、β-1,3-葡聚糖酶、几丁质酶、蜗牛酶等。影响原生质体制备的主要因素包括以下几方面:① 酶用量:酶中往往含有对原生质体有害的酶类,随着酶量的增加,杂酶的浓度也会随之增加,当达到一定浓度时,必然会影响原生质体的活性,酶浓度过大,细胞脱壁太彻底,必然降低原生质体的再生率。通常溶菌酶用量为 0.1~0.2 mg/mL,葡聚糖苷酶为 1%~2%,蜗牛酶为 10~30 mg/mL。② 酶解温度:根据酶反应动力学原理,酶解温度直接影响酶促反应的速度。细菌与放线菌的最适酶解温度为 28~37 ℃,真菌的最适酶解温度为 30~35 ℃。③ 酶解液 pH 值:酶解液 pH 值不仅影响酶的活力和底物的特性,改变溶壁效果,而且影响已脱壁原生质体的稳定性。细菌如枯草芽孢杆菌最适 pH 值为 7.5~8.5,pH 值低于 7 对原生质体的制备率影响较大。真菌如产黄青霉菌最适 pH 值为 5.5,在 pH 值 4.0~8.0 范围内均可释放原生质体。④ 酶解时间:不同微生物的最适酶解时间的差异很大(20 min~7 h 左右)。酶解时间过长,对于一些早期释放的原生质体膜有破坏作用,影响原生质体膜的稳定性,导致原生质体破碎或再生率降低。一般细菌酶解时间较短,真菌酶解时间较长。⑤ 渗透压稳定剂的性质及浓度:合适的渗透压稳定剂,一方面可使原生质体内外的渗透压维持平衡,另一方面对酶的活性也具有一定的促进作用,从而影响原生质体的产量。通常,丝状真菌以无机盐作为稳定剂比较适宜,而酵母菌则用糖或醇作稳定剂较好。⑥ 预处理方式:不同预处理方式会引起细胞壁的组成或超微结构发生变化,从而影响裂解酶的敏感度。一方面,对已培养好的菌体,在酶解前用适量硫醇化合物(如 2-巯基乙醇和二硫苏糖醇)预处理能还原细胞壁中蛋白质的二硫键,使分子链切开,酶分子易渗入,从而促进细胞壁的水解及原生质体的释放。另一方面,在原生质体制备前,用适量的青霉素对菌体进行预处理,可以抑制肽聚糖合成过程中的转肽作用,有利于原生质体的形成。

(3) 原生质体的再生,即原生质体再形成有生活能力的菌丝。不同微生物的原生质体最适再生条件存在一定的差异。影响原生质体再生的条件主要有以下几方面:① 菌龄:菌龄过短的菌丝经酶解破壁形成小原生质体,有的细胞器不完全,营养供给不足,再生能力也较低。菌龄长的原生质体再生率高,再生时间远比菌龄短的原生质体短,可能是含有细胞核和其他细胞物质数量多的缘故。如黑曲霉原生质体制备最佳菌龄是 24~72 h,36 h 最为理想,而原生质体再生的最适时期为 60~72 h。② 培养方式:不同的菌种要求不同的再生培养方式,用固体培养法再生原生质体优于液体培养法。③ 培养基:在再生培养基中会添加一些营养物质,这些物质可能是作为细胞壁合成的前体物质,也可能通过代谢转化成细胞壁的前体物质或起到促进代谢、加速细胞壁合成的作用。Ca^{2+}、Mg^{2+} 的存在,可以显著提高原生质体的再生率,真菌再生培养基中常添加酵母膏、蛋白质、糖类或氨基酸作为营养因子,而细菌、放线菌中补加水解酪蛋白、人血白蛋白、氨基酸和琥珀酸钠作为营养因子。④ 酶解参数:原生质体制备时的酶浓度和酶解时间对原生质体再生的影响较大。酶浓度的高低也影响原生质体的再生,因为在过高浓度的酶制备原生质体时细胞受损伤较大,失去了重新建成原来细胞所必要的因子,影响原生质体的再生。此外一般酶解时间过长使再生率降低。⑤ 原生质体的贮存:由于原生质体比较脆弱,在各种高渗液中保存,其再生能力普遍都会下降。

（4）原生质体的融合：原生质体融合方法可分自发融合和诱导融合 2 种。因自发融合的概率较低,故在处理过程中多采用许多不同的诱导融合方法,主要有:① 化学诱导融合:如聚乙二醇(polyethylene glycol,PEG)介导的细胞融合,此法不需要仪器,操作简单,但 PEG 对细胞有毒性,原生质体融合率低。② 电诱导融合:指利用电场来诱导细胞彼此连接成串,在施加瞬间强脉冲促使质膜发生可逆性电击穿,促使细胞融合的方法。此法无毒无害,直观操作,融合率较高,但需要在专门的电融合仪和配套的融合小室中进行,所需的设备费用较贵。③ 激光诱导融合:是利用激光微束对相邻细胞接触区的细胞膜进行破坏(或扰动),可将 2 个不同特性、不同大小的细胞在显微镜下实现融合。即利用光镊捕捉并拖动一个细胞使之靠近另一个细胞并紧密接触,然后对接触处进行脉冲激光束处理,使质膜发生光击穿,产生微米级的微孔。这样,由于质膜上微孔的可逆性,细胞开始变形融合,最终成为一个细胞。此法毒性小,损伤小,但其所需设备昂贵复杂,操作技术难度大。④ 现代物理方法:有基于微流控芯片的细胞融合技术、高通量细胞融合芯片、空间细胞融合技术、离子束细胞融合技术和非对称细胞融合技术。⑤ 生物诱导融合:如灭活病毒介导的细胞融合等,此法的缺点是病毒制备困难、操作复杂、灭活病毒的效价差异大、实验的重复性较差、融合率较低等。

（5）融合子的选择:利用营养缺陷型标记、抗药性标记、灭活标记、荧光染色标记、某些特殊的生理特征等筛选融合子。

（6）实用性菌株的筛选。

三、实验器材

（1）菌种:枯草芽孢杆菌 AS1. 398（Arg^- Leu^- $Str^s Rif^r$）、地衣芽孢杆菌（Thr^- Ade^- $Str^r Rif^s$）。其中 Arg^- 指精氨酸缺陷型,Leu^- 指亮氨酸缺陷型,Thr^- 指苏氨酸缺陷型,Ade^- 指腺嘌呤缺陷型,Str^s 指链霉素敏感,Str^r 指链霉素抗性,Rif^s 指利福平敏感,Rif^r 指利福平抗性。

（2）培养基

① 完全培养基（CM）:蛋白胨 10 g/L,牛肉膏 5 g/L,NaCl 5 g/L,葡萄糖 5 g/L,pH 值为7.0～7.2。若制作固体培养基,则加入 15～20 g/L 琼脂。

② 高渗再生培养基:CM 培养基中加入 0.5 mol/L 蔗糖和 20 mmol/L $MgCl_2$。

③ 基本培养基（MM）:葡萄糖 5 g/L,KH_2PO_4 6 g/L,K_2HPO_4 14 g/L,柠檬酸钠 1 g/L,$(NH_4)_2SO_4$ 2 g/L,$MgSO_4 \cdot 7H_2O$ 0.2 g/L,琼脂 15 g/L,pH 值 7.0。

④ 高渗基本培养基:基本培养基中加入 0.5 mol/L 蔗糖和 20 mmol/L $MgCl_2$。

（3）试剂

① 原生质体稳定液（SMM）:0.5 mol/L 蔗糖、20 mmol/L $MgCl_2$、20 mmol/L 丁烯二酸,调 pH 值 6.5。

② 促融合剂:含 30% 聚乙二醇（PEG - 4 000）的 SMM 溶液。

③ 溶菌酶溶液:利用 SMM 溶液配制溶菌酶溶液(酶活 20 000 U/mg),终浓度为 5 mg/mL,过滤除菌备用。

④ 无菌生理盐水。

（4）仪器和用具:显微镜、离心机、天平、水浴锅、超净工作台、摇床、培养箱、培养皿、刻度吸管、洗耳球、试管、容量瓶、锥形瓶、烧杯、离心管、血球计数板、微孔滤膜过滤器、0.22 μm 滤膜、接种环、玻璃涂棒等。

四、实验步骤

1. 原生质体的制备

(1) 取两亲本菌株新鲜斜面,分别接一环到装有液体完全培养基(CM)的试管中,36 ℃振荡培养 14 h,各取 1 mL 菌液转接入装有 20 mL 液体完全培养基的锥形瓶中,36 ℃振荡培养 3 h,使细胞生长进入对数前期,继续振荡培养 2 h。

(2) 各取菌液 10 mL 在 4 000 r/min 下离心 10 min,弃上清液,收集菌体,加入 SMM 离心洗涤 3 次。用 SMM 配制成细胞悬浮液,活菌计数并调整细胞浓度约为 $2×10^8$ 个/mL。

(3) 各取上述 SMM 悬浮的菌悬液 0.5 mL 用无菌生理盐水做 10 倍梯度稀释,取 10^{-5}、10^{-6}、10^{-7} 各 0.1 mL(每稀释度做 2 个平板),涂布在完全培养基平板上,36 ℃培养 24 h 后计数。此为未经酶处理的总菌数。

(4) 各取上述 SMM 悬浮的菌悬液 10 mL 于 100 mL 锥形瓶中,加入溶菌酶溶液 0.4 mL,反应体系酶浓度为 0.2 mg/mL,35 ℃恒温水浴保温酶解 30 min 后取样镜检,镜检观察 95% 以上的细胞转化成原生质体时,终止酶解反应。取酶解后的原生质体液 5 mL,4 000 r/min 离心 10 min,倾去上清液,并用 SMM 洗涤 1 次,用 SMM 配制成原生质体悬液,活菌计数并调整原生质体浓度为 $(1.0\sim1.5)×10^8$ 个/mL,备用。

(5) 各取 0.5 mL 上述原生质体悬液,用无菌水稀释,使原生质体裂解死亡,取 10^{-2}、10^{-3}、10^{-4} 稀释液各 0.1 mL 涂布于 CM 固体培养基平板上,36 ℃培养 24 ～48 h 生长出的菌落应是未被酶裂解的剩余细胞。计算两亲本菌株的原生质体形成率。

$$原生质体形成率(\%)=\frac{未经酶处理的总菌数 — 酶处理后剩余细胞数}{未经酶处理的总菌数}×100\%$$

2. 原生质体再生

将原生质体悬液于 SMM 中进行 10 倍梯度稀释,取 10^{-4}、10^{-5}、10^{-6} 稀释液各 0.1 mL,涂布于高渗再生培养基,36 ℃培养 24～48 h,测定再生菌落数,计算再生率。

$$原生质体再生率(\%)=\frac{再生培养基上的总菌数 — 酶处理后剩余细胞数}{未经酶处理的总菌数 — 酶处理后剩余细胞数}×100\%$$

3. 原生质体融合

取两亲本的原生质体悬液各 1 mL 混合,放置 5 min 后,2 500 r/min 离心 10 min,弃上清液。于沉淀中加入 0.2 mL 的 SMM 溶液混匀,再加入 1.8 mL 的 PEG 溶液,轻轻摇匀,置 36 ℃水浴保温处理 2 min,在 2 500 r/min 下离心 10 min 收集菌体,将沉淀充分悬浮于 2 mL 的 SMM 溶液中。

4. 检出融合子

取 0.5 mL 融合液,用 SMM 溶液作适当稀释。取 0.1 mL 稀释融合液涂布于高渗再生培养基和高渗基本培养基上,36 ℃培养 24～48 h,检出融合子,转接传代,并进行计数,计算融合率。凡是在高渗基本培养基上生长的菌落,初步认为是融合子。因为营养缺陷型的亲株细胞不能在基本培养基上生长。但是原生质体融合后会出现 2 种情况:一种是真正的融合,即产生杂合二倍体或单倍重组体;另一种只发生质配,而无核配,形成异核体。两者都能在高渗基本培养基平板上形成菌落,但前者稳定,而后者不稳定。故在传代中将会分离为亲本类型。所以要获得真正的融合子,必须进行几代的分离、纯化和选择。

$$融合率(\%) = \frac{融合子数}{亲本再生的原生质体数} \times 100\%$$

五、注意事项

（1）在制备原生质体的过程中要防止原生质体的破裂。

（2）注意实验操作过程中的无菌环境。

（3）注意显微镜的使用和血球计数板的计数原则。

（4）PEG 的相对分子质量和浓度对融合率的影响较大,一般常用的 PEG 相对分子质量为 1 500～6 000,融合过程中 PEG 浓度为 30%～50%,浓度过高会导致原生质体皱缩甚至中毒,过低则会使原生质体破裂。

六、实验结果

（1）根据上述公式计算原生质体形成率和再生率。

（2）根据上述公式计算融合率。

七、思考题

（1）双亲本细胞培养过程中能否通过添加青霉素达到除壁的效果? 何时添加?

（2）为什么在挑选融合子过程中需要多次转接传代?

（3）实验中有哪些因素影响原生质体的形成率、再生率和融合率?

实验二十 微生物紫外诱变育种

一、实验目的与内容

通过紫外处理微生物细胞和原生质体,学习微生物紫外诱变育种的基本操作方法。

二、实验原理

微生物育种(microbial breeding)是指培育优良微生物的生物学技术。其方法通常为自然选育和人工选育 2 种,可单独使用,也可交叉进行。自然选育是指对自然界中的微生物,在未经人工诱变或杂交处理的情况下进行分离和纯化(见"实验十三 土壤中细菌、放线菌和霉菌计数及分离纯化"),然后进行纯培养和测定,择优选取微生物的菌种。这种方法简单易行,但获得优良菌种的概率小,一般难以满足生产的需要。因此人工选育是目前获得优良性状的微生物菌种的主要方法。人工选育分诱变育种和杂交育种两种。

诱变育种是在人为的条件下,利用物理、化学等因素,诱发微生物群体细胞,通过合理的筛选程序和方法,从中选出遗传物质分子结构发生改变的少数细胞,培育成新品种。诱变剂可分为物理诱变剂(如紫外线、激光、微波、超声波、x-射线、γ-射线、快中子等)和化学诱变剂(如亚硝酸、亚硝基胍、硫酸二乙酯、吖啶类染料等)。诱变育种常利用形态突变型、生化突变型、条件致死突变型和致死突变型进行初筛而获得优良性状的突变株。诱变育种方法简便,容易掌握,是目前行之有效的一种重要育种手段,但自觉性、方向性差。微生物诱变育种一般按照图 4-1 所示工作程序进行。

紫外诱变育种是一种常用的诱变手段,方法简单,操作安全,且诱变率高。紫外诱变可以使 DNA 中的嘧啶形成二聚体,DNA 在复制和转录时,因存在嘧啶二聚体而不能分离,进而发生变异。具体操作方法是将斜面培养物制备成单孢子悬液或原生质体放在磁力搅拌器上,开紫外灯照射不同的时间后,涂平皿(为防止回复突变,紫外诱变后的操作应在红灯下进行)进行培养,然后挑取不同形态的单菌落接斜面,进行摇瓶发酵筛选。由于微生物细胞壁的影响,诱变

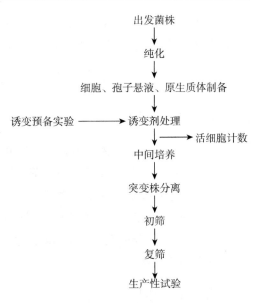

图 4-1 微生物诱变育种程序

剂或诱变处理难以直接、高效地作用于微生物并产生显著的诱变效果,而利用溶菌酶、蜗牛酶、纤维素酶等可以得到微生物的原生质体,更易提高诱变效果。因此对于细菌、酵母菌或霉菌的紫外诱变往往是对其原生质体的诱变,缺少了细胞壁对细胞的保护,紫外线可以更直接地作用于 DNA,从而提高突变率,进而产生更多的突变体和表现型。

三、实验器材

(1) 菌种

学生可根据实验室条件,自行选择进行诱变的菌种(如酵母菌、枯草芽孢杆菌等),可分组选择不同的菌种。本实验以酿酒酵母(*Saccharomyces cerevisiae*)为材料,以期筛选到高产酒精的酿酒酵母。

(2) 培养基

YPD 液体培养基、YPD 固体培养基、PDB 发酵培养基。

原生质体再生完全培养基(HYPD):在 YPD 固体中添加甘露醇至 0.8 mol/L,115 ℃灭菌 30 min 。

TTC 上层培养基:TTC 0.5 g,葡萄糖 5 g,琼脂 15 g,蒸馏水定容至 1 000 mL,115 ℃灭菌 30 min。

TTC 下层培养基:葡萄糖 10 g,蛋白胨 2 g,酵母膏 1.5 g,磷酸氢二钾 1 g,硫酸镁 0.4 g,柠檬酸 0.3 g,琼脂 25 g,蒸馏水定容至 1 000 mL,115 ℃灭菌 30 min。

(3) 试剂

高渗 PB 缓冲液:pH 值为 6.8 的磷酸氢二钠—柠檬酸缓冲液加入甘露醇至 0.8 mol/L。

酶液:1%的蜗牛酶溶于高渗 PB 缓冲液中,微孔滤膜过滤除菌。

无菌生理盐水。

(4) 仪器和用具:离心机、超净工作台、磁力搅拌器、试管、锥形瓶、杜氏小管、培养皿、红

灯、搅拌棒、玻璃涂棒、血球计数板等。

四、实验步骤

1. 酵母菌悬液和原生质体的制备

（1）酵母菌悬液的制备

取培养 48 h 的酵母菌株 YPD 斜面，用无菌生理盐水洗下菌苔，倒入盛有玻璃珠的小锥形瓶中，充分振摇，打散菌块，然后菌液离心（3 000 r/min，离心 15 min）后收集菌体，用无菌生理盐水洗涤 2～3 次后，制成菌悬液。利用血球计数板显微镜直接计数调整细胞浓度约为 10^6 个/mL。

（2）酵母原生质体的制备

从活化好的菌种斜面上取一环接种于 100 mL 液体 YPD 培养基，于 28 ℃、200 r/min 摇床培养 12～16 h 至对数期。取 5 mL 培养液加入离心管中 3 500 r/min，离心 5 min，弃上清液，收集细胞，用无菌生理盐水洗涤 2～3 次，28 ℃静置 10 min，离心弃去上清液。加入 3 mL 蜗牛酶—PB 溶液 30 ℃振荡培养。对其原生质形态进行跟踪观察，当形成率达 90% 以上时，停止反应。2 000 r/min，离心 10 min，收集原生质体细胞。之后用高渗 PB 缓冲液洗涤 2 次，离心收集原生质体，并将原生质体悬浮于高渗 PB 缓冲液中。

2. 酵母细胞和原生质体的紫外线诱变处理

诱变处理前先将紫外灯预热约 20～30 min，各取无菌培养皿加入上述酵母细胞和原生质体悬液 5 mL，并放入无菌搅拌子于培养皿中，置于磁力搅拌器上，在距离为 30 cm、功率为 15 W 的紫外灯下分别搅拌照射 30 s、60 s、90 s、120 s、150 s 和 180 s。然后将诱变处理的菌液在红光灯下，以 10 倍稀释法稀释成 10^{-1}～10^{-6} 的浓度梯度，按估计的存活率进行稀释涂布平板，每个稀释度涂平板 3 个，每个平板加稀释菌液 0.1 mL，用无菌玻璃涂棒涂匀。以同样操作，各取未经紫外线处理的酵母细胞和原生质体悬液稀释液涂平板做对照。注意酵母细胞应涂布在 YPD 固体培养基上，酵母原生质体应涂布在原生质体再生完全培养基（HYPD）上。然后将上述涂匀的平板用黑布包好，置 28 ℃下恒温培养 48 h 后，取出平板进行菌落计数，根据对照平板上菌落数，计算紫外诱变不同时间的存活率和致死率。根据致死率绘制致死曲线。

$$菌种存活率（\%）=\frac{处理后每毫升\ CFU\ 数}{对照每毫升\ CFU\ 数}\times100\%$$

$$致死率（\%）=\frac{对照每毫升\ CFU\ 数-处理后每毫升\ CFU\ 数}{对照每毫升\ CFU\ 数}\times100\%$$

3. 筛选高产酒精的酿酒酵母

（1）菌株的初筛：选择致死率在 70%～80% 平板上的单菌落作为诱变后的初始菌株。在一定培养基上培养的酵母菌落与 TTC 显色剂会呈现不同的色差反应。当颜色为白色时，可能为野生菌落；当颜色为深红时，可能是产酒精能力强的菌落；当为粉红或淡红色时其产酒精能力可能要弱些。在 TTC 下层培养基中接入诱变后的菌株，培养 24 h，长出菌落，然后倒入 TTC 上层培养基，30 ℃下保温（阴暗处）2～3 h。根据菌落颜色深浅比较各菌株之间的产酒精能力。

（2）复筛：在含有 PDB 发酵培养基的锥形瓶中接入 10% 的使用 TTC 法筛出的优良菌株，并将充满发酵培养基的杜氏小管倒置放入，于 30 ℃下静止发酵。每隔 12 h 观察杜氏小管中的气体量，以杜氏小管充满气体的时间长短作为菌株发酵速度的标志，等 72 h 后所有杜氏小管都充满气体后可以认为发酵结束,测定发酵醪液残糖和酒精浓度。残还原糖量测定用 DNS 法,发酵醪液酒精浓度的测定用蒸馏法。

五、注意事项

(1) 实验过程中要避免紫外线直接照射人体皮肤及眼睛。

(2) 细菌、酵母和霉菌原生质体诱变有一些区别,如单细胞悬液和孢子悬液的制备,所需酶的种类和配比不同,诱变剂量也不同。

(3) 诱变后菌株的稀释和涂布需要在红光下进行,涂布好的平板要在暗环境下培养。

六、实验结果

(1) 根据上述公式计算酵母细胞和原生质体的紫外线诱变处理后的存活率和致死率,并以致死率为纵坐标,诱变时间为横坐标,绘制致死曲线。

(2) 比较筛选菌株和对照菌株的发酵特性,填入下表。

表 4 - 1　诱变筛选酵母菌株的发酵特性

菌株编号	杜氏小管气体量(%)			残糖的含量(mg/mL)	酒精浓度(%)
	24 h	48 h	72 h		
对照					
1					
2					
3					
4 等					

七、思考题

(1) 紫外线诱变的机理和需注意的事项是什么?

(2) 为何选择致死率在 70% ~ 80% 平板上的单菌落作为诱变后的初始菌株?

(3) 诱变后菌株的稀释和涂布为什么要在红光下进行? 为什么需要在暗环境下培养?

实验二十一　微生物化学诱变育种

一、实验目的与内容

(1) 通过实验观察亚硝基胍和硫酸二乙酯对黑曲霉的诱变效应。

(2) 学习并掌握化学诱变育种的基本方法。

二、实验原理

微生物化学诱变指通过化学诱变剂处理生产菌株,改变菌株 DNA 的结构,引起碱基的缺失、替换、小范围切除等变异,从而引起遗传物质的改变。化学诱变育种技术具有易操作、剂量易控制、对基因组损伤小、突变率高等特点,因而运用较为广泛。但化学诱变剂多是致癌剂或剧毒药品,使用时须十分小心。

化学诱变剂主要包括某些烷化剂、碱基类似物、抗生素等化学药物,常见的有亚硝基胍(NTG)、甲基磺酸乙酯(EMS)、硫酸二乙酯(DES)、叠氮化钠(SA)和乙烯亚胺(EI)等,这些化合物通过与核苷酸中的磷酸、嘌呤和嘧啶等分子直接反应来诱发突变,并对某特定的基因或核酸有选择性作用。为了提高诱变效果,通常也可将 2 种以上化学诱变剂复合使用,或者使用化学诱变与物理诱变相结合。

化学诱变育种的一般步骤为出发菌株斜面培养→单细胞或单孢子悬液→诱变剂处理→平板分离→斜面培养→初筛→斜面培养→复筛→斜面培养→中试→生产实践。

本实验主要以亚硝基胍和硫酸二乙酯诱变黑曲霉获取高产柠檬酸菌株为例,介绍化学诱变的过程。亚硝基胍,即 N-甲基-N'-硝基-N-亚硝基胍,简称 NTG 或 MNNG,是已知较有效的诱变剂之一。在适宜条件下,在较小的死亡率下即能得到较大的突变率。NTG 在 pH 值低于 5～5.5 的条件下生成 HNO_2,而 HNO_2 本身就是诱变剂;NTG 在碱性条件下生成重氮甲烷,是引起致死和变异的主要原因,很可能是重氮甲烷对 DNA 有烷化作用;在 pH 值为 6 时,两者均不产生,此时的诱变效应可能是 NTG 本身对核蛋白体引起的变化所致。硫酸二乙酯(DES)也是常用的烷化诱变剂。DES 有毒,是无色油状液体,具薄荷味,久置色变黑,能与醇、醚相混溶,不溶于水,在热水中迅速分解成醇和硫酸乙酯。DES 的诱变效应受酸碱条件的影响,pH 值中性时效应最好。

柠檬酸也称枸橼酸,是一种极为重要的有机酸,广泛应用于食品、饮料、医药、化工和冶金等领域。生产柠檬酸最常用的方法是生物发酵法,许多微生物都能生产柠檬酸,目前工业生产柠檬酸最常用的菌种是黑曲霉,即使是在酸性环境下,它仍然具有较强的产酸能力,生产过程中不产生毒副产物,而且能利用多样化碳源,使其具有其他菌种无法匹敌的商品竞争优势。目前野生型菌种的柠檬酸产量相对较低,故对其进行诱变以期获得高产柠檬酸的菌株。

三、实验器材

(1) 菌种:黑曲霉(*Aspergillus niger*)。

(2) 培养基:① 斜面培养基:马铃薯葡萄糖琼脂(PDA)。② 初筛平板培养基:葡萄糖 5 g/L、NH_4NO_3 3 g/L、K_2HPO_4 1 g/L、溴甲酚绿 0.05 g/L、琼脂 20 g/L。溴甲酚绿指示剂遇酸会产生颜色反应。③ 摇瓶发酵培养基:甘薯(粉)50 g/L、葡萄糖 50 g/L、NH_4Cl 3 g/L、KH_2PO_4 1 g/L、$MgSO_4 \cdot 7H_2O$ 0.2 g/L。

(3) 试剂:亚硝基胍(可用甲酰胺助溶,用 0.1 mol/L、pH 值 6.0 的磷酸缓冲溶液配制)、硫酸二乙酯(可用 0.1 mol/L pH 值 7.0 的磷酸缓冲溶液配制)、pH 值 6.86 磷酸缓冲溶液(分别称取在 115 ℃ 干燥 2～3 h 的 Na_2HPO_4 3.53 g 和 KH_2PO_4 3.39 g,溶于预先煮沸过 15～30 min 并迅速冷却的蒸馏水中,并稀释至 1 000 mL)、25 %$Na_2S_2O_3$ 溶液、生理盐水、0.142 9 mol/L 的 NaOH 溶液、0.5%的酚酞指示剂等。

(4) 仪器和用具:高压蒸汽灭菌锅、培养箱、显微镜、摇床、天平、离心机、试管、锥形瓶、刻度吸管、洗耳球、离心管、滴定管、擦镜纸、脱脂棉、定性滤纸等。

四、实验步骤

1. 孢子悬浮液的制备

用 10 mL 无菌水洗脱新鲜黑曲霉斜面孢子,置于装有灭菌玻璃珠和 20 mL 无菌水的锥形瓶中,于摇床上 180 r/min 振荡 40 min,用 4 层灭菌擦镜纸过滤振荡液,得到单孢子悬液,将孢子悬液离心(3 000 r/min,10 min)稀释,用血球计数板对单孢子悬液进行镜检计数,调节孢子浓度约为 $10^6 \sim 10^8$ 个/mL。

2. 亚硝基胍(NTG)诱变处理

取 5 mL 单孢子悬液 15 份,分别加入配制好的 NTG 母液,使黑曲霉单孢子悬液中 NTG 最终浓度为 1.00 mg/mL,充分混匀后,经 30 ℃、160 r/min 分别振荡处理 2 min、4 min、6 min、8 min、10 min,用大量稀释法或 25%Na$_2$S$_2$O$_3$ 终止反应。生理盐水离心洗涤 2~3 次,最后向离心管加入 5 mL 无菌水,摇匀备用。

3. 硫酸二乙酯(DES)诱变处理

取 5 mL 单孢子悬液 15 份,分别加入 pH 值 6.86 磷酸缓冲溶液 10 mL,2% 的 DES 溶液 5 mL,在 30 ℃、160 r/min 分别振荡处理 20 min、30 min、40 min、50 min、60 min,最后加入 10 mL 25%Na$_2$S$_2$O$_3$ 终止反应。生理盐水离心洗涤 2~3 次,最后向离心管加入 5 mL 无菌水,摇匀备用。

4. 亚硝基胍和硫酸二乙酯诱变时间的确定

取上述经亚硝基胍和硫酸二乙酯不同时间诱变处理后备用的孢子悬液,以方便计数为指标做适当稀释,建议做 3 个连续的不同稀释度,每个稀释度做 3 组平行。取 0.1 mL 孢子悬液涂布于初筛平板培养基上,30 ℃ 培养 5 d 左右进行菌落计数。根据对照平板上的菌落数,计算亚硝基胍和硫酸二乙酯不同诱变时间的致死率,绘制致死曲线。选择致死率在 70%~80% 的诱变时间为最佳诱变时间。

亚硝基胍和硫酸二乙酯诱变的致死率公式为

$$致死率(\%) = \frac{对照菌落数 - 处理菌落数}{对照菌落数} \times 100\%$$

5. 菌株的初筛

选择致死率在 70%~80% 平板上的单菌落分别点种于初筛平板培养基上,每个平板点 3 个点,于 30 ℃ 下培养 5 d,用接种环从筛选平板中挑取变色圈直径与菌落直径的比值(R)较大的黑曲霉菌株接种斜面,30 ℃ 培养 5 d 备用。

6. 菌株的复筛

将对照菌株与初筛所得的菌株分别用无菌水配制成菌浓度为 10^6 个/mL 的孢子悬浮液,接种到摇瓶培养液中,置于恒温摇床中,30 ℃ 摇床转速 180 r/min,振荡培养 5 d,测定发酵液总酸含量。

7. 遗传稳定性实验

将经过诱变筛选出的产柠檬酸含量最高的菌株连续斜面传代培养 5 代后,测定其平均产酸量,并比较诱变前后产柠檬酸量的变化。

8. 产酸量测定

将发酵液经脱脂棉过滤后,用定性滤纸过滤,吸取滤清液 10 mL,置于 250 mL 锥形瓶中,加蒸馏水 100 mL,并滴加 0.5% 的酚酞指示剂 2 滴,用 0.142 9 mol/L 的 NaOH 溶液滴定,记

录所消耗的 NaOH 的体积为 V，计算产酸量为

$$A = \frac{C_{\text{NaOH}} \times V \times M_{柠}}{3 \times 10}$$

式中：A——产酸量，g/mL；

C_{NaOH}——氢氧化钠的物质的量浓度，mol/L；

$M_{柠}$——柠檬酸的摩尔质量，g/mol；

V——消耗 NaOH 的体积，L；

10——滤清液 10 mL。

五、注意事项

（1）亚硝基胍是一种致癌因子，在操作中需要特别小心，勿与皮肤直接接触。配制药品时戴好塑料手套和口罩，称量纸用完后立即烧毁。接触沾染有 NTG 的玻璃器皿需在通风处浸泡于 0.5 mol/L 的硫代硫酸钠溶液中过夜，然后再用水充分清洗。NTG 在可见光下释放出 NO，颜色由土黄色变为黄绿色，须避光保存。亚硝基胍需现用现配。

（2）硫酸二乙酯易挥发，实验时应避免其挥发的气体。操作时戴合适的手套，在化学通风橱内进行。所有 DES 处理过的培养物都要用漂白剂处理。DES 在水溶液中的水解半衰期很短，30 ℃时为 1 h，所以需要在用前新鲜配制。

六、实验结果

（1）以致死率为纵坐标，诱变时间为横坐标，绘制亚硝基胍和硫酸二乙酯的致死曲线。

（2）将亚硝基胍和硫酸二乙酯所得菌株的初筛和复筛结果记录在下表。

表 4－2　化学诱变筛选菌株的性能测定

菌株编号	菌落直径	变色圈直径	R 比值	总酸含量	总酸变化率
对照					
诱变菌株 1					
诱变菌株 2					

（3）将诱变菌株的遗传稳定性结果填入下表。

表 4－3　化学诱变筛选菌株的遗传稳定性测定

诱变菌株	第一代	第二代	第三代	第四代	第五代
总酸含量					

（4）比较诱变菌株诱变前后产柠檬酸量的变化。

七、思考题

（1）实验中还可计算正突变率和负突变率，该如何计算呢？

（2）在本次实验中，你需要注意些什么？

（3）试比较亚硝基胍和硫酸二乙酯的诱变效果。如果想得到高产突变株，你认为混合或

交替使用不用的诱变剂是否更有效,为什么?

(4) 诱变育种中,为何要进行菌种的复筛?

(5) 除了诱变黑曲霉菌种本身可提高柠檬酸产量外,还有哪些因素会影响柠檬酸产量?

实验二十二　微生物生长的测定

一、实验目的与内容

(1) 要求学生自己设计实验,学习测定大肠杆菌数目的方法。

(2) 了解细菌生长曲线的基本特点及其影响因素,掌握测定大肠杆菌生长曲线的方法。

二、实验原理

一般将生物个体的增大称为生长,个体数量的增加称为繁殖。由于微生物个体微小,肉眼看不见,要借助显微镜放大一定倍数才可观察清楚。为此,要研究微生物的个体生长有一定困难,通常情况下也没有实际意义。微生物是以量取胜的,微生物的生长通常指群体的扩增。研究群体扩增对微生物的科学研究和生产具有重要意义。群体生长表现为细胞数目的增加或细胞物质的增加。测定细胞数目的方法有显微镜直接计数法、平板菌落计数法、光电比浊法以及膜过滤法等。测定细胞物质的方法有细胞干重的测定和生理指标法等。我们已分别在实验八和实验十三介绍了显微镜直接计数法和平板菌落计数法,下面主要介绍其他方法的原理。

(1) 光电比浊法:悬液中细胞数量越多,浊度越大,在一定浓度范围内,悬液中的细菌细胞浓度与光密度(OD 值)成正比,与透光度成反比。因此,可使用光电比色计测定。那么,首先我们需要预先测定光密度与细菌数目的关系曲线,然后根据此曲线可查得待测样品中细菌数。此法简便、迅速,便于在生产实践中控制细胞的数目。但由于细菌细胞浓度仅在一定范围内与光密度成正比关系,因此,要调节好待测菌悬液细胞浓度,且培养液的颜色也不宜过深,颗粒性杂质也会干扰测定结果,此法也不能区分死活细胞。

(2) 膜过滤法(浓缩法):常用来测定空气、水等体积大且含菌浓度较低的样品中的活菌数。测定时将待测样品通过微孔薄膜(如硝酸纤维素薄膜)过滤富集,再与膜一起放到合适培养基或浸有培养液的支持物表面上培养,最后可根据菌落数推算出样品含菌数。

(3) 测定细胞干重法:适用于菌体浓度较高、不含或含少量颗粒性杂质的样品,是测定丝状真菌生长量的一种常用方法。此法是将单位体积的液体培养基中培养的微生物,经过滤或离心收集菌体细胞,用水洗净附在细胞表面的残留培养基,105 ℃高温或真空下干燥至恒重,称重,即可求得培养物中的总生物量。

(4) 生理指标法:微生物的生长伴随着一系列生理指标发生变化,例如酸碱度,发酵液中的含氮量、含糖量、产气量等,与生长量相平行的生理指标很多,它们可作为生长测定的相对值。

① 测定含氮量:大多数细菌的含氮量为干重的 12.5%,酵母为 7.5%,霉菌为 6.0%。根据含氮量乘以 6.25,即可测定粗蛋白的含量。含氮量的测定方法有很多,如用硫酸、过氯酸、碘酸、磷酸等消化法和杜马斯燃烧法。杜马斯燃烧法是指将样品与 CuO 混合,在 CO_2 气流中

加热后产生氮气,收集在呼吸计中,用 KOH 吸去 CO_2 后即可测出 N_2 的量。

② 测定含碳量:将少量(干重 $0.2\sim2.0$ mg)生物材料混入 1 mL 水或无机缓冲液中,用 2 mL 2% 的 $K_2Cr_2O_7$ 溶液在 100 ℃下加热 30 min 后冷却。加水稀释至 5 mL,在 580 nm 的波长下读取吸光光度值,即可推算出生长量。需用试剂做空白对照,用标准样品作标准曲线。

③ 还原糖测定法:还原糖通常是指单糖或寡糖,可以被微生物直接利用,通过还原糖的测定可间接反映微生物的生长状况,常用于大规模工业发酵生产上微生物生长的常规监测。方法是离心发酵液,取上清液,加入斐林试剂,沸水浴煮沸 3 min,取出加少许盐酸酸化,加入 $Na_2S_2O_3$,临近终点时加入淀粉溶液,继续加 $Na_2S_2O_3$ 至终点,查表读出还原糖的含量。

④ 氨基氮的测定:方法是离心发酵液,取上清液,加入甲基红和盐酸作指示剂,加入 0.02 mol/L 的 NaOH 调色至颜色刚刚褪去,加入底物 18% 的中性甲醛,反应数刻,加入 0.02 mol/L 的 NaOH 使之变色,根据 NaOH 的用量折算出氨基氮的含量。根据培养液中氨基氮的含量,可间接反映微生物的生长状况。

⑤ DNA 含量测定法:微生物细胞中 DNA 含量较为恒定,不易受菌龄和环境因素的影响。DNA 可与 DABA—HCl(3,5-二氨基苯甲酸—盐酸)溶液反应显示特殊的荧光,根据这种荧光反应强度求得 DNA 含量,它可以反映待测样品中所含的生物量。也可以根据 DNA 含量计算出细菌数量,有人推算平均每个细菌细胞约含 DNA 8.4×10^{-5} ng。该法的优点是结果准确,缺点是比较费时费事。

⑥ ATP 含量测定法:微生物细胞中都含有相对恒定量的 ATP,而 ATP 与生物量之间有一定的比例关系。用适当的试剂从培养物中提取出 ATP,以分光光度计测定它的荧光素—荧光素酶反应强度,经换算即可求得生物量。此法灵敏度高,但会受到培养基中磷量的影响。

⑦ 其他生理物质的测定:P、RNA、NAM(N-乙酰胞壁酸)等含量以及产酸、产气、产 CO_2(用标记葡萄糖做基质)、耗氧、黏度、产热等指标,都可用于生长量的测定。也可以根据反应前后的基质浓度变化、最终产气量、微生物活性 3 方面的测定反映微生物的生长。

总之,测定微生物生长量的方法很多,各有优缺点,工作中应根据具体情况和要求加以选择。

生长曲线的测定是通过定时测定培养过程中微生物数量的变化,研究单细胞微生物的生长规律。生长曲线常以菌数的对数值作为纵坐标,生长时间作为横坐标,其测定可采用测定微生物群体生长的方法。其中常用的测定大肠杆菌生长曲线的方法有光电比浊计数法。此法可先用血球计数板计数,再将菌悬液分别稀释调整为每毫升含不同的菌数,通过分光光度计分别测定其光密度(尽量控制光密度值在 $0.1\sim0.65$ 之间,以得到较高精确度)。然后以光密度(OD)作纵坐标,以每毫升不同菌数为横坐标绘制标准曲线。再将不同培养时间的待测菌悬液适当稀释,同法进行比浊测定,根据所测光密度值就可以从标准曲线上查得每毫升的细菌数。最后以培养时间为横坐标,以细菌数目的对数为纵坐标作图,绘制的曲线则为该菌的生长曲线。此外生长曲线亦可以培养时间为横坐标,以光密度(OD)为纵坐标作图,这样则不需制作标准曲线,但表现出的是细菌的相对生长状况。以裂殖方式增殖的细菌,典型的生长曲线可分为 4 个时期:延迟期(停滞期)、对数期、稳定期(平衡期)和衰亡期。各时期细菌的生理特点各有不同,各时期持续时间的长短,因细菌本身的特性、培养基成分和培养条件不同而有所不同。多细胞的真菌的繁殖方式与细菌不同,其生长曲线也与细菌不同,一般只经历延迟期、最高生长期和衰亡期,看不到对数生长期。常用测定细胞重量法或测定细胞某种成分来测定其生长曲线。通过生长曲线的测定可以了解菌的生理特性,在工业上可用于指导微生物发酵的生产实践。

三、实验器材

(1) 菌种:大肠杆菌。

(2) 培养基:牛肉膏蛋白胨液体培养基。

(3) 试剂:无菌生理盐水等。

(4) 仪器和用具:根据选用的测定群体生长的方法不同,所需的仪器和用具也不同。如光电比浊计数法测定大肠杆菌生长曲线时需要的有冰箱、摇床、可见光分光光度计、坐标纸、血球计数板、吸水纸、刻度吸管、洗耳球等。

四、实验步骤

1. 大肠杆菌生长曲线的测定

如以光密度(OD)作纵坐标,则无须制作标准曲线,此法可间接了解细菌的生长情况。若以细菌数目的对数作纵坐标,则需制作标准曲线。

(1) 标准曲线的制作

① 编号:取无菌试管7支,分别用记号笔将试管编号为1、2、3、4、5、6、7。

② 调整菌液浓度:用血球计数板计数大肠杆菌培养液,并用无菌生理盐水分别稀释调整为每毫升 1×10^6、2×10^6、4×10^6、6×10^6、8×10^6、10×10^6、12×10^6 的细胞悬液,再分别装入已编号的1~7号无菌试管中。

③ 测 OD 值:将1~7号不同浓度的菌悬液,摇匀后于 600 nm 波长、1 cm 比色杯中比色测定 OD 值。比色时,用无菌生理盐水作空白对照,并将 OD 值填入表 4 - 4 中。

④ 以光密度(OD)为纵坐标,每毫升细胞数为横坐标,绘制标准曲线。

(2) 生长曲线的绘制

① 编号:取 11 支盛有牛肉膏蛋白胨液体培养基(3~5 mL)的试管,用记号笔标明培养时间,即 0 h、1.5 h、3 h、4 h、6 h、8 h、10 h、12 h、14 h、16 h、20 h。灭菌备用。

② 接种:用 1 mL 或 0.5 mL 无菌刻度吸管吸取 0.25 mL 大肠杆菌过夜培养液(培养 10~12 h)转入上述标记的 11 支无菌大试管中。

③ 培养:将接种后的 11 支试管置于自控水浴振荡器或摇床上(振荡频率 250 r/min),37 ℃ 振荡培养。分别在 0 h、1.5 h、3 h、4 h、6 h、8 h、10 h、12 h、14 h、16 h、20 h 将编号为对应时间的试管取出,立即放入冰箱中贮存,最后一同比浊测定其光密度值。

④ 比浊测定:以未接种的牛肉膏蛋白胨液体培养基作空白对照,选用 600 nm 波长进行光电比浊测定。培养液按培养时间由短到长的顺序开始依次测定,对细胞密度大的培养液用牛肉膏蛋白胨液体培养基适当稀释后测定,使其光密度值在 0.1~0.65 之内,记录 OD 值时,注意乘上所稀释的倍数。注意测定 OD 值前,将待测定的培养液振荡,使细胞均匀分布。

⑤ 绘制:以培养时间为横坐标,可以光密度(OD)作纵坐标,也可以细菌数目的对数作纵坐标,在半对数坐标纸上描点绘制生长曲线,或用 Excel 作图。当以细菌数目的对数作纵坐标时,根据所测光密度值就可以从标准曲线上查得每毫升的细菌数。

2. 尝试其他方法测定大肠杆菌的生长曲线

五、实验结果

（1）记录待测大肠杆菌菌悬液浓度。可分组选用不同方法测定大肠杆菌的生长量，并比较不同方法的优缺点。

（2）填写下表，并绘制标准曲线。

表 4 - 4　细菌培养液 *OD* 值测定结果

菌液浓度（mL）	1×10^6	2×10^6	4×10^6	6×10^6	8×10^6	10×10^6	12×10^6
OD 值							

（3）记录培养 0 h、1.5 h、3 h、4 h、6 h、8 h、10 h、12 h、14 h、16 h、20 h 之后细菌悬液的光密度，并用 2 种纵坐标分别绘制大肠杆菌的生长曲线。

六、思考题

（1）与光电比浊法相比，用活菌计数法制作生长曲线，你认为会有什么不同？两者各有什么优缺点？

（2）生长曲线中为什么会出现延迟期、稳定期和衰亡期？次生代谢产物的大量积累在哪个时期？根据细菌生长繁殖的规律，采用哪些措施可使次生代谢产物积累更多？

（3）什么是代时？若细胞密度为 10^3/mL，培养 4.5 h 后，其密度高达 2×10^8/mL，计算出其代时。

实验二十三　水中细菌总数和大肠菌群的检测

一、实验目的与内容

（1）了解水中细菌总数和大肠菌群的测定原理和意义。

（2）掌握稀释平板计数法测定水中细菌总数的方法。

（3）掌握水中大肠菌群的检测方法。

二、实验原理

水是微生物生长的必需条件，也是微生物广泛分布的天然环境。各种天然水中常含有一定数量的微生物。水中微生物的主要来源有水中的水生性微生物（如光合藻类）、土壤径流（如链霉菌）、降雨的外来菌群（如真菌孢子）和下水道的污染物（如假单胞菌）和人畜的排泄物（如大肠菌群、粪肠球菌、厌氧芽孢杆菌）等。水中的病原菌主要来源于人和动物的传染性排泄物。

水的微生物学的检验，在保证饮水安全和控制传染病上有着重要意义，同时也是评价水质状况的重要指标。国际上已公认，大肠菌群作为肠道内数量最多的一类菌群，其数量是直接反映水源被人畜排泄物污染的一项重要指标。现行国家饮用水标准《生活饮用水卫生标准》(GB 5749—2006)规定，饮用水每 1 mL 细菌菌落总数不得超过 100 个，大肠菌群每 100 mL 不得检出。

所谓细菌总数是指 1 mL 水样中所含细菌菌落的总数,所用的方法是稀释平板计数法,由于计算的是平板上形成的菌落(colony-forming unit,CFU)数,故其单位应是 CFU/mL。

所谓大肠菌群,是指在 37 ℃下培养 24 h 内能发酵乳糖产酸、产气的兼性厌氧的革兰氏阴性无芽孢杆菌的总称,主要由肠杆菌科中 4 个属内的细菌组成,即埃希氏杆菌属、柠檬酸杆菌属、克雷伯氏菌属和肠杆菌属。水的大肠菌群数是指 100 mL 水检样内含有的大肠菌群实际数值,以大肠菌群最可能数(most probable number,MPN)表示。

本实验应用平板菌落计数测定水中细菌总数。目前一般采用普通牛肉膏蛋白胨琼脂培养基。需要指出的是,由于水中细菌种类繁多,它们对营养和其他生长条件的要求差别很大,因此,以一定的培养基平板培养细菌菌落数量,只能近似反映样品中活菌的总数量。

水中大肠菌群的检验方法常用多管发酵法和滤膜法。多管发酵法虽然操作烦琐,需要时间长,但可运用于各种水样的检验,结果明显,为我国大多数卫生单位与水厂采用。滤膜法仅适用于自来水和深井水,操作简单、快速,但不适用于杂质较多、易于阻塞滤孔的水样。

三、实验器材

(1) 培养基:牛肉膏蛋白胨琼脂培养基用于细菌总数检测;乳糖胆盐蛋白胨培养基、伊红美蓝琼脂培养基、乳糖发酵管(除不加胆盐外,其余同乳糖胆盐蛋白胨培养基)用于大肠菌群检测。

(2) 试剂:无菌生理盐水。

(3) 仪器和用具:培养箱、冰箱、水浴箱、天平、均质器、振荡器、显微镜、锥形瓶、具塞锥形瓶、培养皿、刻度吸管、洗耳球、试管、微孔滤膜(约 0.45 μm)、滤器等。

四、实验步骤

1. 水样的采集

(1) 自来水:先将自来水龙头用酒精灯火焰灼烧灭菌,再开放水龙头使水流 5 min 后,以灭菌锥形瓶接取水样以备分析。

(2) 池水、河水、湖水等地面水源水:在距岸边 5 m 处,取距水面 10~15 cm 的深层水样,先将灭菌的具塞锥形瓶的瓶口向下并浸入水中;然后翻转过来,除去玻璃塞,水即流入瓶中;盛满后,将瓶塞盖好,再从水中取出。如果不能在 2 h 内检测的,需放入冰箱中保存。

2. 细菌总数的测定

(1) 水样稀释及培养

① 按无菌操作法,将水样做 10 倍系列稀释。

② 根据对水样污染情况的估计,选择 2~3 个适宜稀释度(饮用水如自来水、深井水等,一般选择 1、1:10 这 2 种浓度;水源水如河水等,比较清洁的可选择 1:10、1:100、1:1 000 这 3 种稀释度;污染水一般选择 1:100、1:1 000、1:10 000 这 3 种稀释度),吸取 1 mL 稀释液于灭菌培养皿内,每个稀释度做 3 个重复。

③ 将熔化后保温 45 ℃的牛肉膏蛋白胨琼脂培养基倒平皿,每皿约 15 mL,并趁热转动培养皿混合均匀。

④ 待琼脂凝固后，将培养皿倒置于 37 ℃培养箱内培养 24 h 后取出，计算培养皿内菌落数目，乘以稀释倍数，即得 1 mL 水样中所含的细菌菌落总数。

（2）计算方法

作平板计数时，可用肉眼观察，必要时用放大镜检查，以防遗漏。在记下各平板的菌落数后，求出同稀释度的各平板平均菌落数。

（3）计数报告

① 平板菌落数的选择

选取菌落数在 30～300 之间的平板作为菌落总数测定标准。1 个稀释度使用 2 个重复时，应选取 2 个平板的平均数。如果 1 个平板有较大片状菌落生长时，则不宜采用，而应以无片状菌落生长的平板计数作为该稀释度的菌数。若片状菌落不到平板的一半，而其余一半中菌落分布又很均匀，可计算半个平板后乘 2 以代表整个平板的菌落数。

② 稀释度的选择

a. 应选择平均菌落数在 30～300 之间的稀释度，乘以该稀释倍数报告之，见表 4 - 5 例 1。

b. 若有 2 个稀释度，其生长的菌落数均在 30～300 之间，则由二者之比来决定。若其比值小于 2，应报告其平均数；若比值大于 2，则报告其中较小的数字（表 4 - 5 例 2、例 3）。

c. 若所有稀释度的平均菌落均大于 300，则应按稀释倍数最低的平均菌落数乘以稀释倍数报告之，见表 4 - 5 例 4。

d. 若所有稀释度的平均菌落数均小于 30，则应按稀释倍数最低的平均菌落数乘以稀释倍数报告之，见表 4 - 5 例 5。

e. 若所有稀释度均无菌落生长，则以小于 1 乘以最低稀释倍数报告之（表 4 - 5 例 6）。

f. 若所有稀释度的平均菌落数均不在 30～300 之间，则以最接近 30 或 300 的平均菌落数乘以该稀释倍数报告之，见表 4 - 5 例 7。

③ 细菌总数的报告

细菌的菌落数在 100 以内时，按其实有数报告；大于 100 时，用二位有效数字，在二位有效数字后面的数字，以四舍五入方法修约。为了缩短数字后面的 0 的个数，可用 10 的指数来表示，如表 4 - 5"报告方式"一栏所示。

表 4 - 5　稀释度的选择及细菌数报告方式

| | 稀释度及菌落数 | | | 两稀释度之比 | 菌落总数 (CFU/mL) | 报告方式（菌落总数） (CFU/mL) |
	10^{-1}	10^{-2}	10^{-3}			
1	多不可计	164	20	—	16 400	16 000 或 $1.6×10^4$
2	多不可计	295	46	1.6	37 750	38 000 或 $3.8×10^4$
3	多不可计	271	60	2.2	27 100	27 000 或 $2.7×10^4$
4	多不可计	多不可计	313	—	313 000	310 000 或 $3.1×10^5$
5	27	11	5	—	270	270 或 $2.7×10^2$
6	0	0	0	—	<10	<10
7	多不可计	305	12	—	30 500	31 000 或 $3.1×10^4$

3. 大肠菌群的测定(多管发酵法)

(1) 生活饮用水或食品生产用水的检验

① 初步发酵试验

在2个各装有50 mL的3倍浓缩乳糖胆盐蛋白胨培养液(可称为3倍乳糖胆盐)的锥形瓶中(内有倒置杜氏小管),以无菌操作各加水样100 mL。在10支装有5 mL的3倍乳糖胆盐的发酵试管中(内有倒置小管),以无菌操作各加入水样10 mL。如果饮用水的大肠菌群数差异不大,也可以接种3份100 mL水样。摇匀后,37 ℃培养24 h。

② 平板分离

经24 h培养后,将产酸产气及只产酸的发酵管(瓶),分别划线接种于伊红美蓝琼脂平板(EMB培养基)上,37 ℃培养18～24 h。大肠菌群在EMB平板上,菌落呈紫黑色,具有或略带有或不带有金属光泽,或者呈淡紫红色,仅中心颜色较深。挑取符合上述特征的菌落进行涂片,革兰氏染色,镜检。

③ 复发酵试验

将革兰氏阴性无芽孢杆菌的菌落剩余部分接于单倍乳糖发酵管中,为防止遗漏,每管可接种来自同一初发酵管的平板上同类型菌落1～3个,37 ℃培养24 h,如果产酸又产气,即证实有大肠菌群存在。

① 报告

根据证实有大肠菌群存在的复发酵管的阳性管数,查表4-6(或表4-7),报告每升水样中的大肠菌群数(MPN)。

(2) 水源水的检验

用于检验的水样量,应根据预计水源水的污染程度选用下列各量。

① 严重污染水:1 mL、0.1 mL、0.01 mL、0.001 mL各1份。

② 中度污染水:10 mL、1 mL、0.1 mL、0.01 mL各1份。

③ 轻度污染水:100 mL、10 mL、1 mL、0.1 mL各1份。

④ 大肠菌群变异不大的水源水:10 mL 10份。

表4-6 大肠菌群检索表(饮用水)

阳性管数	0	1	2	备注
	每升水样中大肠菌群数			
0	<3	4	11	
1	3	8	18	
2	7	13	27	
3	11	18	38	接种水样总量300 mL(100 mL 2份,10 mL 10份)
4	14	24	52	
5	18	30	70	
6	22	36	92	
7	27	43	120	

续表

阳性管数	0	1	2	备注
	每升水样中大肠菌群数			
8	31	51	161	
9	36	60	230	接种水样总量 300 mL(100 mL 2 份,10 mL 10 份)
10	40	69	>230	

表 4 - 7 大肠菌群数变异不大的饮用水

阳性管数	0	1	2	3	接种水样总量 300 mL (3 份 100 mL)
每升水样中大肠菌群数	<3	4	11	>18	

表 4 - 8 大肠菌群检索表(严重污染水)

接种水样量(mL)				每升水样中 大肠菌群数	备注
1	0.1	0.01	0.001		
—	—	—	—	<900	
—	—	—	+	900	
—	—	+	—	900	
—	+	—	—	950	
—	+	+	+	1 800	
—	+	—	+	1 900	
—	+	+	—	2 200	接种水样总量为
+	—	—	—	2 300	1.111 mL(1 mL、0.1 mL、
—	+	+	+	2 800	0.01 mL、0.001 mL 各
+	—	—	+	9 200	1 份)
+	—	+	—	9 400	
+	—	+	+	18 000	
+	+	—	—	23 000	
+	+	—	+	96 000	
+	+	+	—	238 000	
+	+	+	+	>238 000	

表 4 - 9 大肠菌群检索表(中度污染水)

接种水样量(mL)				每升水样中 大肠菌群数	备注
10	1	0.1	0.01		
—	—	—	—	<90	
—	—	—	+	90	接种水样总量为
—	—	+	—	90	11.11 mL(10 mL、1 mL、
—	+	—	—	95	0.1 mL、0.01 mL 各
—	—	+	+	180	1 份)

接种水样量(mL)				每升水样中	备注
10	1	0.1	0.01	大肠菌群数	
−	+	−	+	190	
−	+	+	−	220	
+	−	−	−	230	
−	+	+	+	280	接种水样总量为
+	−	−	+	920	11.11 mL(10 mL、
+	−	+	−	940	1 mL、0.1 mL、
+	−	+	+	1 800	0.01 mL 各1份)
+	+	−	−	2 300	
+	+	−	+	9 600	
+	+	+	−	23 800	
+	+	+	+	>23 800	

表 4 - 10　大肠菌群检索表(轻度污染水)

接种水样量(mL)				每升水样中	备注
100	10	1	0.1	大肠菌群数	
−	−	−	−	<9	
−	−	−	+	9	
−	−	+	−	9	
−	+	−	−	9.5	
−	−	+	+	18	
−	+	−	+	19	
−	+	+	−	22	
+	−	−	−	23	接种水样总量为
−	+	+	+	28	111.1 mL(100 mL、
+	−	−	+	92	10 mL、1 mL、0.1 mL 各
+	−	+	−	94	1 份)
+	−	+	+	180	
+	+	−	−	230	
+	+	−	+	960	
+	+	+	−	2 380	
+	+	+	+	>2 380	

表 4-11　大肠菌群变异不大的水源水

阳性管数	0	1	2	3	4	5	6	7	8	9	10
每升水样中大肠菌群数	<10	11	22	36	51	69	92	120	160	230	>230
备注					接种水样总量 100 mL(10 mL 10 份)						

操作步骤同生活用水或食品生产用水的检验。同时应注意,接种量 1 mL 及 1 mL 以内用单倍乳糖胆盐发酵管;接种量在 1 mL 以上者,应保证接种后发酵管(瓶)中的总液体量为单倍培养液量。然后,再根据证实有大肠菌群存在的阳性管(瓶)数,查表 4-8～表 4-11,报告每升水样中的大肠菌群数(MPN)。

4. 大肠菌群的测定(滤膜法)

滤膜法所使用的滤膜是 1 种微孔滤膜(约 0.45 μm)。将水样注入已灭菌的放有滤膜的滤器中,经过抽滤,细菌即被均匀地截留在膜上,然后将滤膜贴于大肠菌群选择性培养基上进行培养。再鉴定滤膜上生长的大肠菌群的菌落,计算出每升水样中含有的大肠菌群数(MPN)。

(1) 准备工作

① 滤膜灭菌:将 3 号滤膜放入烧杯中,加入蒸馏水,置于沸水浴中蒸煮灭菌 3 次,每次 15 min。前 2 次煮沸后需换无菌水洗涤 2～3 次,以除去残留溶剂。

② 滤器灭菌:准备容量为 500 mL 的滤器,用点燃的酒精棉球火焰灭菌,也可用 121 ℃高压灭菌 20 min。

③ 培养:将伊红美蓝培养基放入 37 ℃培养箱内预温 30～60 min。

(2) 过滤水样

① 用无菌镊子夹取灭菌滤膜边缘部分,将粗糙面向上贴放于已灭菌的滤床上,轻轻地固定好滤器漏斗。水样摇匀后,取 333 mL 注入滤器中,加盖,打开滤器阀门,在 -50 kPa 压力下进行抽滤。

② 水样滤完后再抽气约 5 s,关上滤器阀门,取下滤器,用无菌镊子夹取滤膜边缘部分,移放在伊红美蓝培养基上,滤膜截留细菌面向上与培养基完全紧贴,两者间不得留有间隙或气泡。若有气泡需用镊子轻轻压实,倒放在 37 ℃培养箱内培养 16～18 h。

(3) 结果判定

① 挑选符合下列特征的菌落进行革兰氏染色、镜检:

a. 紫红色、具有金属光泽的菌落。

b. 深红色、不带或略带金属光泽的菌落。

c. 淡红色、中心颜色较深的菌落。

② 凡是革兰氏阴性无芽孢杆菌,需再接种于乳糖蛋白胨半固体培养基,37 ℃培养 6～8 h,产气者,则判定为大肠菌群阳性。

③ 1 L 水样中大肠菌群数等于滤膜法生长的大肠菌群菌落数乘以 3。

五、注意事项

(1) 注意无菌操作。

（2）梯度稀释时注意一定要混匀。

（3）乳糖蛋白胨半固体培养基产气实验应及时观察，时间过长气泡会消失。

（4）若同一稀释度的平板其菌落数相差过大，可能是因未充分混匀导致。

六、实验结果

记录水样中细菌总数和大肠菌群数（MPN）的测定过程和计算结果。

七、思考题

（1）从自来水水样细菌总数和大肠菌数检测的结果判断是否符合饮用水的卫生学标准。

（2）你所测的池塘水、河水或湖水的污染程度如何？通过实验你对保护水源水有何认识？

（3）除伊红美蓝琼脂培养基外，滤膜法是否还可以用其他的培养基？

（4）假如水中有大量的致病菌——霍乱弧菌，用多管发酵技术检查大肠菌群，能否得到阴性结果？为什么？

实验二十四　食品中菌落总数和大肠菌群的检测

一、实验目的与内容

（1）了解国家规定的食品质量与菌落总数和大肠菌群数量的关系。通过测定饼干、食醋等食品中的菌落总数和大肠菌群数，掌握活菌计数法和大肠菌群的检验法。

（2）掌握国家规定的食品及饮料等样品中微生物学检测的原理、方法和意义。

二、实验原理

食品安全关系每个人的身体健康和生命安全。通过微生物检验，可以判断食品的卫生质量，防止人类因食物而发生微生物性中毒或感染。食品的微生物学指标主要包括菌落总数、大肠菌群和致病菌等3个项目。其中菌落总数和大肠菌群是最重要、最常见的检验项目。菌落总数（aerobic plate count）指食品检样经过处理，在一定条件下（如培养基、培养温度和培养时间等）培养后，所得每克（毫升）检样中形成的微生物菌落总数。大肠菌群可采用MPN法（即最大可能数法，most probable number）和平板计数法进行测定。MPN法是统计学和微生物学结合的一种定量检测法。待测样品经系列稀释并培养后，根据其未生长的最低稀释度与生长的最高稀释度，应用统计学概率论推算出待测样品中大肠菌群的最大可能数。平板计数法原理为大肠菌群在固体培养基中发酵乳糖产酸，在指示剂的作用下形成可计数的红色或紫色、带有或不带有沉淀环的菌落。本实验以测定饼干和食醋中菌落总数和大肠菌群数为例。我国食品安全国家标准《饼干》（GB 7100—2015）和《食醋》（GB 2719—2018）规定的微生物限量标准见表4-12。

表 4 - 12　饼干和食醋微生物限量标准

项目	采样方式及限量				检验方法
	同一批次产品应采集的样品件数	最大可允许超出可接受限量的样品数	微生物指标可接受水平的限量值	微生物指标的最高安全限量值	
饼干菌落总数(CFU/g)	5	2	10^4	10^5	《食品安全国家标准　食品微生物学检验　菌落总数测定》(GB 4789. 2—2016)
饼干大肠菌群(CFU/g)	5	2	10	10^2	
食醋菌落总数(CFU/mL)	5	2	10^3	10^4	
食醋大肠菌群(CFU/mL)	5	2	10	10^2	

注:样品的分析及处理按《食品安全国家标准　食品微生物学检验　总则》(GB 4789.1—2016)执行。

三、实验器材

(1) 实验样品:饼干(不带奶油)、食醋。

(2) 培养基:① 用于菌落总数检测的平板计数琼脂培养基:胰蛋白胨 5.0 g,酵母浸膏 2.5 g,葡萄糖 1.0 g,琼脂 15.0 g,蒸馏水 1 000 mL。将上述成分加于蒸馏水中,煮沸溶解,调节 pH 值至 7.0±0.2。分装试管或锥形瓶,121 ℃高压灭菌 15 min。② 用于大肠菌群检测:月桂基硫酸盐胰蛋白胨(LST)肉汤培养基、煌绿乳糖胆盐(BGLB)肉汤培养基、结晶紫中性红胆盐琼脂(VRBA)培养基。

(3) 试剂:无菌稀释液(碳酸盐缓冲液或生理盐水)、1 mol/L NaOH 溶液、1 mol/L HCl 溶液等。磷酸盐缓冲液贮存液和稀释液的配制见“实验九　霉菌和酵母计数法”。

(4) 仪器和用具:培养箱、冰箱、水浴锅、天平、均质器、振荡器、放大镜,菌落计数器、刻度吸管及洗耳球或微量加样器及吸头、锥形瓶、培养皿、pH 计等。

四、实验步骤

1. 菌落总数检测

(1) 样品的稀释和接种

① 饼干样品:称取 25 g 样品置于盛有 225 mL 无菌稀释液的无菌均质杯内,8 000～10 000 r/min 均质 1～2 min,或放入盛有 225 mL 无菌稀释液的无菌均质袋中,用拍击式均质器拍打 1～2 min,制成 1∶10 的样品匀液。

② 食醋样品:以无菌吸管吸取 25 mL 样品置于盛有 225 mL 无菌稀释液的无菌锥形瓶(瓶内预置适当数量的无菌玻璃珠)中,充分混匀,制成 1∶10 的样品匀液。

③ 用 1 mL 无菌吸管或微量加样器吸取 1∶10 样品匀液 1 mL,沿管壁缓慢注于盛有 9 mL 无菌稀释液的无菌试管中(注意吸管或吸头尖端不要触及稀释液面),振摇试管或换用 1 支无菌吸管反复吹打使其混合均匀,制成 1∶100 的样品匀液。

④ 按以上操作,制备10倍系列稀释样品匀液。每递增稀释一次,换用1次1 mL无菌吸管或吸头。

⑤ 根据对样品污染状况的估计,选择2～3个适宜稀释度的样品匀液(液体样品可包括原液),在进行10倍递增稀释时,吸取1 mL样品匀液置于无菌培养皿内,每个稀释度做2个平皿。同时,分别吸取1 mL空白稀释液加入2个无菌平皿内作空白对照。

⑥ 及时将15～20 mL冷却至46 ℃的平板计数琼脂培养基(可放置于46 ℃恒温水浴箱中保温)倾注平皿,并转动平皿使其混合均匀。

(2) 培养

① 待琼脂凝固后,将平板翻转,36 ℃培养48 h。

② 如果样品中可能含有在琼脂培养基表面弥漫生长的菌落时,可在凝固后的琼脂表面覆盖一薄层琼脂培养基(约4 mL),凝固后翻转平板,36 ℃培养48 h。

(3) 菌落计数

① 可用肉眼观察,必要时用放大镜或菌落计数器,记录稀释倍数和相应的菌落数量。菌落计数以菌落形成单位(colony-forming unit,CFU)表示。

② 选取菌落数在30～300 CFU之间、无蔓延菌落生长的平板计数菌落总数。低于30 CFU的平板记录具体菌落数,大于300 CFU的可记录为多不可计。每个稀释度的菌落数应采用2个平板的平均数。

③ 其中1个平板有较大片状菌落生长时,则不宜采用,而应以无片状菌落生长的平板作为该稀释度的菌落数;若片状菌落不到平板的一半,而其余一半中菌落分布又很均匀,即可计算半个平板后乘以2,代表1个平板菌落数。

④ 当平板上出现菌落间无明显界线的链状生长时,则将每条单链作为1个菌落计数。

(4) 菌落总数的计算方法

① 若只有1个稀释度平板上的菌落数在适宜计数范围内,计算2个平板菌落数的平均值,再将平均值乘以相应稀释倍数,作为每克(毫升)样品中菌落总数结果。

② 若有2个连续稀释度的平板菌落数在适宜计数范围内时,按以下公式计算:

$$N = \frac{\sum C}{(n_1 + 0.1n_2)d}$$

式中:N——样品中菌落数;

ΣC——平板(含适宜范围菌落数的平板)菌落数之和;

n_1——第一稀释度(低稀释倍数)平板个数;

n_2——第二稀释度(高稀释倍数)平板个数;

d——稀释因子(第一稀释度)。

示例:

表4-13 不同稀释度平板上的菌落数

稀释度	第一稀释度(10^{-2})	第二稀释度(10^{-3})
菌落数(CFU)	232和244	33和35

$$N = \frac{\sum C}{(n_1 + 0.1n_2)d} = \frac{232 + 244 + 33 + 35}{[2 + (0.1 \times 2)] \times 10^{-2}} = 24\ 727$$

上述数据修约后,表示为 25 000 或 2.5×10^4。

③ 若所有稀释度的平板上菌落数均大于 300 CFU,则对稀释度最高的平板进行计数,其他平板可记录为多不可计,结果按平均菌落数乘以最高稀释倍数计算。

④ 若所有稀释度的平板菌落数均小于 30 CFU,则应按稀释度最低的平均菌落数乘以稀释倍数计算。

⑤ 若所有稀释度(包括液体样品原液)平板均无菌落生长,则以小于 1 乘以最低稀释倍数计算。

⑥ 若所有稀释度的平板菌落数均不在 30~300 CFU 之间,其中一部分小于 30 CFU 或大于 300 CFU 时,则以最接近 30 CFU 或 300 CFU 的平均菌落数乘以稀释倍数计算。

(5) 菌落总数的报告

① 菌落数小于 100 CFU 时,按"四舍五入"原则修约,以整数报告。

② 菌落数大于或等于 100 CFU 时,第 3 位数字采用"四舍五入"原则修约后,取前 2 位数字,后面用 0 代替位数;也可用 10 的指数形式来表示,按"四舍五入"原则修约后,采用 2 位有效数字。

③ 若所有平板上为蔓延菌落而无法计数,则报告菌落蔓延。

④ 若空白对照上有菌落生长,则此次检测结果无效。

⑤ 称重取样以 CFU/g 为单位报告,体积取样以 CFU/mL 为单位报告。

2. 大肠菌群检测(平板计数法)

(1) 样品的稀释

① 饼干样品:称取 25 g 样品,放入盛有 225 mL 无菌稀释液的无菌均质杯内,8 000~10 000 r/min 均质 1~2 min,或放入盛有 225 mL 无菌稀释液的无菌均质袋中,用拍击式均质器拍打 1~2 min,制成 1∶10 的样品匀液。

② 食醋样品:以无菌吸管吸取 25 mL 样品置盛有 225 mL 无菌稀释液的无菌锥形瓶(瓶内预置适当数量的无菌玻璃珠)或其他无菌容器中充分振摇或置于机械振荡器中振摇,充分混匀,制成 1∶10 的样品匀液。

③ 样品匀液的 pH 值应在 6.5~7.5 之间,必要时分别用 1 mol/L NaOH 或 1 mol/L HCl 调节。

④ 用 1 mL 无菌吸管或微量加样器吸取 1∶10 样品匀液 1 mL,沿管壁缓缓注入装有 9 mL 无菌稀释液的无菌试管中(注意吸管或吸头尖端不要触及稀释液面),振摇试管或换用 1 支 1 mL 无菌吸管反复吹打,使其混合均匀,制成 1∶100 的样品匀液。

⑤ 根据对样品污染状况的估计,按上述操作,依次制成 10 倍递增系列稀释样品匀液。每递增稀释 1 次,换用 1 支 1 mL 无菌吸管或吸头。从制备样品匀液至样品接种完毕,全过程不得超过 15 min。

(2) 平板接种和培养

① 选取 2~3 个适宜的连续稀释度,每个稀释度接种 2 个无菌平皿,每皿 1 mL。同时取

1 mL 空的稀释液加入无菌平皿作空白对照。

② 及时将 15~20 mL 熔化并恒温至 46 ℃的结晶紫中性红胆盐琼脂(VRBA)倾注于每个平皿中。小心旋转平皿,将培养基与样液充分混匀,待琼脂凝固后,再加 3~4 mL VRBA 覆盖平板表层。翻转平板,置于 36 ℃培养 18~24 h。

（3）平板计数

选取菌落数在 30~300 CFU 之间的平板,分别计数平板上出现的典型和可疑大肠菌群菌落(如菌落直径较典型菌落小)。典型菌落为紫红色,菌落周围有红色的胆盐沉淀环,菌落直径为 0.5 mm 或更大。最低稀释度平板低于 30 CFU 的记录具体菌落数。

（4）证实试验

从 VRBA 平板上挑取 10 个不同类型的典型和可疑菌落,少于 10 个菌落的挑取全部典型和可疑菌落。分别移种于煌绿乳糖胆盐(BGLB)肉汤管内 36 ℃培养 24~48 h,观察产气情况。凡 BGLB 肉汤管产气,即可报告为大肠菌群阳性。

（5）大肠菌群平板计数的报告

经最后证实为大肠菌群阳性的试管比例乘以平板计数的菌落数,再乘以稀释倍数,即为每克(毫升)样品中大肠菌群数。例:样品 10^{-4} 稀释液 1 mL,在 VRBA 平板上有 100 个典型和可疑菌落,挑取其中 10 个接种 BGLB 肉汤管,证实有 6 个阳性管,则该样品的大肠菌群数为 $100 \times 6/10 \times 10^4 = 6.0 \times 10^5 [CFU/g(mL)]$。若所有稀释度(包括液体样品原液)平板均无菌落生长,则以小于 1 乘以最低稀释倍数计算。

3. 大肠菌群检测(MPN 法,适用于酸奶、酱卤肉类的检测)

（1）样品的稀释

① 固体和半固体样品:称取 25 g 样品,放入盛有 225 mL 无菌稀释液的无菌均质杯内,8 000~10 000 r/min 均质 1~2 min,或放入盛有 225 mL 无菌稀释液的无菌均质袋中,用拍击式均质器拍打 1~2 min,制成 1:10 的样品匀液。

② 液体样品:以无菌吸管吸取 25 mL 样品置盛有 225 mL 无菌稀释液的无菌锥形瓶(瓶内预置适当数量的无菌玻璃珠)或其他无菌容器中充分振摇或置于机械振荡器中振摇,充分混匀,制成 1:10 的样品匀液。

③ 样品匀液的 pH 值应在 6.5~7.5 之间,必要时分别用 1 mol/L NaOH 或 1 mol/L HCl 调节。

④ 用 1 mL 无菌吸管或微量加样器吸取 1:10 样品匀液 1 mL,沿管壁缓缓注入装有 9 mL 无菌稀释液的无菌试管中(注意吸管或吸头尖端不要触及稀释液面),振摇试管或换用 1 支 1 mL 无菌吸管反复吹打,使其混合均匀,制成 1:100 的样品匀液。

⑤ 根据对样品污染状况的估计,按上述操作,依次制成 10 倍递增系列稀释样品匀液。每递增稀释 1 次,换用 1 支 1 mL 无菌吸管或吸头。从制备样品匀液至样品接种完毕,全过程不得超过 15 min。

（2）初发酵试验

每个样品选择 3 个适宜的连续稀释度的样品匀液(液体样品可以选择原液),每个稀释度接种 3 管月桂基硫酸盐胰蛋白胨(LST)肉汤,每管接种 1 mL(如接种量超过 1 mL,则用双料 LST 肉汤),36 ℃培养 24 h,观察倒管内是否有气泡产生,24 h 产气者进行复发酵试验(证实试验），如未产气则继续培养至 48 h，产气者进行复发酵试验。未产气者为大肠菌群阴性。

（3）复发酵试验（证实试验）

用接种环从产气的 LST 肉汤管中分别取培养物 1 环，移种于煌绿乳糖胆盐肉汤（BGLB）管中，36 ℃培养 48 h，观察产气情况。产气者，计为大肠菌群阳性管。

（4）大肠菌群最可能数（MPN）的报告

按确证的大肠菌群 BGLB 阳性管数，检索 MPN 表（见表 4 - 14），报告每克（毫升）样品中大肠菌群的 MPN 值。

表 4 - 14　大肠菌群最可能数（MPN）检索表

阳性管数			MPN	95%可信限		阳性管数			MPN	95%可信限	
0.10	0.01	0.001		下限	上限	0.10	0.01	0.001		下限	上限
0	0	0	<3.0	—	9.5	2	2	0	21	4.5	42
0	0	1	3.0	0.15	9.6	2	2	1	28	8.7	94
0	1	0	3.0	0.15	11	2	2	2	35	8.7	94
0	1	1	6.1	1.2	18	2	3	0	29	8.7	94
0	2	0	6.2	1.2	18	2	3	1	36	8.7	94
0	3	0	9.4	3.6	38	3	0	0	23	4.6	94
1	0	0	3.6	0.17	18	3	0	1	38	8.7	110
1	0	1	7.2	1.3	18	3	0	2	64	17	180
1	0	2	11	3.6	38	3	1	0	43	9	180
1	1	0	7.4	1.3	20	3	1	1	75	17	200
1	1	1	11	3.6	38	3	1	2	120	37	420
1	2	0	11	3.6	42	3	1	3	160	40	420
1	2	1	15	4.5	42	3	2	0	93	18	420
1	3	0	16	4.5	42	3	2	1	150	37	420
2	0	0	9.2	1.4	38	3	2	2	210	40	430
2	0	1	14	3.6	42	3	2	3	290	90	1 000
2	0	2	20	4.5	42	3	3	0	240	42	1 000
2	1	0	15	3.7	42	3	3	1	460	90	2 000
2	1	1	20	4.5	42	3	3	2	1 100	180	4 100
2	1	2	27	8.7	94	3	3	3	>1 100	420	—

注 1：本表采用 3 个稀释度[0.1 g(mL)、0.01 g(mL)、0.001 g(mL)]，每个稀释度接种 3 管。

注 2：表内所列检样量如改用 1 g(mL)、0.1 g(mL)、0.01 g(mL)时，表内数字应相应降低为原来的 1/10；如改用 0.01 g(mL)、0.001 g(mL)、0.000 1 g(mL)时，则表内数字应相应增高 10 倍，其余类推。

五、注意事项

（1）食品试样采集，特别是稀释后，应尽快测定，如不能测定，应放于 4 ℃冰箱内保藏。

（2）选择平均菌落数在 30～300 的平板计数,应注意稀释倍数的折合计算。

（3）注意取样和稀释时应无菌操作。稀释时要充分混合均匀。特别是固体食品试样在样品悬液制作时要注意均匀,否则影响实验结果。

（4）汽水试样应将瓶内的 CO_2 完全逸出后再进行稀释,如是果汁等酸性食品,应用灭菌的 20%～30% 的 Na_2CO_3 中和后进行实验,否则会影响实验结果的准确性。

（5）查表计算结果时注意试样的稀释倍数。

六、实验结果

（1）报告食品样品中的菌落总数和大肠菌群数。

（2）根据证实为大肠菌群阳性的试管数,查 MPN 检索表,报告每克(毫升)食品中大肠菌群的 MPN。

（3）查相应的国家食品卫生标准,对所检测的样品进行评价。

七、思考题

（1）所检测食品中的菌落总数可能为零吗? 为什么?

（2）所检测食品中的大肠菌群总数可能为零吗? 为什么?

（3）如何判断所检测酱油等食品样品中大肠菌群数和菌落数是否符合国家标准?

实验二十五 金黄色葡萄球菌的检测

一、实验目的与内容

（1）学习金黄色葡萄球菌的检测方法。

（2）掌握金黄色葡萄球菌的革兰氏染色镜检形态及其在 Baird - Parker 平板和血琼脂平板上生长的菌落特征。

二、实验原理

葡萄球菌广泛地分布于自然界,其中有部分葡萄球菌属于致病菌。金黄色葡萄球菌 (*Staphylococcus aureus*)是葡萄球菌属的一种革兰氏阳性菌,属于人畜共患的条件致病菌,可引起人和动物的中毒和感染,还能产生肠毒素。食用污染了金黄色葡萄球菌肠毒素的食品会发生食物中毒,因此需对食品中的金黄色葡萄球菌进行检测。肠毒素形成条件如下:在 37 ℃内,温度越高,产毒时间越短;存放于通风不良、氧分压低的地点易形成肠毒素;在蛋白质丰富、水分多,同时含一定量淀粉的食物中,易形成肠毒素。

金黄色葡萄球菌能产生凝固酶,使血浆凝固,多数致病菌株能产生溶血毒素,使血琼脂平板菌落周围出现溶血环,在试管中出现溶血反应。这些是鉴定致病性金黄色葡萄球菌的重要指标。

金黄色葡萄球菌可产生多种毒素和酶。在血琼脂平板上生长可产生金黄色色素使菌落呈现金黄色;由于产生溶血素使菌落周围形成大而透明的溶血圈;在厌氧条件下能分解甘露醇产酸,产生血浆凝固酶和耐热的 DNA 酶。

在 Baird - Parker 平板上生长时,因将亚碲酸钾还原成碲酸钾使菌落呈灰黑色;因产生脂酶使菌落周围有一浑浊带,而在其外层因产生蛋白水解酶有一透明带。在肉汤中培养时,菌体可生成血浆凝固酶并释放于培养基中,此酶类似凝血酶原物质,不直接作用到血浆纤维蛋白原上,而是被血浆中的致活剂激活后,变成耐热的凝血酶样物质,此物质可使血浆中的液态纤维蛋白原变成纤维蛋白,血浆因而呈凝固状态。

三、实验器材

(1)菌种:金黄色葡萄球菌(*Staphylococcus aureus*)菌种斜面。

(2)检样:乳与乳制品(如奶粉、消毒乳)、肉制品、饮料。

(3)培养基:7.5%氯化钠肉汤、肉浸液肉汤、血琼脂平板、Baird - Parker 培养基、BHI 培养基。

(4)试剂:革兰氏染色液、1 mol/L 氢氧化钠、兔血浆、无菌稀释液(磷酸盐缓冲液或生理盐水)等。磷酸盐缓冲液贮存液和稀释液的配制见"实验九 霉菌和酵母计数法"。

(5)仪器和用具:显微镜、摇床、培养箱、均质器、离心机、干燥箱、载玻片、锥形瓶、刻度吸管及洗耳球或微量加样器及吸头、培养皿、注射器、接种针等。

四、实验步骤

1. 样品的稀释

(1)固体和半固体样品:称取 25 g 样品至盛有 225 mL 无菌稀释液的无菌均质杯内,8 000~10 000 r/min 均质 1~2 min,或放入盛有 225 mL 无菌稀释液的无菌均质袋中,用拍击式均质器拍打 1~2 min ,制成 1∶10 的样品匀液。

(2)液体样品:以无菌吸管吸取 25 mL 样品至盛有 225 mL 无菌稀释液的无菌锥形瓶(瓶内预置适当数量的无菌玻璃珠)中,充分混匀,制成 1∶10 的样品匀液。

2. 增菌和分离培养

(1)增菌培养:吸取 5 mL 上述样品匀液,接种于 50 mL 7.5%氯化钠肉汤培养基内,36 ℃培养 18~24 h。金黄色葡萄球菌在 7.5%氯化钠肉汤中呈浑浊生长,污染严重时在 10%氯化钠胰酪胨大豆肉汤内呈浑浊生长。

(2)将上述培养物,分别划线接种到 Baird - Parker 平板和血琼脂平板,血琼脂平板 36 ℃培养 18~24 h。Baird - Parker 平板 36 ℃培养 24~48 h。

(3)金黄色葡萄球菌在 Baird-Parker 平板上,菌落直径为 2~3 mm,颜色呈灰色到黑色,边缘为淡色,周围为一浑浊带,在其外层有一透明圈。用接种针接触菌落有似奶油至树胶样的硬度,偶尔会遇到非脂肪溶解的类似菌落,但无浑浊带及透明圈。菌落所产生的黑色较淡些,外观可能粗糙并干燥。在血琼脂平板上形成的菌落较大,圆形、光滑凸起、湿润、金黄色(有时为白色),菌落周围可见完全透明溶血圈。挑取上述菌落进行革兰氏染色镜检及血浆凝固酶实验。

(4)形态:金黄色葡萄球菌为革兰氏阳性球菌,排列呈葡萄球状,无芽孢,无荚膜,直径约为 0.5~1 μm。

3. 血浆凝固酶实验

(1) 挑取 Baird-Parker 平板或血琼脂平板上可疑菌落 1 个或以上，分别接种到 5 mL BHI 和营养琼脂斜面，36 ℃ 培养 18~24 h。

(2) 取新鲜配制兔血浆 0.5 mL，放入小试管中，再加入步骤(1)所得 BHI 培养物 0.2~0.3 mL，振荡摇匀，置 36 ℃ 温箱或水浴箱内，每 30 min 观察 1 次，观察 6 h，如呈现凝固(即将试管倾斜或倒置时，呈现凝块)或凝固体积大于原体积的一半，被判定为阳性结果。同时以血浆凝固酶实验阳性和阴性葡萄球菌菌株的肉汤培养物作为对照。也可用商品化的试剂，按说明书操作，进行血浆凝固酶实验。

(3) 结果如可疑，挑取营养琼脂斜面的菌落到 5 mL BHI，36 ℃ 培养 18~48 h，重复上述步骤(2)。

4. 金黄色葡萄球菌 Baird-Parker 平板计数

(1) 样品的稀释

① 固体和半固体样品：称取 25 g 样品置于盛有 225 mL 无菌稀释液的无菌均质杯内，8 000~10 000 r/min 均质 1~2 min，或置于盛有 225 mL 无菌稀释液的无菌均质袋中，用拍击式均质器拍打 1~2 min，制成 1∶10 的样品匀液。

② 液体样品：以无菌吸管吸取 25 mL 样品置于盛有 225 mL 无菌稀释液的无菌锥形瓶(瓶内预置适当数量的无菌玻璃珠)中，充分混匀，制成 1∶10 的样品匀液。

③ 用 1 mL 无菌吸管或微量加样器吸取 1∶10 样品匀液 1 mL，沿管壁缓慢注于盛有 9 mL 稀释液的无菌试管中(注意吸管或吸头尖端不要触及稀释液面)，振摇试管或换用 1 支 1 mL 无菌吸管反复吹打使其混合均匀，制成 1∶100 的样品匀液。

④ 按步骤③的操作程序，制备 10 倍系列稀释样品匀液。每递增稀释 1 次，换用 1 次 1 mL 无菌吸管或吸头。

(2) 样品的接种

根据对样品污染状况的估计，选择 2~3 个适宜稀释度的样品匀液(液体样品可包括原液)，在进行 10 倍递增稀释时，每个稀释度分别吸取 1 mL 样品匀液以 0.3 mL、0.3 mL、0.4 mL 接种量分别加入 3 块 Baird-Parker 平板，然后用无菌涂布棒涂布整个平板，注意不要触及平板边缘。使用前，如 Baird-Parker 平板表面有水珠，可放在 25~50 ℃ 的培养箱里干燥，直到平板表面的水珠消失。

(3) 培养

在通常情况下，涂布后，将平板静置 10 min，如样液不易吸收，可将平板放在培养箱中，于 36 ℃ 培养 1 h；等样品匀液吸收后翻转平皿，倒置于培养箱，于 36 ℃ 培养 45~48 h。

(4) 典型菌落计数和确认

① 金黄色葡萄球菌在 Baird-Parker 平板上，菌落直径为 2~3 mm，颜色呈灰色到黑色，边缘为淡色，周围为一浑浊带，在其外层有一透明圈。用接种针接触菌落有似奶油至树胶样的硬度，偶尔会遇到非脂肪溶解的类似菌落，但无浑浊带及透明圈。长期保存的冷冻或干燥食品中所分离的菌落比典型菌落所产生的黑色较淡些，外观可能粗糙并干燥。

② 选择有典型的金黄色葡萄球菌菌落的平板且同一稀释度 3 个平板所有菌落数合计在 20~200 CFU 之间的平板计数典型菌落数。如果：

a. 只有 1 个稀释度平板的菌落数在 20～200 CFU 之间且有典型菌落,计数该稀释度平板上的典型菌落。

b. 最低稀释度平板的菌落数小于 20 CFU 且有典型菌落,计数该稀释度平板上的典型菌落。

c. 某一稀释度平板的菌落数大于 200 CFU 且有典型菌落,但下一稀释度平板上没有典型菌落,应计数该稀释度平板上的典型菌落。

d. 某一稀释度平板的菌落数大于 200 CFU 且有典型菌落,且下一稀释度平板上有典型菌落,但其平板上的菌落数不在 20～200 CFU 之间,应计数该稀释度平板上的典型菌落。

以上按公式(1)计算。

e. 2 个连续稀释度的平板菌落数均在 20～200 CFU 之间,按式(2)计算。

③从典型菌落中任选 5 个菌落(小于 5 个全选),分别按步骤 3"血浆凝固酶实验"第(2)条进行血浆凝固酶实验。

(5) 计算结果

公式(1):

$$T = \frac{AB}{Cd} \tag{1}$$

式中:T ——样品中金黄色葡萄球菌菌落数;

A ——某一稀释度典型菌落的总数;

B ——某一稀释度血浆凝固酶阳性的菌落数;

C ——某一稀释度用于血浆凝固酶实验的菌落数;

d ——稀释因子。

公式(2):

$$T = \frac{(A_1 B_1 / C_1) + (A_2 B_2 / C_2)}{1.1d} \tag{2}$$

式中:T ——样品中金黄色葡萄球菌菌落数;

A_1 ——第一稀释度(低稀释倍数)典型菌落的总数;

A_2 ——第二稀释度(高稀释倍数)典型菌落的总数;

B_1 ——第一稀释度(低稀释倍数)血浆凝固酶阳性的菌落数;

B_2 ——第二稀释度(高稀释倍数)血浆凝固酶阳性的菌落数;

C_1 ——第一稀释度(低稀释倍数)用于血浆凝固酶实验的菌落数;

C_2 ——第二稀释度(高稀释倍数)用于血浆凝固酶实验的菌落数;

1.1 ——计算系数;

d ——稀释因子(第一稀释度)。

五、注意事项

(1) 样品中金黄色葡萄球菌计数进行 10 倍稀释时要注意,每个稀释度要更换吸管。

(2) 实验中操作者须注意生物安全防护,实验结束后要消毒环境,把实验室材料高压灭菌后方可清洗或弃之。

六、实验结果

(1) 结果判定

① 形态和染色反应符合葡萄球菌特征,血浆凝固酶阳性,报告"发现致病性葡萄球菌"。

② 形态和染色反应符合葡萄球菌特征,血浆凝固酶阴性,报告"发现非致病性葡萄球菌"。

(2) 报告要求

列表记录实验过程中各步骤结果,并据此做出结论。

七、思考题

(1) 金黄色葡萄球菌引起食物中毒的机理是什么?

(2) 为什么要采用血浆凝固酶实验来决定葡萄球菌的致病和不致病?

实验二十六　细菌的分布及外界因素对细菌的影响

一、实验目的与内容

(1) 比较来自不同场所与不同条件下细菌的数量和类型。

(2) 体会无菌操作的重要性。

(3) 了解外界因素对细菌生长发育的影响,理解环境条件与微生物生命活动之间的关系。

二、实验原理

微生物广泛地分布在自然界的各种环境中。平板培养基含有细菌生长所需要的营养成分,当取自不同来源的样品接种于培养基上,在 37 ℃温度下培养,1～2 d 内每一菌体即能形成一个菌落。每一种细菌所形成的菌落都有它自己的特点,例如菌落的大小,表面干燥或湿润、隆起或扁平、粗糙或光滑,边缘整齐或不整齐,菌落透明或半透明或不透明,颜色以及质地疏松或紧密等,见图 4 - 2。因此,可通过平板培养来检查不同场所与不同条件下细菌的数量和类型。

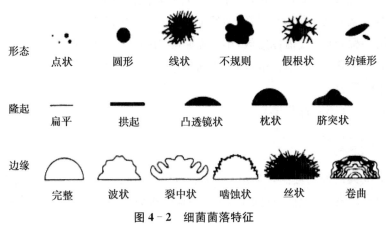

形态	点状	圆形	线状	不规则	假根状	纺锤形
隆起	扁平	拱起	凸透镜状	枕状	脐突状	
边缘	完整	波状	裂中状	啮蚀状	丝状	卷曲

图 4 - 2　细菌菌落特征

微生物和外界环境处于相互影响的状态中。射线、紫外线可以杀死微生物,也可以改变它们的遗传性状;氧气、温度、pH 值和渗透压与细菌生长发育的关系密切;不同类型、不同浓度的化学药品对微生物可以起到营养、抑制或致死的作用;放线菌、青霉和某些细菌产生的抗生素可使微生物受到抑制和致死作用。这些物理、化学、生物因素构成了微生物的环境因素。反之,由于微生物的生命活动对局部区域的小环境也会产生一定的影响,如产酸、产碱、产酶、产生次生代谢产物,从而可改变自然环境。由此,微生物与自然环境之间是相互影响、相互作用的矛盾统一体。当外界环境适宜时,微生物进行正常的生长、繁殖;不适宜时,则会使得微生物的生长受到抑制、发生变异,甚至死亡。

三、实验器材

1. 菌种

大肠杆菌(*Escherichia coli*)、金黄色葡萄球菌(*Staphylococcus aureus*)、枯草芽孢杆菌(*Bacillus subtillis*)、产黄青霉(*Penicillium chrysogenum*)、丙酮丁醇梭状芽孢杆菌(*Clostridium acetobutylicum*)、圆褐固氮菌(*Azotobacter chroococcum*)、酿酒酵母(*Saccharomyces cerevisiae*)、盐沼盐杆菌(*Halobactrium salinarium*)、粪产碱杆菌(*Alcaligenes faecalis*)。

2. 培养基

牛肉膏蛋白胨固体培养基、豆芽汁固体培养基、葡萄糖牛肉膏蛋白胨培养基、蛋白胨葡萄糖发酵培养基。

3. 试剂

0.1% $HgCl_2$、碘酒、新洁尔灭(1:1 000)、5%石炭酸、75%乙醇、NaCl、1 mol/L NaOH 和 1 mol/L HCl。

4. 仪器和用具

超净工作台、培养箱、分光光度计、灭菌棉签(装在试管内)、培养皿、接种环、试管、试管架、刻度吸管、洗耳球、涂布棒、酒精灯、黑纸、记号笔、直径 5 mm 的圆滤纸片、废物缸、镊子、牛津杯、德汉氏小管等。

四、实验步骤

1. 细菌的分布

将参加实验的同学进行分组,每组自由选择细菌的取样地点和影响细菌生长的因素,同学们将最后得到的结果一起讨论。以下实验过程仅供参考。

(1) 写标签

在培养皿皿底上用记号笔做上记号(如果写在皿盖上,同时观察 2 个以上培养皿的结果,打开皿盖时,容易混淆),写上班级、姓名、日期、样品来源(如实验室空气或无菌室空气或头发等),字尽量小些,写在皿底的一边,不要写在正中央,以免影响观察结果。

(2) 空气中微生物的分布

取牛肉膏蛋白胨琼脂平皿 1 只,打开后暴露在空气中,30 min 后盖好平皿,置于 37 ℃恒温箱中培养 18~24 h,观察培养基上的菌落数量及其特征。可取当时做实验的实验室的空气,亦可取无菌室、宿舍或操场的空气,可自由选取。

(3) 物品表面微生物的分布

① 用记号笔在皿底外面中央画一直线,再在此线中间处画一垂直线。

② 事先准备好灭好菌的含有棉签的试管,在无菌超净台中取出棉签。

③ 浸湿棉签:左手取无菌水试管,拔出试管塞并烧灼管口,将棉签插入水中,再提出水面;接着挤压管壁以除去多余的水分,小心将棉签取出,烧灼管口,放回试管塞,并将无菌水试管放在试管架上。

④ 取样:将湿棉签在物品表面上擦拭约 2 cm^2 的范围。物品可选择实验台面、门旋钮、笔记本、硬币、钱包等。

⑤ 接种:在火焰旁使平皿开启成一缝。再将棉签伸入,在琼脂表面滚动一下,立即闭合皿盖。

⑥ 划线:左手拿起平板,开启一缝,将灭过菌并冷却了的接种环,通过琼脂顶端的接种区,向下划线,直到平板的一半处[见图 4 - 3(c)]。注意:接种环与琼脂表面的角度要小,移动的压力不能太大,否则会刺破琼脂。

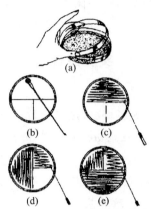

图 4 - 3 平板接种与划线法

(a) 接种时,用左手将平皿开启成一缝;
(b) 将棉签伸入平板接种;
(c) 用已灭菌并冷却了的接种环划线;
(d) 第二部分划线;(e) 最后部分划线

闭合皿盖,左手将平板向左转动至空白处,右手拿的接种环再在火焰上灼烧,使之冷却。接种环通过前面划的线条再在琼脂的另一半,按图 4 - 3(d),从上向下来回划线至 1/2 处。

烧灼接种环,转动平板,按图 4 - 3(e),划最后 1/4,立刻盖上皿盖,烧灼接种环,放回原处。

整个划线操作均要求无菌操作,即靠近火焰,而且动作要快。

(4) 人体细菌的检查

① 手指(洗手前与洗手后)

a. 移去皿盖,将未洗过的手指在琼脂平板的表面轻轻地来回划线,盖上皿盖。

b. 用肥皂和刷子,用力刷手,在流水中冲洗干净;干燥后,在另一琼脂平板表面来回移动,盖上皿盖。

② 头发:在揭开皿盖的琼脂平板的上方,用手将头发用力摇动数次,使细菌降落到琼脂平板表面,然后盖上皿盖。

③ 咳嗽:将去盖琼脂平板放在离口约 6~8 cm 处,对着琼脂表面用力咳嗽,然后盖上皿盖。

④ 鼻腔

a. 按照物品表面细菌检查法的步骤②和③,取出棉签,并将其弄湿。

b. 用湿棉签在鼻腔内滚动数次。

c. 按上述第(3)步物品表面细菌检查法的步骤⑤和⑥接种与划线,然后盖上皿盖。

⑤ 将所有的琼脂平板倒置放入 37 ℃培养箱,培养 1~2 d。

⑥ 结果记录方法

a. 菌落计数,在划线的平板上,如果菌落很多而重叠,则数平板最后 1/4 面积内的菌落数。不是划线的平板,也一分为四,数 1/4 面积的菌落数。

b. 根据菌落大小、形状、高度、干湿等特征观察不同的菌落类型。但要注意,如果细菌数量太多,会使很多菌落生长在一起,或者限制了菌落生长而变得很小,因而外观不典型,故观察菌落的特点时,要选择分离得很开的单个菌落。

2. 环境因素对微生物的影响

(1)物理因素对微生物的影响

① 紫外线

a. 将牛肉膏蛋白胨培养基制成平板,用无菌吸管吸取 0.1 mL 培养 18 h 的金黄色葡萄球菌菌液(约 $3×10^8$ 个/mL)于平板上,以无菌涂布棒将菌液涂布均匀。

b. 打开培养皿盖,用黑纸遮住培养基的一部分,于紫外光灯下照射 30~40 min,灯与皿的距离约为 30~40 cm。

c. 照射完毕,盖上皿盖,用黑纸包皿,在 37 ℃下培养 24 h 后,比较加黑纸与未加黑纸处金黄色葡萄球菌的生长情况。

② 氧气

a. 在丙酮丁醇梭状芽孢杆菌、圆褐固氮菌和大肠杆菌菌种斜面中分别加入 2 mL 无菌生理盐水,制成菌悬液。

b. 将装有葡萄糖牛肉膏蛋白胨琼脂培养基的试管加热使培养基熔化,50 ℃保温,无菌操作吸取 0.1 mL 各类微生物菌悬液加入相应试管中,双手快速搓动试管使细菌上下平均分布,见图 4-4。注意避免振荡使过多的空气混入培养基,将试管置于冰浴中迅速凝固后,于30 ℃下培养 2~3 d,观察各菌在深层培养基内生长情况,判断细菌对氧气的需要情况。

图 4-4　搓动试管示意图

③ 温度

在 4 支装有蛋白胨葡萄糖发酵培养基及倒置德汉氏小管的试管中接入酿酒酵母,分别置于 4 ℃、20 ℃、37 ℃及 60 ℃条件下保温 24~48 h,观察酿酒酵母的生长状况以及发酵产气量。

④ pH 值

a. 无菌操作吸取适量无菌生理盐水加入粪产碱杆菌、大肠杆菌及酿酒酵母斜面试管中,制成菌悬液,使其 $OD_{600\ nm}$ 值均为 0.05。

b. 无菌操作分别吸取 0.1 mL 上述 3 种菌悬液,分别接种于装有 5 mL 不同 pH 值(分别为 3、5、7、9,用 1 mol/L NaOH 和 1 mol/L HCl 调试)的牛肉膏蛋白胨液体培养基的大试管中。注意吸取菌液时要将菌液吹打均匀,保证各管中接入的菌液浓度一致。

c. 接种大肠杆菌和粪产碱杆菌的 8 支试管置于 37 ℃温室保温 24~48 h,将接种有酿酒酵母的试管置于 28 ℃温室保温 48~72 h。将上述试管取出,利用分光光度计测定培养物的 $OD_{600\ nm}$ 值。

⑤ 渗透压

a. 将含不同浓度 NaCl(分别为 0.85%、5%、10%、15%、20%)的牛肉膏蛋白胨琼脂培养基熔化,倒平板。

b. 在已凝固的平皿底用记号笔画成 3 部分,分别标记 3 种菌名(金黄色葡萄球菌、大肠杆菌及盐沼盐杆菌)。无菌操作在相应区域分别划线接种上述 3 种菌,避免污染杂菌或相互污染。

c. 将上述平板置于 28 ℃温室中,4 d 后观察并记录含不同浓度 NaCl 的平板上 3 种菌的生长状况。

(2) 化学因素对微生物的影响

一些化学药剂对微生物生长有抑制或致死作用,因此可选择适宜的化学药剂,配制成适宜的浓度进行消毒或灭菌。下面主要介绍滤纸片法测定化学药剂的杀(抑)菌作用。

① 在无菌培养皿底部用记号笔注明"1""2""3""4""5",在皿盖注明实验名称、时间、实验者(亦可根据选用的化学药剂种类,将平板底皿划分成4~6等份)。

② 将已灭菌并冷至50 ℃左右的牛肉膏蛋白胨琼脂培养基倒入无菌培养皿中,水平放置待凝固。

③ 用无菌吸管吸取0.1 mL培养18 h的金黄色葡萄球菌菌液加入上述平板中,用无菌三角涂布棒涂布均匀。

④ 用无菌镊子将已灭菌的小圆滤纸片分别浸入装有各种化学药剂(氯化汞、碘酒、新洁尔灭、石炭酸、75%乙醇溶液)的试管中浸湿。

⑤ 将浸泡在上述5种溶液中的圆滤纸片,分别放于标有"1""2""3""4""5"位置的培养基上。平板中间贴上浸有无菌生理盐水的滤纸片作为对照。注意取出滤纸片时保证滤纸片所含消毒剂溶液量基本一致,并在试管内壁沥去多余药液。

⑥ 于37 ℃培养箱中培养24 h,观察抑菌圈的大小,以判断各种药剂对金黄色葡萄球菌抑制性能的强弱,见图4-5和图4-6。

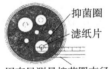

抑菌圈

滤纸片

用直尺测量抑菌圈直径

图4-5 贴滤纸片　　图4-6 圆滤纸片法测定化学消毒剂的杀(抑)菌作用

(3) 生物因素的影响

① 产黄青霉对大肠杆菌、金黄色葡萄球菌、枯草芽孢杆菌的影响

产黄青霉可产生青霉素,青霉素对不同类型的微生物具有不同的抑制效果。对青霉素敏感的菌株,在有青霉素存在时,受到抑制,表现为不生长;反之,则表现为生长。

a. 将豆芽汁琼脂培养基制成平板,用接种环取少许产黄青霉孢子,在平板的一侧划一直线接种,于25~27 ℃培养64~72 h。

b. 待形成产黄青霉菌落后,再用接种环分别挑取培养18 h的大肠杆菌、金黄色葡萄球菌、枯草芽孢杆菌的斜面菌苔少许,从产黄青霉菌落边缘向外划平行线接种。

c. 于37 ℃培养24 h,观察结果,根据抑菌区域,判断青霉素对该菌的抑菌效能,见图4-7。

② 中草药对大肠杆菌、金黄色葡萄球菌、枯草芽孢杆菌的影响

一些中草药(如溪黄草、车前草、鱼腥草、艾叶、蒲公英、金银花、花椒、高良姜、八角、甘草、连翘、乌梅、丁香、天

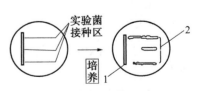

实验菌接种区

培养

1. 产黄青霉菌落;2. 实验菌

图4-7 抗生素抗菌谱实验

门冬、芦根、白术等)中含有一些抑菌成分如醛、酮、酯、醚、酸、萜类及内酯等,能对大肠杆菌、金黄色葡萄球菌、枯草芽孢杆菌、黑曲霉、米曲霉、黑根霉、毛霉、拟青霉等起到一定的抑制或杀死的作用。不同中草药的抑菌效果不同。中草药可采取水煎、醇提、超声波、微波、CO_2 超临界等方法提取。不同提取方法所得的浸出液的抑菌效果也不同。本实验可查阅文献,自行选择中草药种类、提取方法和实验菌种,制定方案。以下仅介绍水煎芦根所得提取液对大肠杆菌、金黄色葡萄球菌、枯草芽孢杆菌的影响,供参考。

a. 用托盘天平称取芦根 100 g,冷水浸泡 20～30 min,分别 2 次加水煎煮。第 1 次加水 600 mL,第 2 次加水 400 mL,均待水开后改用文火煮 30 min,用 4 层纱布过滤;合并 2 次滤液,除去药渣,水浴加热浓缩至 100 mL,即得到浓度为 1 g/ mL 的中药提取液。经高压蒸汽灭菌或过滤除菌后备用。可比较二者抑菌效果是否具有差异。

b. 采用杯碟法测定提取液抑菌活性,取浓度为 2.0×10^8 CFU/mL 的各种待测菌(大肠杆菌、金黄色葡萄球菌、枯草芽孢杆菌)悬液 0.1 mL,涂布在相应凝固平板上,之后每个平板放入 2 个灭菌牛津杯,其中 1 个为实验组,1 个作为对照组(以无菌水为对照)。用移液枪移取芦根提取液加入牛津杯中,加样量与杯口水平为准,于 37 ℃下培养 24 h 后,移去牛津杯,测定抑菌圈直径,每组平行 3 次,取其平均值。

五、实验结果

1. 细菌的分布结果

将细菌的分布结果记录于下表中。

表 4 - 15 细菌分布结果记录表

样品来源地点	菌落数(近似值)	菌落类型(说明不同的特征,如大小、形态、干湿、颜色、边缘、透明度)	比较不同样品来源

2. 物理因素对微生物的影响

(1)紫外线对微生物的影响

将实验结果记录于下表。

表 4 - 16 紫外线对微生物生长的影响

	金黄色葡萄球菌生长情况
黑纸	
未加黑纸	

(2)氧气对微生物的影响

将实验结果记录于下表,用文字描述其生长位置(表面生长、底部生长、接近表面生长、均匀生长、接近表面生长旺盛等),并确定微生物的类型(有微好氧菌、好氧菌、兼性厌氧菌、专性厌氧菌、耐氧厌氧菌等类型)。

表 4-17 氧气对微生物生长的影响

菌 名	生长位置	类型
丙酮丁醇梭状芽孢杆菌		
圆褐固氮菌		
大肠杆菌		

(3) 温度对微生物的影响

将实验结果记录于下表,比较酿酒酵母在不同温度条件下的生长状况("-"表示不生长,"+"表示生长较差,"++"表示生长一般,"+++"表示生长良好)以及产气量的多少。

表 4-18 温度对微生物生长的影响

| 温 度(℃) | 酿酒酵母 | |
	生长状况	产气量
4		
20		
37		
60		

(4) pH 值对微生物的影响

将实验结果记录于下表并说明 3 种微生物各自的生长 pH 值范围及最适 pH 值。

表 4-19 pH 值对微生物生长的影响

| 菌 名 | $OD_{600\,nm}$ | | | |
	pH=3	pH=5	pH=7	pH=9
粪产碱杆菌				
大肠杆菌				
酿酒酵母				

(5) 渗透压对微生物的影响

将实验结果记录于下表("-"表示不生长,"+"表示生长,"++"表示生长良好)。

表 4-20 渗透压对微生物生长的影响

| 菌 名 | NaCl 浓度(%) | | | | |
	0.85	5	10	15	20
金黄色葡萄球菌					
大肠杆菌					
盐沼盐杆菌					

3. 化学因素对微生物的影响

表 4 - 21 化学因素对微生物生长的影响

消毒剂	抑菌圈直径(mm)
氯化汞	
碘酒	
新洁尔灭	
石炭酸	
75%乙醇溶液	

4. 生物因素对微生物的影响

产黄青霉和中草药对大肠杆菌、金黄色葡萄球菌、枯草芽孢杆菌的影响。

表 4 - 22 生物因素对微生物生长的影响

生物因素类型	抑菌圈直径(mm)		
	大肠杆菌	金黄色葡萄球菌	枯草芽孢杆菌
产黄青霉			
中草药 1			
中草药 2			

六、思考题

(1) 比较各种来源的样品,所形成的菌落数有无区别? 为何造成这些差别? 哪一种样品的平板菌落数与菌落类型最多?

(2) 通过本次实验,在防止培养物的污染与防止细菌的扩散方面,你学到些什么? 有什么体会?

(3) 进行紫外线对微生物生长影响的实验时,不开皿盖就用紫外线照射是否可以? 为什么?

(4) 解释不同类型微生物在琼脂深层培养基中生长位置为何不同。

(5) 人体肠道内数量最多的是哪种细菌? 从人类大便中最常分离到的是什么类型的细菌? 为什么?

(6) 为什么微生物最适生长温度并不一定等于其代谢或发酵的最适温度?

(7) 列举几个在日常生活中人们利用渗透压来抑制微生物生长的例子。

(8) 化学药剂对微生物所形成的抑制圈内未长菌部分能否说明微生物细胞已被杀死?

(9) 如果在青霉素的抑菌带内隔一段时间后又长出少数菌落,你如何解释这种现象?

(10) 滥用抗生素会造成什么样的后果? 原因是什么? 如何解决这个问题?

(11) 根据中草药抑菌性能的实验,考虑是否可将这些中草药开发成药物或食品及化妆品防腐剂? 如能,该补充做哪些实验?

实验二十七　酸奶中混合益生菌的分离及鉴定

一、实验目的与内容

(1) 学习并掌握酸奶中益生菌的分离方法。

(2) 掌握显微镜下辨别不同益生菌的方法。

(3) 学习糖发酵试验，了解益生菌的生化特性。

二、实验原理

酸奶是以牛乳为主要原料，接入一定量益生菌，经发酵后制成的一种乳制品饮料。当益生菌在牛乳中生长繁殖并产酸至一定程度时，牛乳中的蛋白质凝结成块状。酸奶营养丰富，可维护肠道菌群生态平衡，提高人体免疫功能。

酸奶中常见的益生菌有嗜热链球菌、保加利亚乳杆菌、嗜酸乳杆菌、双歧杆菌等。它们的菌落特征、显微镜形态、糖发酵试验等有所差异，根据这些差异可将它们从酸奶中分离纯化并加以鉴定。

糖发酵试验是最常用的生化反应，在肠道细菌鉴定上尤为重要。绝大多数细菌都能利用糖类作为碳源和能源，但它们在分解糖的能力上有很大差异，有些细菌能分解糖并产酸(如乳酸、醋酸、丙酸等)和气体(如氢、甲烷、二氧化碳等)，有些细菌只产酸不产气。大肠杆菌能分解乳糖和葡萄糖产酸并产气；伤寒杆菌能分解葡萄糖产酸不产气，不能分解乳糖；普通变形杆菌能分解葡萄糖产酸产气，不能分解乳糖。酸的产生可以利用指示剂来判定。在配制培养基时预先加入溴甲酚紫[pH 值为 5.2(黄色)～6.8(紫色)]，因为溴甲酚紫在 pH 值为 6.8 以上呈紫色，pH 值为 5.2 以下时呈黄色。如果菌株能够发酵糖(醇)类物质产酸，则培养基的 pH 值降低，溴甲酚紫变色(紫→黄)，所以糖发酵培养基变色的话，说明菌株有发酵该糖的特性。气体的产生可由发酵管中倒置的德汉氏小管中有无气泡来证明。

三、实验器材

1. 市售酸牛奶

可选择由嗜热链球菌、保加利亚乳杆菌、嗜酸乳杆菌和双歧杆菌 4 种混合菌发酵加工制成的酸奶。亦可选购含有其中 2～3 种菌株发酵加工制成的酸奶。

2. 培养基

(1) BBL 培养基

(2) 试管培养基(A)

市售纯牛奶定量分装于试管内，在 115 ℃ 下灭菌 8 min，用于培养嗜热链球菌。

(3) 试管培养基(B)

市售纯牛奶中加入 0.2%～0.5% 的酵母浸粉、2%～5% 的葡萄糖、0.05% 的半胱氨酸，定量分装于试管内，在 115 ℃ 下灭菌 8 min，用于培养双歧杆菌。

(4) 试管培养基(C)

市售纯牛奶中加入 0.2%～0.5% 的酵母浸粉、2%～5% 的葡萄糖，定量分装于试管内，在

115 ℃下灭菌 8 min,用于培养保加利亚乳杆菌、嗜酸乳杆菌。

3. 糖发酵管基础成分

牛肉膏 5.0 g,蛋白胨 5.0 g,酵母浸膏 5.0 g,吐温-80 0.5 mL,琼脂 1.5 g,1.6%溴甲酚紫酒精溶液 1.4 mL,加蒸馏水至 1 000 mL。

4. 试剂

革兰氏染色液、0.85%生理盐水、麦芽糖、乳糖、葡萄糖、蔗糖、七叶苷等。

5. 仪器和用具

培养箱、厌氧培养装置(厌氧罐)、天平、高压蒸汽灭菌锅、电炉、超净工作台、显微镜、冰箱、刻度吸管、洗耳球、锥形瓶、培养皿、试管、德汉氏小管、接种环、涂布棒等。

四、实验步骤

1. 平板制作

将用于分离乳酸菌的 BBL 培养基完全熔化并冷却至 45 ℃ 左右倒平板,冷凝待用。

2. 嗜热链球菌、保加利亚乳杆菌、嗜酸乳杆菌、双歧杆菌的分离和纯化

将待分离的酸奶用生理盐水稀释至 10^{-7},取其中的 10^{-6}、10^{-7} 2 个稀释度各 0.1 mL,用无菌涂布棒均匀涂布于 BBL 平板培养基上,放至厌氧罐内,置于 37 ℃恒温箱内培养以获得单菌落。72 h 后取出,观察菌体形态,并挑取不同菌落特征的菌进行革兰氏染色镜检。菌落光滑,湿润,边缘整齐,呈针尖状圆点、乳白或微白色,且镜检结果细胞呈卵圆形,成对或成长链,鉴定为嗜热链球菌;菌落中等大小、扁平光滑、微白色、湿润、边缘不整齐,如棉絮或绒毛状菌落,且镜检结果细胞两端钝圆,呈细杆状,单个或成链,鉴定为保加利亚乳杆菌;菌落粗糙、无色素、表面呈颗粒状、边缘不整齐,且镜检结果细胞两端钝圆,呈杆状,单个或成双或成短链,部分细胞形状变得不规则,鉴定为嗜酸乳杆菌;菌落中等大小、表面光滑凸起、边缘整齐呈灰白色、质地柔软、细腻,且镜检结果着色不均匀,出现"Y"形或"V"形的分叉,或棍棒状、勺状、弯曲状等多形态的杆菌,鉴定为双歧杆菌。将分离的 4 种菌株分别移入适合的试管培养基(A、B、C),最终选出凝乳效果好的菌进行保藏。

3. 菌种的糖发酵试验

(1) 按糖发酵管基础成分配方表称量,并混合溶解,分装成每 10 mL 1 管,按 0.5%加入所需糖类(麦芽糖、乳糖、葡萄糖、蔗糖、七叶苷),混匀(若需观察产气反应,在小管内另放置德汉氏小倒管),于 115 ℃下灭菌 15 min。

(2) 用接种环挑取上述菌种穿刺接种,置于 37 ℃下的 CO_2 培养箱中培养 2～3 d,观察培养基变色及产气情况。

五、实验结果

(1) 描述所分离乳酸菌的菌落形态并绘制镜检形态图。

表 4‑23　不同种类乳酸菌的菌落形态与镜检图

微生物名称	菌落形态	镜检绘图
嗜热链球菌		◯
保加利亚乳杆菌		◯
嗜酸乳杆菌		◯
双歧杆菌		◯

(2) 将各菌种的糖发酵试验结果填入下表,用"＋""－""d"表示。

表 4‑24　不同种类乳酸菌的糖发酵试验结果

鉴定项目	嗜热链球菌	保加利亚乳杆菌	嗜酸乳杆菌	双歧杆菌
发酵麦芽糖				
发酵乳糖				
发酵葡萄糖				
发酵蔗糖				
发酵七叶苷				
发酵葡萄糖产生 CO_2				

注:"＋"表示 90%以上菌株阳性;"－"表示 90%以上菌株阴性;"d"表示 11%～89%菌株阳性。

六、思考题

(1) 请谈谈嗜热链球菌、保加利亚乳杆菌、嗜酸乳杆菌和双歧杆菌在培养条件、培养特征及生理上的异同点。

(2) 如何利用乳酸菌的生化特性来鉴定嗜热链球菌、保加利亚乳杆菌、嗜酸乳杆菌和双歧杆菌这四种菌?

(3) 糖发酵试验是微生物生理生化反应的一部分,请查阅资料,了解微生物生理生化反应有哪些。

实验二十八　传统酱类食品的微生物状况分析

一、实验目的与内容

（1）了解酱类食品的微生物状况，通过微生物指标对自然发酵酱类食品的安全性做出评价，并为制定其卫生指标提供依据。

（2）锻炼学生查阅文献和设计实验的能力。

二、实验原理

酱类包括大豆酱、蚕豆酱、面酱、豆瓣酱、豆豉及其加工制品，都是由一些粮食和油料作物（豆类或小麦）为主要原料，利用以米曲霉为主的微生物，经发酵酿制的半固体黏稠的调味品。主要有豆酱（黄酱）和面酱（甜面酱）2 种，并以这 2 种酱为基料调制出各种特色衍生酱品。如花生酱是以花生仁为主要原料，加入或不加入辅料、稳定剂而制成。芝麻酱是以纯芝麻（纯芝麻仁）、芝麻（仁）与花生仁或葵花籽仁混合物为原料，或再加入食用植物固体脂、食品添加剂等制成的黏稠状或凝固状的食用调味品。酱类发酵制品营养丰富，易于消化吸收，既可作小菜，又是调味品，具有特有的色、香、味，价格便宜，是一种受欢迎的大众化调味品。

为全面了解传统酱类食品的微生物状况，本实验从市场上购买已经商品化的不同自然发酵酱类食品，对其菌落总数、大肠菌群和致病菌等微生物指标进行较全面的检测，目的是通过微生物指标对自然发酵酱类食品的安全性做出评价，并为制定其卫生指标提供依据。

三、实验器材

购买已经商品化的不同自然发酵酱类食品，如豆酱、甜面酱、花生酱和芝麻酱等。选取的产品以塑料袋包装，保质期为 12 个月。实验所采用的样品均在保质期内。自行查阅相关文献找出所需实验器材。

四、实验步骤

学生可自行查阅相关文献，设计实验并进行测定。国标提供的下列实验指标可作为参考：① 采用平板计数法测定菌落总数；② 乳酸菌数；③ 霉菌和酵母计数；④ 蜡样芽孢杆菌检验；⑤ 金黄色葡萄球菌检验。

五、注意事项

学生查阅相关文献时尽量找正规可靠的文献，如相关国家标准或图书馆中的资源。

六、实验结果

设计表格，将不同自然发酵酱类食品的微生物状况测试结果列于表中。

七、思考题

请从微生物指标上对你测定的自然发酵酱类食品的安全性作出评价，并为制定其卫生指标提出你的意见。

实验二十九　食品中黄曲霉毒素的测定

一、实验目的与内容

(1) 了解食品中黄曲霉毒素(AFT)的来源、主要产生菌及主要的黄曲霉毒素类型,能运用薄层色谱法和酶联免疫吸附法测定食品中的黄曲霉毒素 B_1(AFT B_1)。

(2) 锻炼学生查阅文献和设计实验的能力,并能了解食品中主要危害成分的测定方法。

二、实验原理

黄曲霉毒素是黄曲霉、米曲霉、寄生曲霉等霉菌产生的代谢产物之一,于 1993 年被世界卫生组织(WHO)下属的国际癌症研究机构(International Agency for Research on Cancer)划定为一类致癌物,目前已经鉴定出 20 多种黄曲霉毒素衍生物,其中黄曲霉毒素 AFT B_1 的毒性及致癌性最强,可以引发肝癌和胚胎畸形,在食品中污染也最普遍,因此绝大多数国家以 AFT B_1 作为污染指标。黄曲霉毒素常存在于各种坚果中,尤其是花生和核桃中,在大豆、玉米、奶制品和花生油中也常常发现。其性质稳定,一般不会被烹调温度破坏结构。

常用的检测方法有薄层色谱法和酶联免疫吸附法。① 薄层色谱法:食品样品经提取、浓缩、薄层分离后,黄曲霉毒素 B_1 在紫外光(波长 365 nm)下产生蓝紫色荧光,根据其在薄层上显示荧光的最低检出量来测定含量。② 酶联免疫吸附法:食品样品经过提取、均质、离心后获得上清液,被辣根过氧化物酶标记或固定在反应孔中的黄曲霉毒素 B_1,与试样上清液或标准品中的黄曲霉毒素 B_1 竞争性结合特异性抗体。经显色试剂处理并终止反应后,于 450 nm 或 630 nm 波长下检测吸光度值,根据样品中的黄曲霉毒素 B_1 与吸光度在一定浓度范围内呈反比而计算得到其含量。

三、实验器材

(1) 样品:玉米、大米、小麦、面粉、薯干、豆类、花生、油脂、调味品、特殊膳食用食品等。

(2) 试剂:甲醇、正己烷、石油醚(沸程 30～60 ℃或 60～90 ℃)、三氯甲烷、苯、乙腈、无水乙醚、丙酮、薄层层析用硅胶、三氟乙酸、无水硫酸钠、氯化钠等。

(3) 仪器和用具:天平、振荡器、酶标仪、粉碎机、微量加样器及吸头、微孔板、酶联免疫试剂盒、滤纸、具塞锥形瓶、具塞试管等。

四、实验步骤

1. 薄层色谱法(单向展开法)

(1) 样品处理

对于玉米、大米、小麦、面粉、薯干、豆类、花生、花生酱等样品的处理,可以首先称取 20 g 粉碎过筛试样(面粉、花生酱不需粉碎),置于 250 mL 具塞锥形瓶中,加 30 mL 正己烷或石油醚和 100 mL 甲醇水溶液,在瓶塞上涂上一层水,盖严防漏。振荡 30 min,静置片刻,以叠成折叠式的快速定性滤纸过滤于分液漏斗中,待下层甲醇水带被分清后,放出甲醇水溶液于另 1 个具塞锥形瓶内。取 20 mL 甲醇水溶液（相当于 4 g 试样）置于另 1 个 125 mL 分液漏斗中，加 20 mL 三氯甲烷，振摇 2 min，静置分层，如出现乳化现象可滴加甲醇促使分层。放出三氯甲烷层，经盛有约 10 g 预先用三氯甲烷湿润的无水硫酸钠的定量慢速滤纸过滤于 50 mL 蒸发皿中，再加 5 mL 三氯甲烷于分液漏斗中，重复振摇提取，三氯甲烷层一并滤于蒸发皿中，最后用少量三氯甲烷洗过滤器，洗液并于蒸发皿中。将蒸发皿放入通风柜于 65 ℃ 水浴上通风挥干，然后放在冰盒上冷却 2～3 min 后，准确加入 1 mL 苯—乙腈混合液（或将三氯甲烷用浓缩蒸馏器减压吹气蒸干后，准确加入 1 mL 苯—乙腈混合液）。用带橡皮头的滴管的管尖将残渣充分混合，若有苯的结晶析出，将蒸发皿从冰盒上取出，继续溶解、混合，晶体即消失，再用此滴管吸取上清液转移于 2 mL 具塞试管中。

（2）样品测定

①点样板点样

首先制备规格为 5 cm×20 cm，厚度约 0.25 mm 的硅胶 G 薄层，将薄层板边缘附着的吸附剂刮净，在距薄层板下端 3 cm 的基线上用微量注射器或血色素吸管滴加样液。一块板可滴加 4 个点，点距边缘和点间距约为 1 cm，点直径约 3 mm。在同一块板上滴加点的大小应一致，滴加时可用吹风机用冷风边吹边加。滴加样式如下：第 1 点是 10 μL AFT B_1 标准工作液（0.04 μg/mL）；第 2 点是 20 μL 样液；第 3 点是 20 μL 样液＋10 μL 0.04 μg/mL AFT B_1 标准工作液；第 4 点是 20 μL 样液＋10 μL 0.2 μg/mL AFT B_1 标准工作液。

② 溶剂展开

在展开槽内加 10 mL 无水乙醚，预展 12 cm，取出挥干。再于另一展开槽内加 10 mL 丙酮—三氯甲烷，展开 10～12 cm，取出。在紫外光下观察结果，方法如下：由于样液点上加滴 AFT B_1 标准工作液，可使 AFT B_1 标准点与样液中的 AFT B_1 荧光点重叠。如样液为阴性，薄层板上的第 3 点中 AFT B_1 为 0.000 4 μg，可用作检查在样液内 AFT B_1 最低检出量是否正常出现；如为阳性，则起定性作用。薄层板上的第 4 点中 AFT B_1 为 0.002 μg，主要起定位作用。若第 2 点在与 AFT B_1 标准点的相应位置上无蓝紫色荧光点，表示试样中 AFT B_1 含量在 5 μg/kg 以下，如在相应位置上有蓝紫色荧光点，则需进行确证试验。

③ 确证试验

为了证实薄层板上样液荧光系由 AFT B_1 产生的，加滴三氟乙酸，产生 AFT B_1 的衍生物，展开后此衍生物的比移值（原点到层析点中心的距离和原点到溶剂前沿的距离比值）在 0.1 左右。于薄层板左边依次滴加两个点。第 1 点：0.04 μg/mL AFT B_1 标准工作液 10 μL。第 2 点：20 μL 样液。于以上 2 点各加 1 小滴三氟乙酸盖于其上，反应 5 min 后，用吹风机吹热风 2 min 后，使热风吹到薄层板上的温度不高于 40 ℃，再于薄层板上滴加以下两个点：第 3 点：0.04 μg/mL AFT B_1 标准工作液 10 μL；第 4 点：20 μL 样液。再展开，在紫外光灯下观察样液是否产生与 AFT B_1 标准点相同的衍生物。未加三氟乙酸的 3、4 两点，可依次作为样液与标准的衍生物空白对照。

④ 稀释定量

样液中的 AFT B$_1$ 荧光点的荧光强度如与 AFT B$_1$ 标准点的最低检出量(0.000 4 μg)的荧光强度一致,则试样中 AFT B$_1$ 含量即为 5 μg/kg。如样液中荧光强度比最低检出量强,则根据其强度估计减少滴加微升数或将样液稀释后再滴加不同微升数,直至样液点的荧光强度与最低检出量的荧光强度一致为止。滴加式样如下:第 1 点是 10 μL AFT B$_1$ 标准工作液(0.04 μg/mL);第 2 点是根据情况滴加 10 μL 样液;第 3 点是根据情况滴加 15 μL 样液;第 4 点是根据情况滴加 20 μL 样液。

2. 酶联免疫吸附法

(1) 样品处理

液态样品(油脂和调味品):取 100 g 待测样品摇匀,称取 5 g 样品于 50 mL 离心管中,加入试剂盒所要求的提取液,按照试剂盒说明书所述方法进行检测。

固态样品(谷物、坚果和特殊膳食用食品):称取至少 100 g 样品,用研磨机进行粉碎,粉碎后的样品过 1~2 mm 孔径实验筛。取 5 g 样品于 50 mL 离心管中,加入试剂盒所要求的提取液,按照试剂盒说明书所述方法进行检测。

(2) 酶联免疫测定

提取液用 2 mL 试管振荡后,4 ℃静置,用于检测试样中黄曲霉毒素 B$_1$ 的含量;酶标板加抗体抗原反应液,37 ℃孵育 2 h,酶标板冲洗 3 min,共 3 次,加酶标抗体,孵育 1 h。然后酶标板用洗液冲洗 5 次,每次 3 min。再每孔加入 100 μL 底物缓冲液,37 ℃孵育 15 min,然后每孔加 40 μL 终止液终止反应,然后在酶标仪 490 nm 下测出 OD 值。

按照试剂盒说明书提供的计算方法或者计算机软件,根据标准品浓度与吸光度变化关系绘制黄曲霉毒素 B$_1$ 标准工作曲线。

五、注意事项

(1) 薄层色谱法点样距离保持等间隔。

(2) 酶标加样过程要精确,避免样品污染,以免吸光度值出现较大波动。清洗酶标板时要多次处理,不能有残留反应液,以免影响最终结果。

六、实验结果

(1) 薄层色谱法测定 AFT B$_1$ 的浓度按下式计算:

$$X = 0.000\ 4 \times \frac{V_1 \times f}{V_2 \times m} \times 1\ 000$$

式中:X ——样品中 AFT B$_1$ 含量,单位为微克每千克(μg/kg);

0.000 4 —— AFT B$_1$ 的最低检出量,单位为微克(μg);

V_1—加入苯—乙腈混合液的体积,单位为毫升(mL);

f ——样品处理过程中稀释倍数;

V_2 ——出现最低荧光时滴加样液的体积,单位为毫升(mL);

m ——加入苯—乙腈混合液时相当试样的质量,单位为克(g);

1 000 ——换算系数。

计算表示到测定值的整数位。

（2）酶联免疫法测定 AFT B$_1$ 的浓度按下式计算：

$$X = \frac{\rho \times V \times f}{m}$$

式中：X ——样品中 AFT B$_1$ 含量，单位为微克每千克（μg/kg）；

　　　ρ ——待测试样中 AFT B$_1$ 含量，单位为微克每升（μg/L）；

　　　V ——提取液体积，单位为升（L）；

　　　f ——样品处理过程中稀释倍数；

　　　m ——试样质量，单位为千克（kg）。

计算结果保留小数后两位。

七、思考题

（1）薄层色谱法测定黄曲霉毒素 B$_1$ 含量的操作流程是什么？

（2）酶联免疫法进行食品中黄曲霉毒素 B$_1$ 的测定需要注意哪些操作？

实验三十　内生真菌的分离和鉴定

一、实验目的与内容

（1）了解内生真菌的概念和作用；熟悉从植物中分离和鉴定内生真菌的基本方法。

（2）掌握从意大利白杨（或其他木本等样品）中分离利用纤维素并积累油脂的内生真菌的方法。

（3）掌握利用纤维素产油脂的意杨内生真菌筛选与鉴定的方法。

二、实验原理

植物内生真菌（endophytic fungi）是指在生活史中的某一个阶段存在于健康植物组织内部，不会引起宿主明显病症或者对宿主造成明显伤害的真菌，包括一些在生活史的某一阶段表面生的腐生菌、潜伏性病原菌和菌根菌。

内生真菌的作用：（1）可以产生多种生长调节物质如植物生长赤霉素、细胞激动素等，可直接促进宿主植物的生长。在低水平氮源的土壤中，可增加宿主对氮元素的吸收。（2）增强宿主植物的抗逆性，即增强对生物胁迫（食草动物、昆虫、病原菌）及非生物胁迫（高温、干旱、高盐等）的抗性。（3）内生真菌可以产果胶酶、木聚糖酶、纤维素酶、漆酶等，在降解植物残体方面也发挥着重要作用。（4）可产生一些有用产物，如抗癌药物（紫杉醇和长春新碱等）、杀虫剂和油脂等。从红豆杉中分离的内生真菌菌株能分泌紫杉醇；从长春花中分离的内生真菌菌株能产长春新碱类似物；从伏卧白株树中分离的内生真菌中发现了 2 种香豆素类化合物，对云杉蚜虫具有毒性，可以开发成杀虫剂。

微生物油脂（microbial oils）又称单细胞油脂（single cell oil，SCO）。在一定的条件下，很多微生物如细菌、霉菌、酵母菌及藻类等可在菌体内产生大量油脂，有的干菌体含油量高达

60%以上。通常,大部分微生物油脂的脂肪酸组成和一般植物油相近,以碳和碳系脂肪酸,如油酸、棕榈酸、亚油酸和硬脂酸为主。微生物油脂发酵周期短,不受场地、季节、气候变化等的影响,一年四季除设备维修外,都可连续生产,而且产油微生物菌种资源丰富,能利用和转化各种农林废弃木质纤维素原材料,对农业大国具有特殊的意义。因此,微生物油脂这一新的油脂资源的开发和研究,不仅丰富了传统的油脂工业技术,而且也将是工业化生产油脂的一个重要途径。近些年来开发新的微生物资源如内生真菌进行油脂生产也成为一个热点。本实验以从意大利白杨中分离并鉴定能利用纤维素并积累油脂的内生真菌为例,让学生掌握分离和鉴定内生真菌的基本方法。

内生真菌的鉴定主要采用形态学方法,即以真菌的形态特征(如菌落大小、颜色、表面特征等)辅以生理生化指标为基础,借助光学仪器、电子显微镜等,对真菌的菌丝、产孢结构和孢子的形态结构与显微特征进行观察与比较,进行分类鉴定。但上述方法通常需要较长的时间,要进行大量的形态学观察和烦琐的生理生化实验。由于某些真菌属、种之间的形态学或生理生化差异极不显著,并且形态特征有时还会受环境因素的影响,因此采用传统的方法对内生真菌进行分类鉴定比较困难,这时需要用到分子生物学鉴定方法,其中 rDNA 序列分析是真菌现代分类鉴定的重要组成部分。

三、实验器材

1. 植物样品

意大利白杨(*Populus euramevicana*)。

2. 培养基

(1) PDA 培养基和 PDB 培养基。(2)产脂培养基:添加 30 g/L 葡萄糖的 PDB 液体培养基。(3)羧甲基纤维素钠(CMC - Na)液体及固体培养基:CMC - Na 10 g,$(NH_4)_2SO_4$ 4 g,$MgSO_4 \cdot 7H_2O$ 0.5 g,KH_2PO_4 2 g,蛋白胨 1 g,加蒸馏水至 1 000 mL,自然 pH。121 ℃湿热灭菌 20 min。固体培养基加 20 g 琼脂。

3. 试剂

(1)植物外植体的消毒试剂:70%的乙醇,0.1%的升汞。

(2)抽提缓冲液:取 NaCl 8.15 g,十二烷基磺酸钠(SDS)2 g,pH 值 8.0 的 500 mmol/L 乙二胺四乙酸(EDTA) 10 mL,pH 值 8.0 的 1 mol/L Tris-HCl 5 mL,加双蒸水至 100 mL;5×CTAB:取十六烷基三甲基溴化铵(CTAB)5 g,NaCl 5.85 g,pH 值 8.0 的 500 mmol/L EDTA 10 mL,pH 值 8.0 的 1 mol/L Tris-HCl 25 mL,加双蒸水至 100 mL。

(3)苏丹黑染液:苏丹黑 B(Sudan black B)0.3 g 溶于 100 mL 70%乙醇溶液,混合后用力振荡,放置过夜备用。

4. 仪器和用具

超净工作台、高压蒸汽灭菌锅、电子显微镜、PCR 仪、离心机、培养皿、离心管、试管、微量加样器及吸头、索氏抽提器等。

四、实验步骤

1. 内生菌分离

意大利白杨茎段、鲜嫩叶片经过自来水冲洗 3 次,在超净台上用 70%的乙醇消毒 1 min,

0.1%的升汞消毒 10 min,无菌水冲洗多次,叶片剪成 0.5 cm×0.5 cm 的大小,茎每段长 0.5 cm,置于 PDA 培养基上,于 27 ℃培养,待截断处菌丝长出,挑取菌丝转入另一含 PDA 培养基的培养皿内,27 ℃恒温培养,之后转接到 PDA 培养基或含白杨组织浸汁的 PDA 培养基上观察培养性状,待菌丝长满皿后,根据生长及培养性状,部分放入 4 ℃ 冰箱诱导产孢,4~6 个月观察产孢结构。为了检查表面消毒是否彻底,将上述同样条件处理过的茎段和叶片不做切割直接置于 PDA 平皿,在相同的条件下培养,如果茎段和叶片周围无任何菌长出,证明分离到的菌是内生菌,而不是表面的附生菌。

2. 降解纤维素菌株的初步筛选

将分离得到的内生真菌用点植法(即用接种针在固体培养基表面接触几点)接种到 CMC 平板上,观察各菌在平板上的生长情况,测量菌落直径。

3. 产油脂菌株的初步筛选

取摇瓶培养的菌丝少许,置 10 mL 的小烧杯中,吸干液体培养基,加入苏丹黑染液 1~2 mL 于室温染色 5 min,取出菌丝于水中洗涤 5 min,挑取菌丝制作临时装片,镜检观察菌丝内油脂小滴的数量、大小、着色深浅情况。

4. 油脂含量测定

将分离纯化获得的菌种转移至新斜面上,28 ℃下培养 5 d,倒入无菌水,用接种铲刮取菌丝,转移至含 50 mL 产脂液体培养基的 250 mL 锥形瓶中,28 ℃、150 r/min 摇瓶培养 10 d。纱布过滤收集菌体,用蒸馏水充分洗涤,60 ℃下烘干,称重。索氏抽提法测定油脂含量。抽提前后烘干滤纸包重量的差值即为粗脂肪重量。油脂重量与干菌体的重量之比即为油脂含量。

5. 菌种的分类鉴定

根据降解纤维素菌株的初步筛选和菌株的油脂含量测定综合结果,选择能利用纤维素又能积累油脂的内生真菌。

筛选菌种的初步分类鉴定:参照《真菌鉴定手册》方法。观察平板上的菌落形态,菌丝体大小、形状、表面特征及是否有横隔,孢子大小、形状、类型、颜色等,对照确定菌种的种属地位。

筛选菌种的分子鉴定:

(1)菌丝体的获得:菌种从 4 ℃冰箱中取出转接到 PDA 斜面,25 ℃培养 3 d,倒入无菌水,刮取菌丝,转接入 PDB 培养基,25 ℃、120 r/min 发酵培养 3 d,过滤菌丝,用无菌去离子水冲洗 3 次,灭菌滤纸吸干水分,放无菌离心管中于-20 ℃冰箱冻存。

(2)提取菌体基因组 DNA

① 取 1 g 左右冻存菌丝,加液氮研磨,将磨碎菌粉放入 50 mL 无菌离心管中,称重,按每克菌粉加 3 mL 抽提液的量,往离心管中添加在 65 ℃水浴锅中预热的抽提缓冲液,用封口膜封口,65 ℃水浴 1 h,其间每隔 3 min 轻轻摇晃 1 次,取出离心管,将管中的菌液分成等体积的 2 份放于无菌离心管中,1 份于-20 ℃留存,1 份用于下一步实验。

② 将用于实验的离心管于 10 000 r/min 离心 5 min,取上清液,加入等体积的 65 ℃预热的 5×CTAB,轻轻颠倒混匀,65 ℃水浴 10 min,降至室温,加入等体积酚、氯仿和异戊醇的混合液(三者体积比为 25∶24∶1),轻轻颠倒混匀,10 000 r/min 离心 10 min,吸取上清液,弃下层有机相及中层蛋白,加入等体积氯仿、异戊醇混合液(二者体积比为 24∶1),轻轻颠倒混匀,10 000 r/min 离心 10 min,取上清液,重复加氯仿、异戊醇混合液混匀离心这一步骤,直至界面

清晰,没有蛋白层出现为止。

③ 在最终的上清液中加入等体积的异丙醇,充分混匀,10 000 r/min 离心 10 min,弃上清液,用 70%乙醇清洗沉淀 2 次,倒掉乙醇,然后再用无水乙醇清洗沉淀 1 次,倒掉乙醇后在室温下干燥 20~30 min,最后加 50 μL 无菌水溶解沉淀,得到该菌的 DNA 提取液。

④ PCR 扩增 18S~28S rDNA 的 ITS 区段:PCR 引物为通用引物,上游引物为 ITS5(5'-GGAAGTAAAAGTCGTAACAAGG - 3'),下游引物为 ITS4(5'- TCCTCCGCTTATT-GATATGC - 3')。该对引物用于扩增 ITS1、5.8 S 和 ITS2 的完全序列以及 18 S、28 S 的部分片段。反应体系:10×PCR buffer 5 μL,2.5 mmol/L dNTP 1 μL,ITS4、ITS5 各 4 μL,25 mmol/L MgCl₂ 4 μL,DNA 模板 5 μL,Taq 聚合酶 0.5 μL,加 ddH₂O 至 50 μL。PCR 扩增条件:94 ℃预变性 5 min,94 ℃变性 1 min,61 ℃退火 1 min,72 ℃延伸 1 min,35 个循环,最后 72 ℃延伸 10 min。

⑤ ITS 序列的电泳检测:取 5 μL 扩增产物经 1%琼脂糖凝胶电泳,核酸染料染色,紫外检测。

⑥ ITS 序列的测序及比对:纯化及测序由生物公司完成。用 BLAST 程序对测得的 ITS 序列和 GenBank 中已登录的 ITS 序列进行核苷酸同源性比较,用 Clustal X 1.8 软件包排序,用 MEGA2 软件包中的 Kimura2 - Parameter Distance 模型计算进化距离,用 Neighbor-Joining 法构建系统发育树,1 000 次随机抽样,计算 Bootstrap 值以评估系统发育树的置信度,并计算各菌株的相似百分比。

五、实验结果

将分离到的内生真菌情况填入下表。

表 4－25　分离到的内生真菌情况表

分离到的内生真菌	降解纤维素情况	油脂含量情况	形态	鉴定结果

六、思考题

(1) 本实验分离出的内生真菌为何需要它能利用纤维素?

(2) 为什么 CMC 平板能用来分离筛选具有高纤维素酶活性的菌株?

(3) 菌种鉴定有哪些方法? 细菌的鉴定与真菌一样吗?

(4) 内生真菌的种类很多,用途广泛,请结合本实验并查阅资料,设计一个实验,如何从一种药用植物中分离内生真菌? 如何检验这些内生真菌是否具有产生药用成分的能力?

实验三十一 水解酶产生菌的分离筛选

一、实验目的与内容

（1）学习掌握常见水解酶（蛋白酶、几丁质酶、纤维素酶）产生菌的分离筛选方法。

（2）了解并掌握选择培养基的设计和配制。

二、实验原理

水解酶是一类具有水解特定基团的酶或酶系的总称，常见的有蛋白酶、几丁质酶、纤维素酶等，在不同行业中具有较为广泛的应用。如蛋白酶是能够催化蛋白质或多肽类物质分解的一类酶，其在工业用酶制剂中所占比例高达 70%，在食品、酿造、医药、制革、丝绸脱胶等方面有着广泛的应用。几丁质酶是能水解几丁质的一类水解酶，许多微生物可通过胞外诱导产生该酶。纤维素酶是降解纤维素生成葡萄糖的一组酶的总称，它不是单体酶，而是起协同作用的多组分酶系，是一种复合酶，主要由外切 β-葡聚糖酶、内切 β-葡聚糖酶和 β-葡萄糖苷酶等组成，还有很高活力的木聚糖酶，可作用于纤维素以及从纤维素衍生出来的产物。微生物纤维素酶在转化不溶性纤维素成葡萄糖以及在果蔬汁中破坏细胞壁从而提高果汁得率等方面具有非常重要的意义。

针对不同水解酶（蛋白酶、几丁质酶和纤维素酶）特性，分别可选用酪蛋白平板、胶体几丁质平板和羧甲基纤维素钠平板作为筛选平板，产酶微生物菌体会在筛选平板上产生透明圈，根据透明圈直径与菌落直径的比值初步确定菌种产水解酶的性能。

以下实验主要介绍蛋白酶产生菌的分离筛选。

三、实验器材

（1）培养基

LB 固体和液体培养基。

酪素培养基：0.3 g 牛肉膏，1.0 g 干酪素（加入少许 1 mol/L NaOH 溶液加热助溶），0.5 g NaCl，2.0 g 琼脂，pH 值 7.4～7.8，蒸馏水定容至 100 mL，115 ℃灭菌 30 min。

发酵培养基：0.5 g 酵母提取物，1.0 g 胰蛋白胨，2.0 g 葡萄糖，0.5 g NaCl，0.3 g K_2HPO_4，0.7 g KH_2PO_4，蒸馏水定容至 100 mL，115 ℃灭菌 30 min。

（2）试剂：G-250、酪蛋白、NaOH 等。

（3）仪器和用具：可见分光光度计、超净工作台、摇床、培养箱、水浴锅、离心机、pH 计、高压蒸汽灭菌锅、天平、磁力搅拌器、锥形瓶、试管等。

四、实验步骤

（1）菌株富集与初筛

采集富含蛋白质的土壤样品加入液体培养基中，于 37 ℃恒温培养 24～48 h 进行富集培养，吸取培养菌液加入无菌水梯度稀释，取稀释液 0.1 mL 均匀涂布于 LB 平板中，置于 37 ℃恒温培养箱中培养 24～36 h，挑选清晰的单菌落在 LB 斜面培养基上划线培养。将分离出的单菌落接种于酪素培养基恒温培养 24 h,挑选出菌落周围有透明圈的菌株,分离出单菌落。

(2) 菌株复筛

挑选出透明圈与菌落直径比值较大的菌株,接种于 LB 液体培养基中,在 37 ℃、200 r/min 的摇床中培养 24 h 后接种于发酵培养基中培养,发酵液在 4 000 r/min 下离心 10 min,取上清液进行蛋白酶酶活的测定。

(3) 蛋白酶酶活的测定

采用改良考马斯亮蓝 G-250 蛋白质定量测定法,取不同浓度的酪蛋白溶液分别加入 5 mL 考马斯亮蓝 G-250 溶液,以不含酪蛋白的试管作为空白对照,于 595 nm 测定吸光度,以酪蛋白浓度为横坐标,吸光度为纵坐标,绘制标准曲线。取发酵液于 4 000 r/min 离心 10 min,上清液作为待测酶液。在试管中加待测酶液 1 mL,37 ℃下预热 5 min,再依次加入 1 mol/L NaOH 溶液 0.5 mL、0.2%酪蛋白溶液 1 mL,37 ℃水浴 10 min,取 1 mL 反应液加 5 mL 考马斯亮蓝 G-250,5 min 后在波长为 595 nm 处测吸光值。以粗酶液加底物直接煮沸再加考马斯亮蓝 G-250 反应作为空白对照。

五、注意事项

(1) 实验过程中注意无菌操作的规范。

(2) 注意仪器的使用规范。

六、实验结果

蛋白酶酶活(U)定义:在 37 ℃每毫升发酵液每分钟能够分解的酪蛋白含量(μg)为 1 个酶活力单位。

$$蛋白酶酶活(U/mL)=A \times K \times N \times 0.25$$

式中:A——吸光度值;

K——吸光度常数;

N——酶液稀释倍数;

0.25——反应液总体积(mL)与反应时间(min)的比值。

七、思考题

(1) 水解酶产生菌实验中土样的选择对菌种的筛选是否有影响?

(2) 水解酶产生菌筛选时如何进行培养基的选择?

实验三十二　活性污泥絮状体及其生物相的观察

一、实验目的与内容

(1) 了解活性污泥的概念及作用。

(2) 了解活性污泥的生物相组成。通过观察活性污泥絮状体及生物相,能初步判断生物处理系统运转是否正常。

二、实验原理

图 4-8　活性污泥絮状体

活性污泥(active sludge)是微生物群体及它们所依附的有机物质和无机物质的总称,见图4-8。活性污泥的生物相主要包括细菌、原生动物、真菌、后生动物等。其中,细菌和原生动物是主要两大类。活性污泥主要用来处理污废水。活性污泥絮状体一般呈黄褐色,因水质不同也有呈深灰、灰褐、灰白等色。颗粒大小约 0.02~0.2 mm,表面积为 20~100 cm^2/mL,比重约 1.002~1.006。发育良好的成熟污泥具有一定的形状,结构稠密,折光率强,沉降性能好。当水质条件或曝气池环境条件发生变化时,活性污泥中的生物相也会随之发生变化,其中原生动物最为敏感。当固着型纤毛虫占优势时,一般认为污水处理系统运转正常,而后生动物轮虫等大量出现时,则意味着污泥极度老化;缓慢游动或匍匐前进的生物出现时,说明污泥正在恢复正常状态,而丝状微生物的优势生长,甚至伸出絮绒体外,则是污泥膨胀的象征。因此观察活性污泥絮状体及其生物相,可初步判断生物处理系统运转是否正常。

三、实验器材

(1) 材料:活性污泥取自污水处理厂曝气池。

(2) 仪器和用具:显微镜、目镜测微尺、载玻片、盖玻片、滴管、镊子、量筒等。

四、实验步骤

(1) 肉眼观察:将曝气池混合液倒入 100 mL 量筒内,直接观察活性污泥絮状体外观,记录 30 min 沉降体积。

(2) 制片镜检:滴曝气池混合液 1~2 滴于载玻片上,加盖玻片制成水浸片,在低倍镜或高倍镜下观察菌胶团及其生物相。

① 活性污泥菌胶团:指所有具有荚膜或黏液或明胶质的絮凝性细菌互相絮凝聚集形成的菌胶团块。注意观察其形状大小、稠密度、折光性、游离细菌多少等。

② 原生动物:观察其外形并绘图,初步鉴定所属类别。

③ 后生动物:观察其形态特征并绘图,初步鉴定所属类别。

④ 丝状微生物:观察有多少丝状微生物,有无伸出絮状体外,优势种是哪一类等。

五、实验结果

(1) 描述活性污泥絮状体外观,记录 30 min 沉降体积。

(2) 记录活性污泥絮状体生物相组成。

六、思考题

根据你的实验结果,请初步判断该污水处理厂曝气池生物处理系统运转是否正常。

实验三十三　生活垃圾可发酵物降解菌的筛选

一、实验目的与内容

(1) 对生活垃圾可发酵物生物降解菌进行筛选,特别是研究其对纤维素的降解代谢能力。

(2) 对各菌株除臭效果进行比较。

二、实验原理

城市生活垃圾组成复杂,其可发酵物包括易腐性物质如脂肪、蛋白质以及淀粉等,还含有较多数量的纤维素类物质,这些物质特别是纤维素类物质自然发酵时间长,使垃圾处理的负荷增加。垃圾堆肥技术工艺比较简单,适合易腐有机物含量较高的垃圾处理,可利用垃圾中的部分资源组分,对环境的影响远小于露天堆放、填埋、焚烧,处理费用远低于单纯的焚烧处理。但传统的简单堆肥技术耗时长,转化率不高。因此利用微生物好氧发酵,将垃圾制成无毒无害、营养丰富、成本低且不造成二次污染的绿色有机肥,是一种非常具有前景的处理垃圾的方法。

本实验对生活垃圾可发酵物生物降解菌进行了筛选。采集垃圾填埋厂土壤,通过刚果红染色法分离出微生物,筛选出降解率及除臭率较高的菌株。刚果红是一种染料,它可以与纤维素形成红色复合物,但并不和纤维二糖、葡萄糖发生这种反应。当纤维素被降解菌中的纤维素酶分解后,刚果红—纤维素的复合物就无法形成,培养基中会出现以纤维素分解为中心的透明圈。这样我们可以通过是否产生透明圈来筛选纤维素分解菌,见图4-9。

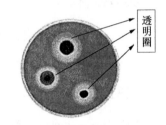

图4-9　3种纤维素分解菌在刚果红培养基上形成的透明圈

垃圾恶臭气体是多成分低浓度的混合物,按组成可分为5类:① 含硫化合物,如硫化氢、二氧化硫、硫醇、硫醚;② 含氮化合物,如氨、酰胺、吲哚等;③ 卤素及衍生物,如氯气、卤代烃;④ 烃类,如烷烃、烯烃、炔烃、芳香烃;⑤ 含氧有机化合物,如醇、酚、醛酮、有机酸等。其中硫化氢(H_2S)、氨(NH_3)等是主要的臭气来源。

以氨氮含量及硫含量作为除臭效果考核指标,将上述筛选出的菌株接种于臭气提取物中。经发酵处理后,测定其氨氮含量及含硫量变化,对除臭效果进行比较。

三、实验器材

1. 菌种采样地点

最佳采样点是垃圾填埋厂。

2. 培养基

(1) 纤维素分解菌的选择培养基:纤维素粉 5 g,$NaNO_3$ 1 g,$Na_2HPO_4 \cdot 7H_2O$ 1.2 g,KH_2PO_4 0.9 g,$MgSO_4 \cdot 7H_2O$ 0.5 g,KCl 0.5 g,酵母膏 0.5 g,水解酪素 0.5 g,加蒸馏水至 1 000 mL。

(2) 鉴别纤维素分解菌的培养基:羧甲基纤维素钠(CMC - Na)5～10 g,酵母膏 1 g,

KH_2PO_4 0.25 g,琼脂 15 g,土豆汁 100 mL,加水至 1 000 mL。

3. 试剂

刚果红、NaCl 等。

4. 仪器和用具

天平、摇床、培养箱、高压蒸汽灭菌锅、分光光度计、锥形瓶、称量瓶、药匙、刻度吸管、洗耳球等。

四、实验步骤

1. 纤维素降解菌的选育

(1) 土样采集：土样的采集要选择富含纤维素的环境,这是因为在纤维素含量丰富的环境,通常会聚集较多的分解纤维素的微生物。如果找不到合适的环境,可以将滤纸埋在土壤中,过 1 个月左右也会有能分解纤维素的微生物生长。

(2) 选择培养：制备选择培养基。用无菌称量瓶称取土样 20 g,在无菌条件下加入装有 30 mL 选择培养基的摇瓶中。将摇瓶置于摇床上,在 30 ℃下振荡培养 1~2 d,至培养基变浑浊。吸取一定的培养液(约 5 mL),转移至另一瓶新鲜选择培养基中,以同样方法培养至培养液变浑浊。选择培养的目的是增加纤维素分解菌浓度,以确保能够从样品中分离所需要的微生物。

(3) 梯度稀释：吸取 0.1 mL 选择培养后的培养基进行梯度稀释 10~10⁶ 倍。

(4) 涂布平板：将稀释度为 10^{-4}~10^{-6} 的菌悬液各取 0.1 mL 涂布到鉴别纤维素分解菌的平板培养基上,30 ℃倒置培养,至菌落长出。每个稀释度下需涂布 3 个平板,并注意设置对照。

(5) 刚果红染色的 2 种方法：① 在长出菌落的培养基上,覆盖质量浓度为 1 mg/mL 的刚果红溶液,10~15 min 后,倒去刚果红溶液,加入物质的量浓度为 1 mol/L 的 NaCl 溶液,15 min 后倒掉 NaCl 溶液,此时,产生纤维素酶的菌落周围将会出现透明圈。② 在第(4)步之前,配制质量浓度为 10 mg/mL 的刚果红溶液,灭菌后,每 200 mL 鉴别纤维素分解菌培养基加入 1 mL 刚果红溶液,混匀后倒平板。等培养基上长出菌落后,产生纤维素酶的菌落周围将会出现明显的透明圈。

(6) 纯化培养：将产生明显透明圈的菌落,挑取并接种到纤维素分解菌的选择培养基上,在 30~37 ℃下培养,可获得纯化培养物。

2. 各菌株除臭效果比较

将分离出的菌种接种于臭气提取物中,经发酵处理后,测定其氨氮含量及含硫量变化。

五、实验结果

表 4 - 26　分离到的分解纤维素微生物情况表

	菌落形态	透明圈大小	氨氮含量	硫含量	除臭效果评价
分离出的分解纤维素微生物					

六、思考题

（1）刚果红染色法中使用的 2 种方法各有哪些优点与不足？第一种方法中 NaCl 溶液的作用是什么？

（2）不同地点采取的土样分离菌种的结果是否一致？

（3）选择培养基与鉴别培养基的目的有何不同？

实验三十四　细菌基因组 DNA 的提取

一、实验目的与内容

通过学习细菌基因组 DNA 提取的原理和方法，掌握细菌基因组 DNA 的常规制备方法。

二、实验原理

DNA 是遗传信息的载体，是最重要的生物信息分子，是分子生物学研究的主要对象，基因组 DNA 提取实验是分子生物学最基本实验之一。

DNA、RNA 都是极性化合物，一般都溶于水，不溶于乙醇、氯仿等有机溶剂，它们的钠盐比游离酸易溶于水，DNA 在水中的溶解度为 10 g/L，呈黏性胶体溶液。在酸性溶液中，天然状态的 DNA 是以脱氧核糖核蛋白（DNP）形式存在于细胞核或拟核中。DNP 在低浓度盐溶液中几乎不溶解，如在 0.14 mol/L 的氯化钠中溶解度最低，仅为在水中溶解度的 1%，随着盐浓度的增加溶解度也增加。要从细胞中提取 DNA 时，先将 DNP 释放出来，再把蛋白质除去，再除去细胞中的糖、脂类、RNA 及无机离子等，从中分离 DNA。

苯酚/氯仿作为蛋白变性剂，同时抑制了 DNase（脱氧核糖核酸酶，deoxyribonuclease）的降解作用。用苯酚处理匀浆液时，由于蛋白与 DNA 联结键已断，蛋白分子表面又含有很多极性基团与苯酚相似相溶。蛋白分子溶于酚相，而 DNA 溶于水相。离心分层后取出水层，多次重复操作，再合并含 DNA 的水相，利用核酸不溶于醇的性质，用乙醇沉淀 DNA，此法的特点是使提取的 DNA 保持天然状态。在提取过程中，染色体会发生机械断裂，产生大小不同的片段，因此分离基因组 DNA 时应尽量在温和的条件下操作，如尽量减少苯酚/氯仿抽提，混匀过程要轻缓，以保证得到较长的 DNA。

从细菌基因组上 PCR 扩增目的基因时，所用 DNA 量较少，可以采用较简单的沸水浴裂解法制备少量 DNA。在短时间的热脉冲下，细胞膜表面会出现一些孔洞，此时就会有少量的染色体 DNA 从中渗透出来，然后离心去除菌体碎片，上清液中所含的基因组 DNA 即可用于 PCR 模板。而对于大量的基因组 DNA 制备（如 Southern Blotting，需大量基因组），可采用试剂盒抽提。

不同生物（植物、动物、微生物）的基因组 DNA 的提取方法有所不同，不同种类或同一种类的不同组织因其细胞结构及所含成分的不同，分离方法也有差异。在提取某种特殊组织的 DNA 时必须参照文献和经验建立相应的提取方法，以获得可用的 DNA 大分子。尤其在它们组织中的多糖和酶类物质对随后的酶切、PCR 反应等有较强的抑制作用，因此用富含这类物质的材料提取基因组 DNA 时,应考虑除去多糖和酶类物质。目前针对不同类型的细胞开发出了相应的基因组 DNA 抽提试剂盒。

三、实验器材

(1) 菌种:可自由选择细菌菌种。

(2) 试剂:TAE 缓冲液、溶菌酶溶液(15 mg/mL)、0.1 mol/L NaCl、0.15 mol/L NaCl、0.1 mol/L Na_2EDTA、10% SDS、0.5 mol/L Tris、酚-氯仿-异戊醇(体积比为 25∶24∶1)、无水乙醇。

(3) 仪器和用具:培养箱、高速台式离心机、高压蒸汽灭菌锅、离心管、微量加样器及吸头等。

四、实验步骤

(1) 取 1～2 mL 细菌过夜培养液,5 000 r/min 离心 10 min,弃上清液。

(2) 菌体沉淀中加入 1.5 mL 溶菌酶溶液(0.15 mol/L NaCl,0.1 mol/L Na_2EDTA,15 mg/mL 溶菌酶,pH 值为 8),旋涡振荡混匀,37 ℃温浴 2 h。

(3) 取出后加入 1.5 mL 的 10% SDS(0.1 mol/L NaCl,0.5 mol/L Tris,10% SDS,pH 值为 8),轻轻上下颠倒混匀,37 ℃温浴 30 min,至澄清即可。

(4) 10 000 r/min 离心 10 min,取上清液。

(5) 在上清液中加入等体积的苯酚-氯仿-异戊醇混合液,轻轻上下颠倒混匀,5 000 r/min 离心 10 min。

(6) 取上清液,加入 2 倍体积无水乙醇沉淀 DNA,轻轻上下颠倒混匀,室温静置 10 min,10 000 r/min 离心 5 min,沉淀 DNA,弃上清液。

(7) 加入 75% 乙醇漂洗 DNA,晾干后,用 30～50 μL TAE 溶解,−20 ℃冰箱保存。

五、注意事项

(1) 细菌培养物要用新鲜菌种接种制备。

(2) 在提取过程中,避免剧烈振动离心管或用吸头反复吸打提取液,防止 DNA 断裂。

(3) 苯酚具有高度腐蚀性,飞溅到皮肤、黏膜和眼睛上会造成损伤,因此应注意防护。

六、实验结果

用琼脂糖凝胶电泳检测。

七、思考题

(1) 大肠杆菌 DNA 提取和质粒 DNA 提取有何区别?

(2) 革兰氏阳性菌和革兰氏阴性菌 DNA 提取方法有何不同?

实验三十五　细菌 16S rDNA 的 PCR 扩增及其琼脂糖凝胶电泳检测

一、实验目的与内容

掌握 PCR 法扩增目的基因片段的基本原理与方法,掌握琼脂糖凝胶电泳检测 DNA 的方法和技术。

二、实验原理

PCR(polymerase chain reaction)即聚合酶链式反应,是指在 DNA 聚合酶催化下,以 DNA 为模板,以特定引物为延伸起点,通过变性、退火、延伸等步骤,体外复制出与模板 DNA 互补的子链 DNA 的过程,是一项 DNA 体外合成放大技术,能快速特异地在体外扩增 DNA 片段,可用于基因分离克隆、序列分析、基因表达调控、基因多态性研究等方面。

在高温(94 ℃)下,待扩增的靶 DNA 双链受热变性成为 2 条单链 DNA 模板;而后在低温(37~55 ℃)情况下进行退火,2 条人工合成的寡核苷酸引物与互补的单链 DNA 模板结合,形成部分双链;在 Taq 酶的最适温度(72 ℃)下,以引物 3′端为合成的起点,以 dNTP 为原料,沿模板以 $5'\rightarrow3'$ 方向延伸,合成 DNA 新链。这样,每一条双链的 DNA 模板,经过一次变性、退火、延伸 3 个步骤的热循环后就成了 2 条双链 DNA 分子。如此反复进行,每一次循环所产生的 DNA 均能成为下一次循环的模板,每一次循环都使 2 条人工合成的引物间的 DNA 特异区拷贝数扩增 1 倍,PCR 产物以 2^n 的形式迅速扩增,经过 25~30 个循环,理论上可使基因扩增 10^9 倍以上。

DNA 电泳是基因工程中最基本的技术,DNA 制备及浓度测定、目的 DNA 片段的分离、重组子的酶切鉴定等均需电泳检测完成。根据分离的 DNA 大小及类型的不同,DNA 电泳主要分 2 类:

(1) 聚丙烯酰胺凝胶电泳,也称 PAGE 纯化,其适合分离 1 kb(千碱基对)以下的片段,最高分辨率可达 1 bp(碱基对),也用于分离寡核苷酸,在引物的纯化中也常用此种凝胶进行纯化。

(2) 琼脂糖凝胶电泳,它可分离的 DNA 片段大小因胶浓度的不同而异,胶浓度为 0.5%~0.6%的凝胶可分离的 DNA 片段范围为 20 bp~50 kb。电泳结果用溴化乙锭(EB)染色后可直接在紫外光下观察。此时,可观察的 DNA 条带浓度为纳克级,整个过程 1 h 即可完成,该方法操作快速简便,在基因工程中较为常用。

DNA 分子在琼脂糖凝胶中泳动时有电荷效应和分子筛效应。DNA 分子在高于等电点的 pH 值溶液中带负电荷,在电场中向正极移动。由于糖—磷酸骨架在结构上的重复性质,相同数量的双链 DNA 几乎具有等量的净电荷,因此它们能以相同的速度向正极移动。在一定的电场强度下,DNA 分子的迁移速度取决于分子筛效应,即 DNA 分子本身的大小和构型。具有不同相对分子质量的 DNA 片段泳动速度不一样,从而可将其进行分离。DNA 分子的迁移速度与相对分子质量对数值成反比关系。凝胶电泳不仅可以分离不同相对分子质量的 DNA,也可以分离相对分子质量相同、构型不同的 DNA 分子。如 pUC19 质粒有 3 种构型:超螺旋的共价闭合环状质粒 DNA(covalently closed circular DNA,简称 CCC DNA);开环质粒

DNA,即共价闭合环状质粒 DNA 的 1 条链断裂(open circular DNA,简称 OC DNA);线状质粒 DNA,即共价闭合环状质粒 DNA 的 2 条链发生断裂(linear DNA,简称 L DNA)。这 3 种构型的质粒 DNA 分子在凝胶电泳中的迁移率不同,因此电泳后呈 3 条带,超螺旋质粒 DNA 泳动最快,其次为线状 DNA 和开环质粒 DNA。

三、实验器材

(1)材料:细菌基因组 DNA。

(2)试剂:Taq DNA 聚合酶、$10 \times$ PCR 缓冲液、$MgCl_2$、dNTP、16S rDNA 通用引物、ddH_2O、$6 \times$ 上样缓冲液、$10 \times$ TAE 缓冲液、琼脂糖、DL2 000 marker、溴化乙锭溶液(EB,10 mg/mL)等。

$6 \times$ 上样缓冲液:0.25% 的溴酚蓝溶液,即称取 0.25 g 溴酚蓝溶于 100 mL 40%(W/V)的蔗糖水溶液中。

(3)仪器和用具:PCR 扩增仪、电泳仪、电泳槽、制胶槽、凝胶成像检测仪、微波炉、PCR 管、梳子、手套、冰盒、离心管、量筒、微量加样器及吸头、锥形瓶等。

四、实验步骤

1. PCR 试剂用量

将试剂按表 4 - 27 中用量依次加入 PCR 反应管,混匀后放入 PCR 仪进行 PCR 扩增。

表 4 - 27 PCR 试剂用量(25 μL 反应体系)

试 剂	加 量(μL)
$10 \times$ PCR 缓冲液	2.5
dNTPs	1
上游引物	0.5
下游引物	0.5
DNA 模板	2
Taq 酶	0.3
ddH_2O	18.2

2. PCR 反应程序

预变性 94 ℃ 2 min,变性 94 ℃ 30 s,退火 53 ℃ 45 s,延伸 72 ℃ 1 min,30 个循环,终延伸 72 ℃ 10 min。

3. 琼脂糖凝胶电泳

(1)称取 1 g 琼脂糖放入锥形瓶中,加入 100 mL $1 \times$ TAE 缓冲液,置微波炉加热至完全溶化,取出摇匀,则为 1% 的琼脂糖凝胶液,加入 EB 使其终浓度为 0.5 μg/mL。

(2)将制胶槽置于水平位置,并插好梳子,将冷却到 60 ℃ 左右的琼脂糖凝胶液缓缓倒入,待胶凝固后,取出梳子,放入盛有电泳缓冲液的电泳槽,使电泳缓冲液没过凝胶块约 1 mm。

(3)将 5 μL DNA 样品与 1 μL $6 \times$ 上样缓冲液混合,用微量加样器加入样品孔,同时加入 DNA marker 作为对照。

(4)接通电泳槽与电泳仪的电源,DNA 的迁移速度与电压成正比,最高电压不超过 5 V/cm,当溴酚蓝染料移动到距凝胶前沿 1~2 cm 处,停止电泳。

(5) 取出凝胶,置于紫外灯下观察。

五、注意事项

(1) 引物保存时间不宜过长,要符合引物设计的原则,在用软件设计结束后要进行适当的人工处理,引物浓度要合适,太高容易引起错配及非特异性产物的形成。

(2) 一般退火温度应低于 T_m 值 $2\sim5$ ℃。

(3) EB 有致癌性,电泳操作需戴手套进行。近年来,用 GoldView(GV)代替 EB 作为核酸染料,其灵敏度与 EB 相当,使用方法与之完全相同,在紫外透射光下双链 DNA 呈绿色荧光。通过小鼠皮下注射实验,尚未发现 GoldView 有致癌作用,因此用 GoldView 代替 EB 不失为一种明智的选择。

(4) 电泳缓冲液必须没过凝胶,并且要保持胶体与电泳槽平行。

六、实验结果

与 DNA marker 比对,在 1.5 kb 的位置形成清晰条带。

七、思考题

(1) PCR 的基本原理和反应过程是什么?

(2) 琼脂糖凝胶电泳中 DNA 分子迁移率受哪些因素的影响?

(3) 上样缓冲液中溴酚蓝的作用是什么?

实验三十六　酸奶的制作

一、实验目的与内容

了解酸奶加工的基本原理,学习普通凝固型酸奶及一种功能性酸奶的制作方法。

二、实验原理

酸奶是以牛奶为原料,经灭菌后,接种有益菌发酵而成,也可加入一些其他安全和可口的成分。酸奶中常见的益生菌种主要有嗜热链球菌(*Streptococcus thermophilus*)、保加利亚乳杆菌(*Lactobacillus bulgaricus*)、嗜酸乳杆菌(*Lactobacillus acidophilus*)、乳酸乳球菌(*Lactococcus lactis*)、双歧杆菌(*Bifidobacterium*)、干酪乳杆菌(*Lactobacillus casei*)、植物乳杆菌(*Lactobacillus plantarum*)等。由于接种的乳酸菌利用了牛乳中的乳糖生成乳酸,升高了牛乳的酸度,当酸度达到乳酪蛋白等电点时,乳酪蛋白凝集形成凝固型酸奶。

酸奶是一种备受人们青睐的食品,它具有改善肠道菌群、降低血液胆固醇、增强机体免疫能力、防癌抗癌、延年益寿等多种保健功能。功能性酸奶是在制作过程中加入某些具有保健功能的配料,期望对某些特定人群有明显的、稳定的防治功能,并且兼有补养健身的作用。在国外,现已研制开发出 2 000 多种功能性酸奶。目前我国功能性酸奶的品种有芦荟酸奶、红枣酸奶、沙棘酸奶等,少有将保健中药材(如芦根、莲子心、百合、鸡内金和天门冬)提取物加入酸奶的产品。本实验选择 3 种保健中药:芦根、百合和天门冬(芦根可清热泻火,生津止渴,除烦,止呕,利尿;百合可养阴润肺,清火安神;天门冬具有养阴润燥、清肺生津的功效),掌握利用这些保健中药水煎液与牛乳发酵制备功能性酸奶的方法。

三、实验器材

(1) 材料:市售鲜牛乳(或市售奶粉)、市售酸奶(或市售发酵剂)、蔗糖、芦根、百合和天门冬。

(2) 仪器和用具:多功能均质机、水浴锅、培养箱、冰箱、天平、高压蒸汽灭菌锅、超净工作台、烧杯、锥形瓶、无菌封口膜、注射器、微孔滤膜过滤器、0.22 μm 滤膜等。

四、实验步骤

1. 普通凝固型酸奶制作

(1) 在鲜牛乳中加入 8% 的蔗糖,搅拌均匀,分装于 250 mL 无菌锥形瓶,每瓶装入 100 mL,用无菌封口膜封好锥形瓶的瓶口。

(2) 将锥形瓶于 90 ℃ 灭菌 10 min,注意锥形瓶中的牛乳要完全泡在 90 ℃ 的水中,不时摇动,灭菌结束后用冷水冲洗锥形瓶外壁使牛乳冷却至 42 ℃。

(3) 开启封口膜,按 5%~10% 发酵剂的接种量接种市售酸奶,充分搅拌均匀,封好封口膜。

(4) 将锥形瓶置于 42 ℃ 培养箱培养 3~6 h(依据凝乳情况而定),培养过程中切勿摇动。

(5) 发酵形成凝块后,在 4 ℃ 低温保持 24 h 以上,称为后熟,使酸奶获得特有的风味和口感。

2. 功能性酸奶制作

(1) 中药水煎液的制备:将芦根、百合和天门冬分别粉碎,准确称取上述中药各 50 g,分别用蒸馏水浸泡 1 h,分 2 次加水煎煮,每次加水 250 mL,待水开后改用文火煮 30 min,用纱布过滤;合并 2 次滤液,除去药渣,浓缩至 50 mL,即得到质量浓度为 1 g/mL 的中药水煎液,过滤灭菌后保存。

(2) 保健中药酸奶的制备工艺

浓度 1 g/mL 的灭菌后的中药水煎液(按芦根 1%、百合 3%、天门冬 5% 添加)

鲜牛乳,8% 蔗糖→搅拌混匀→90 ℃ 杀菌 10 min→冷却至 42 ℃ 左右→加发酵剂→42 ℃ 发酵 3~5 h→冷却→冷藏和后熟(24 h 以上)

3. 酸奶的质量要求

酸奶产品要求酸度(乳酸)0.63%~0.99%,乳酸菌活菌数量大于或等于 10^6 CFU/g,大肠杆菌每 100 mL 不得超过 90 个,不得检出致病菌;凝固型产品色泽均匀一致,呈乳白色或稍带微黄色;具有酸甜适中、可口的滋味和酸奶特有风味,无酒精发酵味、霉味和其他不良气味;凝块均匀细腻,无气泡,允许有少量乳清析出。

五、注意事项

(1) 必须选用不含抗生素的牛乳,否则将抑制乳酸菌的生长。

(2) 制作过程中,必须严防杂菌污染。

(3) 自制酸奶保质期不长,如未能一次喝完,请放入冰箱冷藏,尽快食用。

（4）发酵过程中避免振动,否则会影响凝乳组织状态。

（5）发酵温度应恒定,避免忽高忽低。

（6）掌握好发酵时间,防止酸度不够、过度以及乳清过量析出。

（7）注意酸奶中菌种的用量对酸奶口感和发酵时间的影响。一般来说,随着菌种接种量的增大,产品口感由酸甜适口变得偏酸,而且变得比较黏稠,且接种量越大,发酵时间越短。但是接种量过少,酸乳香不明显,甚至凝乳不良。故可根据产品评分摸索接种量和发酵时间。

六、实验结果

将自制酸奶和市售酸奶的感官质量进行综合评分,记录于下表。评价人数为 10 人,评价结果取平均值。

表 4‑28　酸奶感官质量评价表

酸奶	色泽 （10分）	口感 （30分）	香味 （30分）	组织状态 （30分）	综合评分 （100分）
自制酸奶					
市售酸奶					

七、思考题

（1）制作酸奶时原料为什么要灭菌?

（2）酸奶制作过程中,为何要采用混菌发酵?

（3）酸奶的营养与保健作用主要有哪些?

（4）酸奶制作原理是什么?

（5）酸奶在没有冷藏时为什么会变得酸臭?

（6）你还想设计出何种功能性酸奶?请写出你的制作方案。

实验三十七　泡菜的制作

一、实验目的与内容

通过本实验掌握泡菜制作原理和泡菜制作基本工艺及注意事项,并能举一反三地制作其他品种、风味的泡菜。

二、实验原理

泡菜是一种风味独特的乳酸发酵蔬菜制品,其以生鲜蔬菜为原料,添加辅料,经中低度食盐水、各种功能菌泡渍发酵、调味,加工而成。制作泡菜的蔬菜原料来源非常广泛,生活中常见的有白菜、包菜、萝卜、莲藕、辣椒、马铃薯等。泡菜的制作离不开乳酸菌。乳酸菌是一类能利用可发酵糖产生大量乳酸的细菌的通称。泡菜中所含的乳酸菌能助消化、降胆固醇、调节人体机能等,深受人们的喜爱。但受原料、泡制条件等因素的影响,泡菜中往往含有硝酸盐和亚硝酸盐。大量研究显示,硝酸盐和亚硝酸盐会对人体健康产生不利影响。因此如何科学、健康地自制泡菜是非常重要的。

根据微生物耐受渗透压的不同,在泡菜制作中利用一定浓度的食盐产生一定的渗透压,选择性地抑制腐败微生物的生长繁殖和生理作用、维护乳酸菌的生长繁殖和生理作用,从而达到保藏蔬菜、同时改进蔬菜风味的作用。研究表明,泡菜在浸泡漂洗后,亚硝酸盐含量明显下降。

泡菜发酵大致可分为 3 个阶段:(1) 发酵初期。蔬菜刚入坛时,其表面带有的微生物主要以不抗酸的大肠杆菌和酵母菌等较为活跃,产生较多的二氧化碳,此时会有气泡从坛沿水槽内间歇性地放出,从而使坛内逐渐形成缺氧状态,乳酸发酵开始。此时泡菜液的乳酸积累量约 $0.3\% \sim 0.4\%$,是泡菜的初熟阶段。此时菜质咸而不酸,并有生味。(2) 发酵中期。由于初期乳酸发酵使乳酸不断积累,pH 值下降,缺氧状态形成,乳酸菌开始活跃,并产生大量乳酸,乳酸的积累量可达到 $0.6\% \sim 0.8\%$,pH 值为 $3.5 \sim 3.8$。这一期间大肠杆菌、酵母菌和霉菌等微生物的生长活动受到抑制。此时为泡菜完全成熟阶段,泡菜有酸味而且清香。(3) 发酵后期。在此期间乳酸含量继续增加,可达 1.0% 以上。当乳酸含量达到 1.2% 以上时,乳酸杆菌的活性受到抑制,发酵速度会逐渐变缓甚至停止,此时泡菜酸度过高,风味已不协调。因此,从乳酸的含量、泡菜的风味品质来看,风味品质最好的发酵阶段应为发酵初期的末期和发酵中期。

本实验主要介绍一种以包菜为主要原料的泡菜制备方法。

三、实验器材

(1) 材料:新鲜包菜、干辣椒、野山椒、泡菜盐、生姜、冰糖、高度白酒,均为市售食品级制品。
(2) 仪器和用具:培养箱、泡菜坛、砧板、菜刀、不锈钢盆等。

四、实验步骤

1. 泡菜坛的准备

选择火候好、无裂纹、无砂眼、坛沿深、盖子吻合好的泡菜坛。然后将泡菜坛洗净、开水浸烫、干燥,之后注入高度白酒少量,平放左右晃动,使泡菜坛内壁都能被均匀冲洗到,倒掉酒,倒扣泡菜坛一段时间后,待用。

2. 主材料准备

将包菜洗净,晾干后切成块状备用。

3. 泡菜水的制备

每 1 L 水中加入 40 g 泡菜盐、5 g 干辣椒、5 g 野山椒、5 g 去皮生姜和 30 g 冰糖,煮沸后保温 20 min,降至室温备用。

4. 装坛、密封和发酵

将包菜放入泡菜坛中,加入 2 倍质量的泡菜水,加盖后水封槽中注满 5% 的盐水,以保证坛中乳酸菌发酵所需的无氧环境。在发酵过程中要注意经常向水槽中补充水,密封后可分组放入 25 ℃ 的培养箱中发酵 12 d,每隔 2 d 可以根据实验需要选测以下指标:

① L-乳酸含量测定

取适量发酵液用 0.22 μm 的细菌滤膜过滤后,用生物传感分析仪测定 L-乳酸含量。

② 亚硝酸盐测定

可采用盐酸萘乙二胺法[《食品中亚硝盐与硝酸盐的测定》(GB/T 5009.33—2016)]。

③ pH 值测定

采用 pH 计测定。

五、注意事项

(1) 保持坛沿水的卫生和水位。为使坛沿水保持卫生,可使用 5% 的盐水。

(2) 泡菜风味与口感好坏主要受发酵工艺及加入的配料影响,同时不同原料和发酵环境也能制作出不同口味的泡菜。实验中可分组设置不同的发酵工艺(如可设置不同的盐浓度、冰糖浓度、发酵温度等)进行泡菜风味和亚硝酸盐的比较。

六、质量要求

清洁卫生、色泽美观、鲜香脆嫩、咸酸适口开胃;酸含量(以乳酸计)0.4%~1.0%;亚硝酸盐含量低于国家卫生标准 2 mg/100 g。

七、实验结果

(1) 记录泡菜的色泽和风味。

(2) 记录泡菜的乳酸和亚硝酸盐含量。

八、思考题

(1) 本次实验中泡菜的腌制方式为自然湿法腌制,请查阅文献思考如果采用自然干法腌制、纯种干法腌制或纯种湿法腌制,该如何进行操作?

(2) 在泡菜自然发酵过程中起主要作用的菌是什么菌? 为什么?

(3) 如何改进腌制方法来改进泡菜的风味并降低其中的亚硝酸盐含量?

(4) 在泡菜制作过程中应该注意哪些问题?

实验三十八 腐乳的制作

一、实验目的与内容

通过本实验掌握腐乳制作原理和腐乳制作基本工艺、操作及注意事项,并能够举一反三地制作其他品种、风味的腐乳。

二、实验原理

腐乳又称乳腐、霉豆腐,是中华民族独特的传统调味品,已有 1 000 多年的生产历史。它是以大豆为主要原料,经过浸泡、磨浆、点浆、制坯、前期培菌、腌制、装坛、后期发酵而成。它是一种微生物发酵大豆制品,品质细腻、营养丰富、鲜香可口,深受广大群众喜爱,其营养价值可与奶酪相比,具有"东方奶酪"之称。腐乳按照颜色可分为红腐乳、白腐乳、青腐乳、花色腐乳等。还可根据前期发酵菌种的不同,将腐乳大致分为毛霉型、根霉型、细菌型 3 种类型。

目前民间老法生产腐乳为自然发酵,现代酿造厂多采用蛋白酶活性高的雅致放射毛霉(*Actinomucor elegans*)、五通桥毛霉(*Mucor wutungkiao*)或根霉(*Rhizopus sp.*)等优良菌种发酵。酿造腐乳的主要生产工序是将豆腐进行前期发酵和后期发酵。前期发酵所发生的主要变化是毛霉在豆腐(白坯)上的生长。豆腐坯周围布满菌丝,同时毛霉分泌蛋白酶、脂肪酶和淀粉酶等水解酶系。毛霉以分泌蛋白酶为主,能将豆腐中的蛋白质分解成小分子的肽和氨基酸。毛霉生长大约 2~5 d 后使白坯变成毛坯。后期发酵主要是毛霉、根霉与其他微生物共同发酵,经过复杂的生物化学变化,将蛋白质分解为胨、多肽和氨基酸等物质,同时生成一些有机酸、醇类和酯类等。由于后期发酵过程中灌制的汤料不同,从而形成各具特色的风味腐乳。

三、实验器材

(1)菌种:雅致放射毛霉(*Actinomucor elegans*)。
(2)材料:豆腐、盐、白砂糖、黄酒、米酒、香辛料,均为市售食品级制品。
(3)培养基:马铃薯葡萄糖琼脂(PDA)。
(4)仪器和用具:显微镜、培养箱、超净工作台、高压蒸汽灭菌锅、血球计数板、试管、锥形瓶、镊子、菜刀、笼屉、坛子、广口玻璃瓶、纱布等。

四、实验步骤

1. 雅致放射毛霉孢子悬浮液的制备

将雅致放射毛霉接种到马铃薯培养基斜面上,置于 30 ℃恒温培养箱中培养,至菌丝覆盖表面并出现大量黑色孢子为佳;然后加适量无菌水,振摇 5 min,至菌丝开始脱落,无菌水开始浑浊后,利用 4 层无菌纱布过滤制成孢子悬浮液,注意用血球计数板调整其浓度约为 1×10^4 个/mL。

2. 豆腐(白坯)的制备

将豆腐切成 3 cm×3 cm×1 cm 的若干块。所用豆腐为含水量为 70% 左右的卤水老豆腐,水分过多则腐乳不易成形。

3. 接种

在超净工作台中,用镊子夹取白坯,使白坯完全浸泡在孢子悬液中,上下 3 次,确保白坯全部均匀浸染。在蒸汽消毒冷却后的笼屉中把豆腐块一块块摆好。注意每块豆腐块中间留出空间,大约 2 cm。放置于 28 ℃恒温箱中,发酵 2~3 d,即制成毛坯。注意在培养 20 h 后每隔 6 h 上下层调换 1 次,以更换新鲜空气。注意调整湿度,观察毛霉的生长情况。

4. 搓毛

将毛霉的菌丝用手搓倒,使其包住豆腐块,成为外衣。同时要把毛霉间粘连的菌丝搓断。

5. 腌坯

将毛坯整齐排列在坛子内,准备腌制。操作方法:层盐层坯,逐层增加盐量,即按下少、中稍多、上多的原则放盐,腌渍 5~7 d 即可制成咸坯。毛坯与盐的质量分数之比为 5∶1。

6. 装瓶、加酒水

将黄酒、米酒和糖按口味不同而配以各种香辛料(如胡椒、花椒、八角茴香、桂皮、姜、辣椒等)混合制成卤汤。卤汤酒精含量控制在 12% 左右为宜。

将广口玻璃瓶刷干净后,用高压蒸汽灭菌锅在 121 ℃蒸汽灭菌 20 min。将腐乳咸坯摆入瓶中,加入卤汤和辅料后,将瓶口用酒精灯加热灭菌,用胶条密封。一般 6 个月可以成熟;在 25 ℃恒温发酵,1 个月即可成熟。

五、注意事项

(1) 控制杂菌的生长要注意:① 加盐腌制;② 卤汤中的酒精、香辛料的使用;③ 对用具的消毒灭菌;④ 密封。

(2) 酒的用量:卤汤中酒的含量应控制在 12% 左右为宜。酒精含量的高低与腐乳后期发酵时间的长短有很大关系。酒精含量过高,对蛋白酶的抑制作用越大,则腐乳成熟期越长;若酒精含量过低,则蛋白酶的活性高,蛋白质水解得快,杂菌繁殖也快,豆腐易腐败,难以成块。

六、质量要求

色泽基本一致、味道鲜美、咸淡适口、无异味、块形整齐、厚薄均匀、质地细腻、无杂质。

七、实验结果

记录腐乳的色泽和风味。

八、思考题

(1) 我们平常吃的豆腐,哪种适合用来做腐乳?

(2) 毛霉中起作用的酶有哪些? 它们的作用是什么?

(3) 红腐乳的红色是怎么回事呢?

(4) 吃腐乳时,你会发现腐乳外部有一层致密的"皮"。这层"皮"是怎样形成的呢? 它对人体有害吗? 它的作用是什么?

(5) 香辛料的作用是什么?

(6) 如何保证腐乳制作的安全性?

(7) 传统腐乳制作工艺是自然接种发酵,是如何操作的呢?

实验三十九 微生态制剂的制备

一、实验目的与内容

(1) 了解微生态益生菌作用机理,掌握益生菌发酵和检测的方法。

(2) 学习冷冻干燥法制备微生态制剂的技术。

二、实验原理

微生态学(microecology)是从群落、个体、细胞及分子水平研究微生物群与外环境及宿主内环境相互关系的科学。它研究微生物与微生物、微生物与宿主、微生物及其宿主与外界环境之间的相互制约与影响。随着微生态学的发展,微生态制剂也随之发展起来。由于其具有无毒、无残留、无污染等优点,同时具有改善肠道菌群失调和细菌移位的特点,因此在替代抗生素使用方面具有较好的应用潜力。微生态制剂(microecologics)是指在微生态等理论指导下,运用微生态学原理,利用对宿主有益的微生物及其促生长物质经特殊工艺制成的制剂。

益生菌是一种适量摄取可促进宿主健康的活菌。益生菌进入人体或动物消化道后,能够改善消化道菌群及酶的平衡,提高机体的抗病能力、代谢能力和对食物的消化吸收能力,从而达到防治消化道疾病和促进生长的双重作用。其中研究及应用较为广泛的是乳酸乳杆菌、芽孢杆菌和酵母菌等。乳酸乳杆菌通过有机酸降低 pH 值、营养竞争、占位、产生抑制毒素的代谢产物、合成有抗菌活性的细菌素、黏附定植以及形成膜菌群等,抑制致病菌的生长,维持肠道固有菌群,保证溶菌酶、蛋白分解酶的分泌,从而保护了肠道生物屏障。乳酸杆菌能够活化机体防御系统、增强免疫力,这可能是由于这些细菌在代谢过程中产生的代谢产物,如蛋白质、多肽类等物质刺激机体免疫系统引起的。芽孢杆菌能激活肠道相关淋巴组织、增快免疫器官的发育。T、B 淋巴细胞的数量增多,使动物的体液和细胞免疫水平提高,增强机体抗病能力,防止疾病的发生。酵母可为动物提供蛋白质,刺激有益菌的生长,助生长,抑制病原微生物的繁殖,提高动物免疫力,减少应激等,对防治畜禽消化系统的疾病起到积极作用。饲用的酵母主要有产朊假丝酵母和啤酒酵母。产朊假丝酵母能发酵葡萄糖、蔗糖、棉籽糖,能同化硝酸盐,其蛋白质含量和维生素 B 均高于啤酒酵母。

冷冻干燥法常用于微生物的浓缩和保存,近年来有许多报道用冷冻干燥方法制备发酵制品应用的发酵剂。但由于冷冻干燥过程中存在着菌的失活情况,因此值得特别关注。

三、实验器材

(1)菌种:副干酪乳杆菌、嗜热乳链球菌、保加利亚乳杆菌。

(2)培养基:

① MRS 培养基。

② 活化培养基:12 g 脱脂乳粉溶入 88 mL 水中,112 ℃灭菌 15 min。

(3)冷冻保护剂:20%脱脂乳粉(20 g 脱脂乳粉溶入 80 mL 水中)中添加 5%的葡萄糖,112 ℃灭菌 15 min。

(4)其他试剂:0.05%吕氏碱性美蓝溶液,0.1 mol/L 氢氧化钠溶液,生理盐水。

(5)仪器和用具:培养箱、高压蒸汽灭菌锅、酸度计、可见光分光光度计、离心机、干燥箱、冷冻干燥机、培养皿、显微镜、锥形瓶、血球计数板等。

四、实验步骤

1. 培养基配制及灭菌

配制活化培养基、MRS 液体培养基、MRS 固体培养基、生理盐水、冷冻保护液,灭菌待用。50 mL 离心管灭菌待用。

2. 菌种活化

将实验室保藏的副干酪乳杆菌、嗜热乳链球菌和保加利亚乳杆菌冻干粉分别接入活化培养基(100 mL)中,37 ℃活化4~5 h。采用美蓝染色和血球计数法进行细菌形态观察和死活菌计数,并记录实验结果,若活菌数比例占90％以上即达标(美蓝染色法:将0.05％吕氏碱性美蓝加入菌液,于37 ℃保温0.5 h后,用血球计数板观察)。

3. 一级种子培养

将嗜热乳链球菌和保加利亚乳杆菌按1:1混合添加,总接种量为2％(可先调浓度混合好后添加2％,也可调节好浓度后各添加1％),从活化培养基转接入MRS培养基(100 mL)培养4 h,作为一级种子。

4. 发酵

按5％接种量将一级种子接入装有2瓶已灭菌的150 mL MRS培养基中,37~38 ℃下培养。其中一瓶用于测定OD值和乳酸度,另一瓶不测数据,等发酵结束后离心收集菌体。自2.5 h起即取样5 mL测定OD值(600 nm,以无菌水为空白样品)和乳酸度值(乳酸度用标定好的0.1 mol/L氢氧化钠滴定)。以后每隔2 h即测定1次,直至16 h左右结束,分析发酵时间对OD值和乳酸度的影响,绘制生长曲线和乳酸度变化曲线,确定最佳发酵时间。

5. 粉剂的制备

将发酵液充分离心后得到菌体,采用生理盐水洗涤2次(每组注意将菌体收集入1个离心管中)。洗涤后称量湿菌体重,将菌体用冷冻保护剂从离心管中洗涤倒入培养皿盖中,共洗涤3次左右,直至菌体全部被洗出,保护剂的总用量不超过30 mL,充分混匀,上冷冻干燥机进行冷冻干燥制备粉剂。洗涤中注意使用的器皿如离心管、玻璃棒的无菌(考虑到作为微生菌制剂的保藏和直接利用),以及环境的无菌操作。

6. 用平板计数法测其活菌数

取一定量(数克)的冻干粉剂,溶于无菌生理盐水中,用平板计数法(MRS培养基)测其活菌数。

五、注意事项

严格无菌操作,以免污染杂菌。

六、实验结果

(1)记录乳酸菌形态观察结果和死活菌计数结果。

(2)根据实验结果进行益生菌生长曲线和乳酸度曲线的绘制。

(3)记录菌体湿重量测定结果。

(4)测定每克冻干粉粉剂微生菌活菌数,得到微生态制剂产品检测结果。

七、思考题

(1)用冷冻干燥法制备微生态制剂过程中需要注意哪些事项?

(2)微生态制剂的发酵属于好氧发酵还是厌氧发酵?

实验四十　酵母培养与乙醇发酵实验

一、实验目的与内容

（1）掌握酵母培养与乙醇发酵的基本原理和操作方法。

（2）了解影响酵母培养与乙醇补料分批发酵的主要因素。

二、实验原理

本实验综合运用微生物学的基本原理和发酵方法，对淀粉质原料乙醇发酵过程进行全程监测，模拟工业生产上的整个过程，因此是一个综合性很强的实验。要求学生较灵活地运用基本知识，解决实验过程中出现的问题，并在实验后进行系统总结。

麦芽中可供发酵的物质主要是淀粉，而酿酒酵母由于缺乏相应的淀粉水解酶，不能直接利用淀粉进行乙醇发酵。因此，必须对原料进行预处理，淀粉质原料的预处理过程通常包括蒸煮（液化）、糖化等步骤。蒸煮可使淀粉糊化，并破坏细胞，形成均一的醪液。目前多数厂家开始利用 α-淀粉酶的液化作用来替代蒸煮过程，这样可大大减少能源消耗，并达到更好的液化效果。液化后的醪液能更好地接受糖化酶的作用，并转化为以葡萄糖为主的可发酵性糖，以便酵母进行乙醇发酵。

α-淀粉酶又称为 α-1,4-葡聚糖-4-葡聚糖水解酶，广泛存在于动、植物和微生物体内，如麦芽或动物的唾液、脾脏中均含有较多的 α-淀粉酶，而当今 α-淀粉酶的工业化生产也主要是利用微生物工程菌进行生产的。α-淀粉酶容易溶解于水和较稀的缓冲液中，它能够切断淀粉分子中的 α-1,4-糖苷键，生成糊精及少量麦芽糖或葡萄糖，从而使淀粉遇碘变蓝的特异性颜色反应逐渐消失，由此颜色反应消失的速度即可测出该酶的活性。糖化酶（也称葡萄糖淀粉酶）可将液化过程中所得的糊精和低聚糖进一步水解转化为葡萄糖，该过程在生产中称为糖化。

补料分批培养法是指在培养过程中间歇或连续地加入 1 种或多种营养物质的培养方法，在乙醇发酵过程中，采用间歇补糖的方法，可以调整酿酒酵母的中间代谢，使之朝向有利于乙醇发酵的方向进行。

乙醇发酵工艺流程如下：

$$麦芽 \longrightarrow 加水拌料 \longrightarrow 液化 \longrightarrow 糖化 \longrightarrow 发酵 \longrightarrow 蒸馏 \longrightarrow 乙醇$$

$$\uparrow$$

$$一级种子$$

$$\uparrow$$

$$耐高温酒精活性干酵母 \longrightarrow 活化$$

发酵醪中乙醇含量的测定方法很多，如常规蒸馏法、碘量滴定法、比色法及改良康维法等，本实验采用第 1 种方法。

三、实验器材

（1）菌种：耐高温酒精活性干酵母（*Saccharomyces cerevisiae*）。

（2）培养基：麦芽汁培养基、活化培养基、2%葡萄糖。

(3) 其他试剂:0.05%美蓝染色液、5%葡萄糖溶液、生理盐水等。

(4) 仪器和用具:旋转蒸发仪、摇床、酒精比重计、分光光度计、超净工作台、离心机、显微镜、锥形瓶、容量瓶、血球计数板、精密 pH 试纸等。

四、实验步骤

1. 酵母活化

按 3%接种量接种酿酒酵母于活化培养基中,在 35 ℃复水 20 min,降温至 32 ℃培养 2 h。

2. 一级种子培养

接种活化液约 4 mL 于 50 mL 12°Bx 麦芽汁培养基中,30 ℃,150 r/min 摇瓶培养 6～8 h。培养完成时要求细胞浓度达 $1.5×10^8$ 个/mL 以上,无杂菌,无死细胞。采用血球计数法进行细菌形态观察和活菌计数,并记录实验结果。因为酵母进入对数生长期后生长繁殖达到最旺盛阶段,此时出芽率最高,可以此判断酵母转接时间。因此在一级种子培养过程中每小时取样测定出芽率,以出芽率最高时间作为接种时间。详细操作方法参阅"实验五　酵母的形态观察及死活细胞的鉴别"。生长曲线的测定采用分光光度法测定 OD 值。在无菌操作台取培养液 2 mL 移至比色皿中,以去离子水为空白样品,在 600 nm 下测定 OD 值。每小时取样测定至达到对数生长期中后期即可作为种子进行接种工作。

3. 乙醇发酵(80 h)

(1) 接种:按 8%接种量将一级种子分别接入至 2 只装有 100 mL 麦芽汁培养基的锥形瓶中静止培养。其中,1 瓶用于测定发酵参数,1 瓶始终置于培养箱中培养。

(2) 发酵条件控制:发酵前期,接种 4 h 后补加 5%葡萄糖 0.2 mL,以后每 2 h 补加 5%葡萄糖 0.2 mL 至对数生长期后期(具体时间根据菌体生长而定)。发酵中后期,每 4 h 可加入 5%左右的葡萄糖 0.2 mL。发酵前期培养温度 30 ℃,发酵中后期培养温度 34 ℃。发酵前期,接种 2 h 后每小时测定 1 次细胞浓度至稳定期后,再间隔 2 h 测 1 次细胞浓度。用血球计数板法测量菌体量及出芽率,并绘制生长曲线。

(3) 菌体量的测定:发酵结束,3 000 r/min 离心 10 min 后,用无菌水洗涤 2 次,称量湿菌体重。

4. 蒸馏

发酵液于 3 000 r/min 离心 10 min,收集上清液,取上清液 250 mL 置于旋转蒸发仪上在 60 ℃下蒸馏,用酒精比重计测定馏出液酒精度。

五、注意事项

严格无菌操作,以免污染杂菌。采用活力高的淀粉酶和糖化酶处理淀粉原料。实际实验时间根据情况而定。

六、实验结果

(1) 制表或图示发酵过程中菌体生长的变化情况。

(2) 测定发酵结束的菌体湿重。

(3) 测定发酵产品酒精度。

七、思考题

（1）淀粉质原料转化为葡萄糖的原理是什么？

（2）酿酒酵母如何活化？

（3）乙醇的发酵属于好氧发酵还是厌氧发酵？

实验四十一　杀虫微生物——苏云金芽孢杆菌的发酵生产

一、实验目的与内容

（1）学习苏云金芽孢杆菌（简称 Bt）发酵生产的基本方法、发酵过程中的中间检测方法、苏云金芽孢杆菌粉剂的产品检测。

（2）熟悉实验室发酵罐及其相关设备的使用和操作。

（3）学习发酵液对鳞翅目害虫的标准生物测定方法。

二、实验原理

近年来，针对化学农药日渐凸显的种种弊端，国内外生物农药的研发和应用发展迅速，已研制出一系列选择性强、效能高、无污染的生物农药。其中苏云金芽孢杆菌是研究很深入、开发历史较长、应用最为广泛、用量最大和效果最好的一类生物杀虫剂。苏云金芽孢杆菌是好氧的革兰氏阳性细菌，是包括许多变种的一类产晶体芽孢杆菌，可用于防治直翅目、鞘翅目、双翅目、膜翅目，特别是鳞翅目的多种害虫。它在适宜的条件下能够利用廉价的农副产品迅速地生长，并能在较短的时间内产生杀灭很多农林业害虫的产物，发酵产物对人类及经济动植物无害，发酵液经剂型化后可作为生物杀虫剂使用。苏云金芽孢杆菌的杀虫机理是在其芽孢形成过程中，同时也形成了具有杀虫活性的伴孢晶体，称为杀虫晶体蛋白（insecticidal crystal proteins，ICPs）或 δ-内毒素，昆虫摄取晶体蛋白后在昆虫中肠的碱性环境中被激活，破坏害虫中肠细胞而使其慢性中毒死亡。

苏云金芽孢杆菌的工业生产主要分为菌种培养、发酵、浓缩（离心或板框过滤）、干燥、剂型化、产品检验六道程序。目前，苏云金芽孢杆菌的大规模生产主要采用液体深层发酵。液体深层发酵是在液体培养基内部进行的微生物培养过程，是现代发酵工业中使用的主要发酵形式。但固态发酵是苏云金芽孢杆菌生物农药生产的一种新方式。相较于液体发酵，具有培养基对环境污染少、易处理、能源消耗量低、技术设备简易、产物浓度高、后处理方便等优点。作为一项新型技术，固态发酵还存在着很大的发展空间。无论是液态发酵还是固态发酵，都需注意培养基中营养物质、pH 值、温度、含氧量的控制。对于苏云金芽孢杆菌的发酵生产，还需注意噬菌体的长期污染会降低产量。

三、实验器材

1. 菌种

苏云金芽孢杆菌（*Bacillus thuringiensis*，Bt）菌种斜面。

2. 培养基

(1) 牛肉膏蛋白胨培养基。

(2) 液体种子培养基：胰蛋白胨 0.5%，酵母膏 0.5%，葡萄糖 0.1%，K_2HPO_4 0.08%，蒸馏水配制，灭菌前用 1%NaOH 调 pH 值为 7.0。

(3) 液体发酵培养基：胰蛋白胨 1.0%，玉米粉 0.5%，酵母膏 0.2%，葡萄糖 0.5%，K_2HPO_4 0.1%，KH_2PO_4 0.1%，pH 值 7.0～7.2。

(4) 发酵罐培养基：豆饼粉 3.5%、玉米淀粉 1.25%、酵母粉 1%、K_2HPO_4 0.13%、$MgSO_4$ 0.02%、$CaCl_2$ 0.008%、$MnSO_4$ 0.008%。

3. 生物测定供试虫

棉铃虫(*Helicoverpa armigera*)初孵幼虫。

4. 生物测定感染饲料

黄豆粉 8 g、酵母粉 4 g、抗坏血酸 0.5 g、36%乙酸 1.3 mL、琼脂粉 1.8 g、苯甲酸钠 0.4 g、蒸馏水 100 mL。配制方法：将黄豆粉、酵母粉、抗坏血酸、苯甲酸钠和乙酸加入烧杯内，加入 30 mL 蒸馏水润湿。将另外 70 mL 蒸馏水加入装有琼脂粉的另一个烧杯内，加热沸腾至琼脂粉完全融化，然后使之冷却到约 70 ℃，再与上述其他混合好的原料混合，在电动搅拌器内高速搅拌 1 min，快速移至 60 ℃水浴锅中保温。

5. 生物测定缓冲液

NaCl 0.85 g、K_2HPO_4 0.6 g、KH_2PO_4 0.3 g、1%吐温-80 1 mL、蒸馏水 100mL。

6. 其他试剂

6%乳糖溶液、0.1 mol/L HCl、丙酮等。

7. 仪器和用具

显微镜、摇床、离心机、干燥箱、培养箱、电动搅拌器、5 L 发酵罐、血球计数板、培养皿、锥形瓶、精密 pH 试纸、24 孔生测板等。

四、实验步骤

1. 种子制备及检测

将保藏的菌种接于牛肉膏蛋白胨培养基斜面上，28～30 ℃培养 14～16 h 活化。用接种环取一环活化的菌种接入含有 20 mL 牛肉膏蛋白胨液体培养基的 100 mL 锥形瓶中，于摇床 250 r/min、30 ℃下培养 6～10 h 作为一级种子。亦可于活化后每管菌中加入 5 mL 无菌水，制成的菌悬液作为一级种子。

种子的检测：(1) 涂片镜检：无杂菌污染、形态正常、生长整齐的种子液为合格。(2) 悬滴法检测：大部分菌体运动缓慢或即将停止运动，为合适的移种时间。(3) 噬菌体检测：针状噬菌斑不超过 3 个为合格。达到以上标准即可用于移种。

将培养好的一级种子按 10%接种量转移到含 200 mL 液体种子培养基的 1 000 mL 锥形瓶中，于摇床 250 r/min、30 ℃下培养 8～12 h。

2. 实验室小规模扩大摇床培养

将培养好的种子，按 5%接种量转移到含 800 mL 液体发酵培养基的 3 000 mL 锥形瓶中，摇床 30 ℃下培养 12～16 h，定时取样镜检，分别用涂片、悬滴法检测菌体形态并计数。当培养至绝大部分芽孢形成,20%~40%孢囊破裂释放出芽孢和伴孢晶体,菌数在 20 亿~25 亿/mL 左右时停止发酵。

3. 小型发酵罐发酵

(1) 按照发酵罐培养基配方及发酵液体积(一般按发酵罐体积的 70%计)准确称量全部材料,加水待无机盐全部溶解后,调 pH 值至 8.0。

(2) 将制备好的培养基倒入发酵罐中,再按一定比例加入微量消泡剂(如 0.03%~0.05% 泡敌),121 ℃ 灭菌 30 min。

(3) 待发酵罐中的培养基冷却至 30 ℃,在罐盖上作接种用的接口处点燃火焰,以无菌操作把一级种子液迅速接入罐内。接种量约 5%~10%,发酵条件为:发酵温度 28~31 ℃,搅拌转速 600~900 r/min,通气量 1:0.6~1:1.2 vvm,发酵时间约 30 h。

4. 发酵罐发酵过程的中间检测及发酵终止

发酵过程中每隔 4~6 h 取样,测定 pH 值,并涂片染色后用显微镜观察菌体生长发育形态,芽孢开始形成时记录同步率。当发酵液 pH 值达 8.0 以上,培养至绝大部分芽孢形成,20%~40%孢囊破裂释放出芽孢和伴孢晶体,菌数在 20 亿~25 亿/mL 左右时停止发酵。

5. 发酵液的杀虫活性测定(生物测定)

准确取一定量的发酵液,用生物测定缓冲液将发酵液分别稀释 100 倍、150 倍、225 倍、338 倍和 506 倍 5 个浓度,每一浓度吸取 3 mL 与 27 mL 感染饲料充分混匀,倒 24 孔生测板,每块板挑入 24 头孵化不超过 12 h 且未取食、健康活泼的幼虫,设 2 个重复;并设自然死亡率对照,置于 30 ℃培养箱中饲养,72 h 后检查其死亡数,计算死亡百分率和毒力回归方程式,求出发酵液对棉铃虫的半致死浓度(LC_{50})。

6. 苏云金芽孢杆菌粉剂的制备

(1) 板框过滤:发酵结束,等罐压到零后打开罐盖,将填充料(碳酸钙)倒入罐内,搅拌均匀后,将发酵液压入板框,此时注意控制压力。压滤完毕后进行吹干,取出滤饼置烘干盘上 50~60 ℃下烘干至水分达 4%以下。

(2) 简单制备法:取出发酵液,用 0.1 mol/L HCl 调 pH 值至 5.0 左右。将以上发酵液 4 000 r/min 离心 20 min,获得芽孢、晶体蛋白等沉淀物,将其移入蒸发皿中,于 50~60 ℃下烘干,备用。

(3) 乳糖丙酮沉淀法制备粉剂

将上述沉淀转至烧杯中,并悬浮于约为原液量 1/2 的 6%乳糖溶液中,同时用玻棒用力搅拌 20~30 min。徐徐加入乳糖悬液 4 倍量的丙酮,边加边搅拌即有沉淀析出,静置使完全沉淀。抽滤去除丙酮,沉淀可再用少量丙酮洗 2~3 次,进一步去除杂质。将沉淀物置蒸发皿中真空干燥,或在 50~60 ℃下进行烘干,将其在研钵中磨碎便制成菌粉,其细度标准通常为 100 目过筛率达 95%以上。

7. 产品检测

产品的指标为每克干粉制剂中所含芽孢数目。检测活芽孢数可用平板菌落计数法或血球计数板法。

(1) 稀释菌液的制备:将菌粉 0.5 g 放入装有灭菌玻璃珠的 250 mL 锥形瓶内,加入 50 mL 无菌水,在摇床上振荡 15 min,使其均匀分散。样品即被稀释 100 倍(稀释度 10^{-2}),然后继续用 10 倍稀释法稀释至 10^{-8}。

（2）倾注平板计数法：用无菌吸管分别吸取 10^{-6}、10^{-7}、10^{-8} 稀释液各 0.2 mL，置于灭菌培养皿中，再倒入熔化且冷却至 45 ℃ 左右的灭菌牛肉膏蛋白胨琼脂培养基，轻轻摇匀使成含菌平板，冷凝后倒置于 30 ℃ 培养箱中培养。每个梯度平行 3 次。24 h 后取出计数菌落，一般选择菌落在 30～300 个的平板计数，再以下式换算出每克菌粉的活芽孢数。

$$活芽孢数/g＝菌落数目 \times 5 \times 稀释倍数$$

（3）血球计数板法：吸取高稀释度的菌液在血球计数板中进行芽孢计数，菌液浓度以计数板内每小格有 3～4 个芽孢为宜。详细操作方法参阅实验八。

五、注意事项

严格无菌操作，以免污染杂菌。为防止噬菌体污染，可将一级种子于 75 ℃ 下水浴 20 min 以杀死噬菌体。

六、实验结果

（1）制表或图示发酵过程中菌体生长、pH 值、温度、溶解氧、搅拌速度及通风量的变化情况。

（2）发酵液的杀虫活性测定结果。

（3）苏云金芽孢杆菌粉剂产品检测结果。

七、思考题

（1）商品苏云金芽孢杆菌制剂在生产防治中有哪些局限性？

（2）苏云金芽孢杆菌的杀虫机理是什么？

（3）苏云金芽孢杆菌如何复壮？

（4）苏云金芽孢杆菌的发酵属于好氧发酵还是厌氧发酵？发酵过程中的通风和搅拌起到什么作用？如何通过发酵过程提高苏云金芽孢杆菌的杀虫毒力？

实验四十二　生物有机肥的制作

一、实验目的与内容

（1）掌握生物有机肥的概念。

（2）学习生物有机肥的制作方法。

二、实验原理

生物有机肥是指具有特定功能的微生物与主要以动植物残体（畜禽粪便、农作物秸秆、中药药渣等）为来源并经无害化处理、腐熟的有机物料复合而成的一类兼具微生物和有机肥效应的肥料。

生物有机肥中有多种有益共生、功能相辅相成、数量巨大的有益菌群，故在促进植物生长的同时,亦可提高土壤微生物活性,调节微生物生态平衡,抑制土壤传播疾病,有助于农业的可持续发展。

生物有机肥的制作要点有:① 按一定配比,通过机械或人工混合堆积;② 用洗净的喷雾器边喷菌肥边翻拌均匀后堆好;③ 制作堆肥过程中应保持其水分含量为 55%~65%左右,且不能使用含氯自来水或 pH 值<4.5 的酸性水;④ 避免阳光直接照射,应在避荫处或避荫大棚内操作;⑤ 当堆肥温度过高,达到 65 ℃时必须进行翻拌;⑥ 在温度和湿度适宜的情况下,一般堆制 10 d 左右,待堆内温度自然降至 45 ℃以下即可以施用、包装或存放。

生产生物有机肥的原料很多,如城市生活垃圾和各种农作物秸秆、树叶杂草、瓜藤、松壳、花生壳、锯木屑、谷壳粉、水果渣、甘蔗渣、食用菌渣、糖渣、淀粉渣、柠檬酸渣、酱油渣、味精渣、豆腐渣、药渣、酒糟、油饼粕、棉菜粕、污泥、屠宰下脚料、泔水、剩饭菜、人和动物粪便等废弃物都可以。本实验以秸秆、尿素为原料,用 EM 菌种发酵,来介绍生物有机肥的制作。EM 菌(effective microorganism)是一种活性很强的复合微生物制剂,主要由光合细菌、乳酸菌、酵母菌、放线菌等约 10 属 80 多种微生物共同培养而成。

三、实验器材

(1) 原料:干秸秆、尿素(可用饼粉代替尿素,花生饼、豆饼、棉籽饼、菜籽饼等均可)。

(2) 菌种:EM 菌粉,市售,活菌总数≥2×10^{11} 个/g。

(3) 其他材料:红糖、酵母浸粉等。

(4) 仪器和用具:粉碎机或铡草机、温度计、塑料膜布等。

四、实验步骤

1. EM 菌种原液的制备

以制备 1 L 原液为例。先把 400 mL 水加热到 100 ℃后加入红糖 75 g,酵母浸粉 6 g,搅拌均匀后继续加热 5 min。冷却到 40 ℃时加入 EM 菌粉 0.5 g,然后加无菌水至 1 L,再次搅拌均匀,密闭发酵,适宜温度为 30~35 ℃,发酵周期 3~5 d。发酵过程中会产生大量气体,可在培养 2 d 左右时,开盖搅拌后再进行密封。也可根据说明书的配比要求进行原液的制备。

2. EM 菌种原液的质量控制

(1) 颜色:发酵后的菌液为类棕褐色,上层有一层白色菌膜,这层菌膜多是好氧菌在表面接触氧气后生长繁殖起来的,菌多了就聚集在液面上,形成了一层菌膜。

(2) 气味:为发酵酸甜味。

(3) 酸碱度:一般发酵成熟的 EM 菌其 pH 值在 3.1~3.5,pH 值越低,表面发酵过程中乳酸的产生量越高,发酵效果也越好。

(4) 活菌总数:达 3×10^9 个/mL 以上。

3. 原料处理

可用粉碎机粉碎或铡草机切秸秆。如切断秸秆则长度以 1~3 cm 为宜,因原料太长,则不便拌和和翻拌。把粉碎或切断后的秸秆用水浇湿、渗透,秸秆含水量一般控制在 60%~70%左右。

4. 拌料

将 1 000 g 尿素和用水浇过的 200 kg 秸秆混合并搅拌均匀,在混合搅拌过程中一边搅拌一边洒上 EM 菌种原液 1 L。

5. 发酵

将混合物料堆成宽 1.2~1.5 m、高 0.6~1.2 m、长度不限的条形堆,并用塑料膜布(目的在于保水、保肥、保温、防雨)遮盖严实,进行发酵。

6. 翻料

在堆上插温度计进行堆温检测,当温度升到 60 ℃左右时进行翻堆,堆翻过后再用塑料布盖严继续发酵,注意最高温度不要超过 65 ℃。当混合料变成褐色或黑褐色,手握之柔软有弹性,腐熟后堆体比刚堆时塌陷 1/3 或 1/2,即完成发酵过程。

7. 烘干

将发酵完成的混合料低温烘干,烘干至混合料含水量低于 15%。

8. 包装

按量包装成生物有机肥成品。

五、注意事项

(1) EM 菌种的发酵需要在能密封的容器内完成。

(2) 视水分多少可增减配比,发酵混合物的总水分应控制在 55%~65%。过高过低均不利于发酵。水分合适与否的判断办法:手紧抓一把物料,指缝见水印但不滴水,落地即散。

(3) 堆温超过 65 ℃,必须进行翻拌。

六、实验结果

记录在堆肥过程中出现的现象。

七、思考题

(1) 生物有机肥与化肥相比的优势在哪里?
(2) 谈谈秸秆腐化的过程。

实验四十三　微生物之间的相互关系

一、实验目的与内容

(1) 了解微生物之间的相互关系。
(2) 学习并掌握检测微生物之间拮抗关系的基本方法。
(3) 学习并掌握检测噬菌体的方法。

二、实验原理

自然界的某一生境中,总是有许多微生物类群栖息在一起,这就构成了微生物与微生物之间的相互关系。微生物类群之间的关系各种各样,如互生、共生、竞争、拮抗、寄生等。

互生是指 2 种可以单独生活的微生物,共存于同一环境时,互为对方提供营养或创造良好生活条件,或者偏利于一方的生活方式。如土壤中的固氮菌具有固定空气中氮气的能力,但不能利用纤维素作碳源和能源,而纤维素分解菌分解纤维素产生有机酸,对它本身的生长繁殖不利,但当两者生活在一起时,固氮菌固定的氮为纤维素分解菌提供氮源,纤维素分解菌产生的有机酸被固氮菌用作碳源和能源,也为纤维素分解菌解毒。

共生是指 2 种不能单独生活的微生物生活在一起时,相互依赖、彼此有利,甚至形成特殊的共生体,它们在生理上表现出一定的分工,在组织和形态上产生了新的结构。如在厌氧生物处理中产氢产乙酸细菌(S 菌株)和产甲烷细菌(MOH 菌株)在厌氧污泥中所形成的共生体。S 菌株将乙醇转化为乙酸和氢,而 MOH 菌株将乙酸和氢及时转化为甲烷。二者的共生体在1967 年前被作为一种细菌并命名为奥氏甲烷芽孢杆菌。

竞争是指生活在一起的 2 种微生物,为了生长争夺有限的同一营养或其他共同需要的生长条件而互相竞争,互相受到不利影响。由于微生物的群体密度大,生活世代短,代谢强度大,所以竞争很激烈,其中最能适应特定环境的那些种类将占优势。如在发酵生产中,有些野生杂菌的生长速率就比生产菌种快,因此染菌后杂菌很快就会取得生长优势而导致发酵失败。

拮抗是指 2 种微生物生活在一起,其中一种能产生某种特殊的代谢产物或改变环境条件,从而抑制或杀死另一种微生物的现象。如在植物病害防治中,生防菌枯草芽孢杆菌能够产生类脂肽等抑菌物质抑制植物病原菌的生长。

寄生是指一种微生物生活在另一种微生物的体内或体外,依靠摄取后者细胞的营养来生长和繁殖,并使之受损害甚至死亡。如寄生者噬菌体与其宿主细菌之间的关系。

本实验中涉及的噬菌体溶菌实验的原理是:病毒噬菌体没有细胞的基本形态结构,需利用宿主细胞结构、原料、能量和酶系统合成自己需要的核酸和蛋白质,再组装成新的噬菌体,裂解细菌细胞后释放出子代噬菌体,然后它们再扩散和侵染周围细胞,最终使得宿主的培养发酵液由浑浊逐渐变清。正常的发酵液离心后菌体沉淀,上清液若蛋白含量很少,加热后仍然清亮;而侵染有噬菌体的发酵液经离心后其上清液中因含有裂解菌释放的蛋白,加热后发生蛋白变性,因而在光线照射下出现丁达尔效应而不清亮,可以依此进行噬菌体检查。此法简单、快速,对发酵液污染噬菌体的判断亦较准确。但不适于溶源性细菌及温和噬菌体的诊断,对侵染噬菌体较少的一级种子培养液也往往不适用。生产或科研中使用的菌株,若被噬菌体侵染,常出现以下异常现象:接种的斜面或克氏瓶生长的菌苔上出现不长菌的透明区;液体发酵过程镜检菌体染色不均匀,细胞形态不整齐或膨大呈将破裂状,活细胞数目减少;发酵过程糖消耗减慢,氨基氮、pH 值和溶解氧变化异常;发酵液稀薄,发酵终产物产率降低等。噬菌体的侵染常给发酵工业造成极大的威胁。为了防止噬菌体的危害,在生产上对种子、发酵液、车间环境、设备系统和空气管道等需定期检查有无噬菌体污染。

三、实验器材

(1)菌种:解淀粉芽孢杆菌、玉米小斑病菌、大肠杆菌、大肠杆菌噬菌体。

(2)培养基:LB 固体和液体培养基、PDA 固体培养基。

(3)仪器及用具:超净工作台、分光光度计、微量加样器及吸头、打孔器、直尺、培养皿、试管、锥形瓶、试管架、接种环等。

四、实验步骤

1. 微生物拮抗实验

(1) 菌种的活化：将玉米小斑病菌与解淀粉芽孢杆菌分别在 PDA 固体培养基与 LB 固体培养基平板上划线活化备用。

(2) 解淀粉芽孢杆菌种子液的制备：挑取解淀粉芽孢杆菌单菌落转接入新鲜无菌液体 LB 培养基中，于 28 ℃温度条件下 170 r/min 振荡培养 24 h，获得解淀粉芽孢杆菌种子液。

(3) 解淀粉芽孢杆菌发酵液的制备：按 1% 的接种量将解淀粉芽孢杆菌种子液接入新鲜无菌液体 LB 培养基中，28 ℃下 170 r/min 振荡培养 72 h，获得解淀粉芽孢杆菌发酵液。

(4) 平板对峙：用 5 mm 打孔器在已活化的玉米小斑病菌菌落边缘打取 2 块菌饼，分别转接入 2 块新制备的 PDA 平板中央，一块作为实验组，一块作为对照组。用微量加样器吸取 1 μL 发酵液，点接于实验组平板 4 个方向距菌饼中心 3 cm 处。每个处理可重复 3 次。28 ℃培养 3~7 d，测量抑菌带宽度。

2. 噬菌体溶菌实验

(1) 菌种的活化：将大肠杆菌在 LB 固体培养基平板上划线活化备用。

(2) 接种：挑取大肠杆菌单菌落转接入装有新鲜无菌液体 LB 培养基的锥形瓶中，接种 2 瓶。

(3) 培养：将锥形瓶于 37 ℃摇床 200 r/min 振荡培养 8 h，观察发酵液浑浊度的变化。将大肠杆菌噬菌体接入其中一个锥形瓶，另一个锥形瓶不接入大肠杆菌噬菌体作为对照，继续振荡培养 14~16 h，观察锥形瓶浑浊度的变化。

(4) 离心分离加热法检测：将大肠杆菌正常发酵液和侵染有噬菌体的异常大肠杆菌发酵液 4 000 r/min 离心 20 min，分别收集发酵液的上清液。将上清液一部分置于 721 分光光度计上测定 OD_{650nm} 值(A_1)；另取 5 mL 上清液置于试管中，置水浴中煮沸 2 min，检测溶液 OD_{650nm} 值(A_2)，目视比浊并记录结果。

五、注意事项

(1) 用微量加样器吸取拮抗菌发酵液点接于平板 4 个方向时，4 个点种的位置与菌饼中心的距离要一致。

(2) 操作过程中注意无菌操作，注意观察菌液浑浊度的变化。

(3) 在进行离心分离加热法检测噬菌体时，要求料液煮沸冷却后必须目视比浊。若 A_1 清亮，A_2 若有浑浊或明显浑浊或明显大块悬浮物，则说明污染噬菌体。但当出现明显浑浊后，悬浮物下沉，料液清亮，这时若检测 OD 值可能会比 A_1 的还低，会出现误判断。若有轻微浑浊无法判断，过 1 h 取样检测比较浑浊度再做判断。

六、实验结果

(1) 记录微生物拮抗实验中的抑菌带宽度。

(2) 将噬菌体溶菌实验的结果填写于下表。

表 4‑29　噬菌体溶菌实验结果

发酵液	浑浊度的变化	$OD_{650nm}(A_1)$	$OD_{650nm}(A_2)$
正常			
异常			

七、思考题

（1）解淀粉芽孢杆菌拮抗玉米小斑病菌的原理是什么？

（2）在噬菌体溶菌实验中为什么加入噬菌体后会出现浑浊度的差异？

参 考 文 献

[1] 赵玉萍,方芳.应用微生物学实验[M].南京:东南大学出版社,2013.

[2] 程水明,刘仁荣.微生物学实验[M].武汉:华中科技大学出版社,2015.

[3] 熊丽萍.食用菌生产技术基础理论[M].银川:宁夏人民出版社,2014.

[4] 丁延芹,杜秉海,余之和.农业微生物学实验技术[M].2版.北京:中国农业大学出版社,2014.

[5] 王同展,王海岩,侯配斌,等.BSL-2实验室生物安全体系建立与运行[M].济南:山东科学技术出版社,2015.

[6] 郝林,孔庆学,方祥.食品微生物学实验技术[M].3版.北京:中国农业大学出版社,2016.

[7] 张悦,曹艳茹.微生物学实验[M].昆明:云南大学出版社,2016.

[8] 奥斯伯.精编分子生物学实验指南[M].5版.北京:科学出版社,2016.

[9] 沈萍,陈向东.微生物学实验[M].5版.北京:高等教育出版社,2018.

[10] 胡梁斌.黄曲霉毒素危害及其控制[M].北京:中国轻工业出版社,2018.

[11] 汪世华.黄曲霉与黄曲霉毒素[M].北京:科学出版社,2018.

[12] 蔡信之,黄君红.微生物学实验[M].4版.北京:科学出版社,2018.

[13] 徐俊,雍晓雨,费文斌,等.基于TTC染色法的高活力酵母细胞定量筛选[J].食品与发酵工业,2014(7):1-5.

[14] 高路,何聪芬,李萌,等.金黄色葡萄球菌快速检测技术的研究进展[J].食品科学技术学报,2014,32(2):51-55,71.

[15] 崔文艳,何朋杰,尚娟,等.解淀粉芽孢杆菌B9601-Y2对玉米的防病促生长效果研究[J].玉米科学,2015,23(5):153-158.

[16] 高云超,廖森泰,肖更生,等.利用桑枝基料栽培毛木耳的试验[J].蚕业科学,2015,41(1):112-119.

[17] 徐慧,刘建军,李文婧,等.一株高产3-羟基丁酮枯草芽孢杆菌的构建[J].中国酿造,2016,35(8):87-90.

[18] 甄珍.番茄酱中霉菌的霍华德计数方法分析[J].中国调味品,2017,42(9):134-137.

[19] 潘旭耀,魏韬,谭柱豪,等.芽孢杆菌种间原生质体融合选育高产Surfactin新菌株[J].生物技术通报,2019,35(8):238-245.

[20] 孙士健,王丽娟,秦郦.复合诱变筛选高产柠檬酸黑曲霉及其发酵研究[J].食品研究与开发,2019,40(17):194-199.

[21] 隋明,唐贤华,张凤英,等.卷心菜泡菜发酵工艺的优化研究[J].中国调味品,2019,44(11):113-115.

［22］万红芳,赵勇,王正全,等.生产菌种及环境微生物与腐乳品质关系研究进展［J］.食品与发酵工业,2019,45(6):255－261.

［23］王英,周剑忠,施亚萍,等.低盐、低亚硝酸盐西兰花茎泡菜发酵工艺［J］.江苏农业科学,2020,48(1):189－193.

［24］潘淼.高山被孢霉原生质体融合及全合成培养基研究［D］.合肥:中国科学技术大学,2017.

［25］段洁.全豆腐乳工艺的研究［D］.郑州:河南农业大学,2018.

［26］何寒.一种以水稻秸秆为主要原料制作生物有机肥的方法:CN102584371A［P］.2012－07－18.